Beck'sche Reihe

BsR 1202

BsR

Die Geschichte der Physik kennt keine Entdeckungen aus dem Nichts, jeder Fortschritt basiert auf dem Vorangehenden, was Newton mit den bekannten Worten charakterisierte: „Wenn ich weiter gesehen habe, so deshalb, weil ich auf den Schultern von Riesen stehe.“ Andererseits spielten bei den großen Entdeckungen nicht selten Intuition und Zufall eine entscheidende Rolle. Newton verfiel auf die Idee von der Gravitation, als ein Apfel vom Baum fiel. Becquerel entdeckte die Radioaktivität, weil die Sonne nicht schien, und Einstein hatte einen entscheidenden Geistesblitz, als er sich vorstellte, was ein Mensch verspüren mag, wenn er vom Dach eines Hauses fällt.

So erzählt Thomas Bührke hier nicht nur von den großen Momenten in der Physik und ihrer Bedeutung für unser Verständnis von der Welt, sondern entwirft zudem ein anschauliches Bild von den Menschen, ihren Hoffnungen und Zweifeln, denen wir jene Sternstunden der Physik verdanken. Denn allzu oft vergessen wir, daß Forschung von Menschen betrieben wird, die hierfür nicht selten ein hartes Schicksal ertragen mußten.

Thomas Bührke, geb. 1956, ist promovierter Astrophysiker und Wissenschaftsjournalist. Seine Artikel und Reportagen erscheinen u. a. in *Bild der Wissenschaft* und in der *Süddeutschen Zeitung*. Zudem ist er Redakteur der Fachzeitschrift *Physik in unserer Zeit*.

THOMAS BÜHRKE

Newtons Apfel
Sternstunden der Physik

Von Galilei bis Lise Meitner

VERLAG C. H. BECK

Mit 12 Abbildungen

Für Dich, Ute

Die Deutsche Bibliothek – CIP-Einheitsaufnahme

Bührke, Thomas:
Newtons Apfel : Sternstunden der Physik von Galilei bis Lise Meitner / Thomas Bührke. – Orig.-Ausg. – München : Beck, 1997
(Beck'sche Reihe ; 1202)
ISBN 3 406 42002 8
NE: GT

Originalausgabe
ISBN 3 406 42002 8

Umschlagentwurf: Uwe Göbel, München
Umschlagillustration: Jan Riemer

Gesamtherstellung: C. H. Beck'sche Buchdruckerei, Nördlingen
Gedruckt auf säurefreiem, alterungsbeständigem Papier
(hergestellt aus chlorfrei gebleichtem Zellstoff)
Printed in Germany

Inhalt

Vorwort 7

„Angesichts dessen glaube ich, daß, wenn man den Widerstand der Luft ganz aufhöbe, alle Körper ganz gleich schnell fallen würden.“
Galileo Galilei (1564–1642) 11

„Wenn ich weiter gesehen habe, so deshalb, weil ich auf den Schultern von Riesen stehe.“
Isaac Newton (1642/43–1727) 26

„Verwandle Magnetismus in Elektrizität!“
Michael Faraday (1791–1867) 42

„War es ein Gott, der diese Zeichen schrieb?“
James Clerk Maxwell (1831–1879) 60

„Newton, verzeih' mir!“
Albert Einstein (1879–1955) 84

„Ein Akt der Verzweiflung.“
Max Planck (1858–1947) 106

„Ich werde sie Uranstrahlen nennen.“
Henri Becquerel (1852–1908) 127

„Ich weiß ietzt, wie ein Atom aussieht!“
Ernest Rutherford (1871–1937) 141

„Im ersten Augenblick eine ungeheuerliche und für das Vorstellungsvermögen fast unerträgliche Zumutung.“
Niels Bohr (1885–1962) 162

„Wenn man beide Augen zugleich aufmachen will, dann wird man irre.“
Werner Heisenberg (1901–1976) 184

„Was ich brauche, ist ein Stück Paraffin."
Enrico Fermi (1901–1954) 207

„Ich habe die Atombombe nicht entworfen."
Lise Meitner (1878–1968) 231

Literatur 256

Abbildungsverzeichnis 260

Vorwort

Arcetri ist ein kleiner Ort am südlichen Stadtrand von Florenz. Hier soll die Villa Galileo liegen, in der der große Wissenschaftler seine letzten Jahre in der Verbannung zubrachte und schließlich starb. Indes, man wird sie nicht leicht finden. Kein Schild weist den Weg, kein Reiseführer erwähnt die Stätte. Wir gelangen bei unserer Suche zunächst versehentlich auf das Gelände der Universität. Eine Reihe physikalischer Institute sowie das astrophysikalische Observatorium befinden sich hier in hügeligem Gelände im Schatten hoher, alter Bäume. Wir schlendern ungehindert umher, können aber das ehrwürdige Haus nicht finden. Hin und wieder fragen wir jemanden nach der Villa, einen Angestellten oder Studenten, aber entweder erweisen sich die Hinweise als falsch, oder wir ernten nur ein ratloses Achselzucken. Wir sind schon froh, daß uns niemand fragt, wer das denn sei, der Herr Galileo. Endlich, nach vielen vergeblichen Versuchen, zeigt uns jemand den richtigen Weg und deutet auf ein weißes Gebäude: Es liegt nur wenige hundert Meter entfernt auf einem Hügel. „Il Gioiello" heißt die Villa, das Juwel. Gleichwohl, das Kleinod befindet sich in einem jämmerlichen Zustand und ist innen nicht zu besichtigen. Lediglich eine Büste in der Außenmauer verrät uns, daß wir endlich am Ziel sind.

Ein solcher Umgang mit der Wissenschaftsgeschichte ist vielleicht nicht unbedingt exemplarisch, aber das Ignorieren der historischen Wurzeln ist weit verbreitet. Einen beträchtlichen Anteil hieran hat unsere Schulausbildung, die die Gesetze der Physik darstellt als wären sie am siebenten Tag der Schöpfung allesamt vom Himmel direkt in unsere Schulbücher gefallen.

Wer sich mit der Geschichte der Physik beschäftigt, bemerkt jedoch sehr schnell, daß Entdeckungen fast immer erst nach hartem, zähem Ringen möglich wurden und daß mit diesem Ringen sehr häufig faszinierende persönliche Schicksale verbunden sind. Physik, und sei sie noch so kompliziert, wurde und wird von Menschen entwickelt, deren Werdegang genauso außergewöhnlich und spannend sein kann wie der von Pablo Picasso oder James Joyce. Solche Persönlichkeiten und ihren Weg zum großen Augenblick, zur Sternstunde, nachzuzeichnen, ist das Anliegen dieses Buches.

Wie wird man ein Genie? Eine Antwort auf diese Frage wird es wohl nie geben. Vergleicht man die Lebenswege der zwölf Ausgewählten, so findet man kaum Gemeinsamkeiten: Michael Faraday wächst in den ärmlichen Verhältnissen eines Schmiedes auf und dient sich zu einem der berühmtesten Experimentalphysiker seiner Zeit hoch, Henri Becquerel setzt die Gelehrtentradition seiner Vorfahren am Musée d'Histoire Naturelle in Paris fort, James Clerk Maxwell verbringt seine Kindheit in der Abgeschiedenheit des Schottischen Hochlandes, Lise Meitner kommt schon früh in den Genuß einer gutbürgerlichen Erziehung im Wien zur Zeit der k.u.k Monarchie. Viele von ihnen zeichnen sich durch eine ungewöhnliche Begabung schon in der Schule aus, wie Enrico Fermi oder Werner Heisenberg, andere „explodieren" erst später. Nur eines scheint allen gemeinsam zu sein: eine wahre Besessenheit beim Lösen eines Problems, ein Zwang geradezu, der sie bis an den Rand der geistigen und körperlichen Erschöpfung treibt.

Eine Entdeckung ist immer ein Prozeß. „Entdeckungen haben durchaus eine innere Geschichte wie auch eine Vor- und eine Nachgeschichte", schrieb der Wissenschaftshistoriker Thomas Kuhn einmal. Und Max Planck meinte: „Doch muß man bedenken, daß eine fruchtbare Theorie niemals aus dem Nichts entspringt und daß man stets auf die Ergebnisse der schon vorliegenden Untersuchungen angewiesen ist. Darum muß jeder Forscher, der vorwärts kommen will, vor allem dasjenige kennen lernen, was Andere vor ihm geleistet haben". Oder mit Newtons Worten: „Wenn ich weiter gesehen habe, so deshalb, weil ich auf den Schultern von Riesen stehe".

(Kurioserweise bestätigt sich dieser Satz selbst, denn Newton hat auch ihn von Vorgängern übernommen.)

In der Tat lassen sich die großen Momente in der Physik nur selten genau ausmachen, und gerade die berühmtesten unter ihnen sind nur Legende, von den Forschern selbst in die Welt gesetzt. Hierzu zählt wahrscheinlich Newtons Apfel wie auch Galileis Fallversuche vom schiefen Turm zu Pisa. Dennoch gibt es sie, die Höhepunkte, in denen das, „was ansonsten gemächlich nacheinander und nebeneinander abläuft, sich in einen einzigen Augenblick komprimiert, der alles bestimmt und alles entscheidet", wie es Stephan Zweig in seinem berühmten Buch *Sternstunden der Menschheit* so schön formuliert hat.

Das Ringen um eine bahnbrechende Entdeckung oder eine revolutionäre Theorie liegt jeder einzelnen der zwölf Episoden zugrunde. Sie alle zusammen zeigen aber gleichzeitig den Fortgang der Physik auf, von den ersten harmlosen Versuchen Galileis bis hin zur Kernspaltung mit all ihren weitreichenden Folgen für unser heutiges Leben. Galilei schuf die experimentellen und begrifflichen Grundlagen der Experimentalphysik, die sich zunächst vor allem auf die Mechanik und die Optik auswirkten. Der erste Höhepunkt in der nachfolgenden Entwicklung ist das gewaltige Werk Newtons und insbesondere sein Gravitationsgesetz. Es führte zu dem Determinismus des 18. und 19. Jahrhunderts, der die Wissenschaftler glauben machte, alles ließe sich berechnen, auch die Zukunft, sofern man nur genügend Anfangsdaten besitze. Erst die Quantenmechanik und die Relativitätstheorie zerbrachen die alten Grundfesten und schufen ein gänzlich neues Bild der Natur: Die Unbestimmtheitsrelation gesteht den Atomen eine gewisse „Willkür" zu, und die Allgemeine Relativitätstheorie machte aus Newtons absolut ruhendem Raum und der gleichförmig ablaufenden Zeit dynamische Größen, die durch Materie „verzerrt" werden.

Parallel dazu entwickelte sich die Untersuchung elektrischer und magnetischer Vorgänge. Sie setzte mit Alessandro Voltas galvanischer Spannungsquelle ein, und so berühmte Forscher wie Coulomb, Ampère und Ørstedt produzierten mit ihr eine Flut von experimentellen Ergebnissen. Michael Faraday suchte nach der Einheit der Phänomene und kam dabei auf die Vorstellung von elektrischen und magnetischen Feldern. Es bedurfte aber erst des mathematischen Genies James Clerk Maxwells, um die Theorie des elektromagnetischen Feldes zu entwickeln. Sie ist die Grundlage der heutigen Telekommunikation.

Eine Entdeckung, die die Grundlagen für gleich zwei neue Forschungsrichtungen bildete, machte Henri Becquerel. Das Phänomen der Radioaktivität führte auf der einen Seite über Rutherford und Bohr zur Erforschung des Atomkerns und von da aus weiter zur Quantenmechanik. Auf der anderen Seite öffnete Becquerels Entdeckung das Tor zur Kernenergie.

Die physikalischen Errungenschaften prägen unser alltägliches Leben weitaus mehr, als die meisten Menschen meinen. Das bedeutet selbstverständlich nicht, daß auch jeder die Physik verstehen muß. Vielleicht ließe sich bei so manchem, dem der Physikunterricht nur noch als Angst- und Schreckensstunde im Gedächtnis geblieben ist, das Verständnis für die „Mutter aller Naturwissenschaften" wieder wecken, würde man ihm das Menschliche daran vor Augen führen. Dann würde er vielleicht bei seinem nächsten Italienurlaub auch einmal nach Arcetri fahren, um sich „Il Gioiella" anzuschauen.

Leimen, im Januar 1997 *Thomas Bührke*

„Angesichts dessen glaube ich, daß, wenn man den Widerstand der Luft ganz aufhöbe, alle Körper ganz gleich schnell fallen würden.“

Galileo Galilei (1564–1642)

Die Villa liegt im Borgo dei Vignali, etwa auf halbem Wege zwischen dem Palazzo del Bo' und der Basilika des heiligen Antonius. Seit nunmehr fünf Jahren wohnt hier ein Herr Galileo Galilei, seines Zeichens Professor für Mathematik an der Universität Padua. Das Jahresgehalt von 320 Fiorini hätte ihm ein sorgenfreies Auskommen garantiert, wenn der mittlerweile Vierzigjährige nicht gern ebenso fein leben würde wie die hochdotierten Kollegen aus der Medizin und Philosophie. Außerdem drücken ihn finanzielle Verpflichtungen: Seit dem Tod des Vaters ist er als Erstgeborener für die Mutter und seine Geschwister verantwortlich, insbesondere lastet eine Mitgift schwer auf ihm, die er seiner Schwester mit in die Ehe geben mußte. Und einer Geliebten, die bereits zwei Töchter von ihm unehelich zur Welt gebracht hat, zahlt er Alimente.

Der Herr Professore gibt deshalb in seiner Villa Privatunterricht, wobei die Liste derer, denen diese Gunst zuteil wird, äußerst erlesen ist: Erzherzog Ferdinand von Österreich, Prinz Johann Friedrich von Holstein und der Herzog von Mantua. Ständig logieren ein Dutzend Gäste in seinem geräumigen Haus, und dennoch hat er Platz für weitere Einrichtungen, wie eine eigene Werkstatt, in der eigens von ihm eingestellte Handwerker mechanische Geräte anfertigen. Deren Verkauf garantiert ihm einträgliche Nebeneinkünfte, die das regelmäßige Professorengehalt sogar noch übersteigen.

Es ist im Oktober des Jahres 1604, die Weinreben im Garten der Villa hängen schon schwer an ihren Stöcken, als Galilei sich wieder einmal in seinem Laboratorium verschanzt hat und dort merkwürdige Experimente anstellt. Er ist ein Mann von kräftiger Statur, und ein üppiger, feuriger Bart verleiht ihm nahezu martialische Züge. Jetzt aber scheint sich der Gelehrte eher kindlichen Spielen denn ernsthafter Forschung hinzugeben.

In der Mitte des Zimmers liegt eine etwa sechs Fuß lange Holzplanke, deren eines Ende auf einem kleinen Holzkeil ruht, so daß sie eine „geneigte Ebene", wie sie Galilei bezeichnet, bildet. In dieses Brett ist eine Rinne eingelassen, die der Meister sorgfältig mit feinem Pergamentpapier ausgekleidet hat, um ihr eine glatte Oberfläche zu verleihen. Immer wieder läßt er darin eine glattpolierte Messingkugel hinunterrollen, den Versuch stets variierend, indem er die Neigung der Bahn verändert.

Dieses Experiment bekommt fast spiritistische Züge dadurch, daß Galilei den Lauf der Kugel, gestartet durch einen Gehilfen, mit einem Lied begleitet. Er spielt auf der Laute und singt dazu eine florentinische Catena. Und wenn man genau hinhört, bemerkt man einen rhythmisch erklingenden Ton, den die Kugel auf ihrer Bahn erzeugt.

Was wie eine verrückte Spielerei anmutet, ist indes eine geniale Erfindung, um der Natur das Fallgesetz zu entlocken, dem alle Körper auf der Erde unterworfen sind. Die schwach geneigte Ebene erlaubt es ihm, den sehr schnell ablaufenden freien Fall einer Kugel zeitlich zu dehnen. Und daß die Bewegung auf der geneigten Ebene demselben Geschwindigkeitsgesetz unterliegen muß wie der senkrechte Fall, hat er sich bereits mit rein geometrischen Überlegungen klargemacht. Wozu dann aber noch die Musikbegleitung?

Innerhalb nur weniger Pulsschläge legt die Kugel auf ihrer Holzbahn die Strecke zurück. Wenn Galilei aber messen will, wie groß die Teilstücke sind, die sie innerhalb gleich großer Zeitintervalle durcheilt, muß er ein Meßgerät konstruieren, das es ihm erlaubt, noch kleinste Abschnitte, etwa von der Länge eines Zehntels des Herzschlags, zu bestimmen. Sanduhren und Wasseruhren sind nicht genau genug, wohl aber das Rhythmusgefühl, das Galilei von seinem Vater, einem Kom-

Galileo Galilei

ponisten und Musiklehrer, mitbekommen hat. Der Rhythmus des gesungenen Liedes ist somit der Zeittakt seiner Uhr. Die Kugel aber sendet periodische Tonsignale aus, weil Galilei das Holzbrett in bestimmten Abständen mit Darmsaiten umwikkelt hat. Immer dann, wenn die Kugel über eine der insgesamt acht Saiten läuft, erzeugt sie den Ton. Sein Trick besteht nun darin, die Saiten genau so anzubringen, daß die Kugel diese in gleichen Zeitintervallen überrollt. Und die Regelmäßigkeit mißt er mit dem Takt seiner Musik, sie ist sein Metronom. Jede kleinste Abweichung der von der Kugel hervorgerufenen Tonfolge von dem gespielten Takt nimmt Galilei mit äußerster Genauigkeit wahr.

Der Versuch wird immer wieder aufs neue wiederholt, wobei Galilei nach jedem Lauf der Kugel die eine oder andere Darmsaite verschiebt. Einmal ist eines der Intervalle zu lang, dann wieder ein anderes zu kurz. Schließlich hat er jedoch sein Ziel erreicht: Er hat die Klänge der rollenden Kugel mit dem Rhythmus des Liedes synchronisiert, alle acht Saiten werden jetzt gleichmäßig im Takt angeschlagen. Nun nimmt Galilei einen Meßstab und liest die Abstände zwischen den Saiten ab, die genau der Weglänge entsprechen, die die Kugel in gleich großen Zeitintervallen durchlaufen hat. Das Ergebnis ist eindeutig: Die Abstände der Saiten werden zum Ende der Bahn hin immer größer. Das bedeutet, daß die Kugel immer schneller wird, und zwar so, daß jede Teilstrecke doppelt so groß ist wie die jeweils vorhergehende. Die Kugel beschreibt eine gleichmäßig beschleunigte Bewegung.

Seit zwei Jahrtausenden sind die Naturforscher und Philosophen sich darin einig, daß man die Natur nur beobachten dürfe, um die in ihr waltenden Gesetze zu entdecken. Experimente galten als unnatürlich und insofern für ein solches Unterfangen ungeeignet. Galilei hat erstmals ein physikalisches Naturgesetz durch gezieltes Experimentieren gefunden und ihm eine mathematische Form verliehen.

Umgehend teilt er seine Entdeckung Fra Paolo Sarpi mit, einem hochgebildeten Mönch mit exzellenten Fähigkeiten in der Mathematik und großem politischen Einfluß. Ihm schreibt er am 16. Oktober 1604: „Und das Prinzip ist dieses: daß der natürlich bewegte Körper seine Geschwindigkeit steigern wird in Proportionen seiner Entfernung vom Ausgangspunkt der Bewegung.“ Dieses ist noch nicht das uns heute bekannte Fallgesetz. Der Grund hierfür ist vermutlich, daß Galilei zunächst eine andere Definition für die Geschwindigkeit benutzte als wir heute. Für uns ist die Geschwindigkeit v der zurückgelegte Weg pro Zeiteinheit. Galilei definierte die Geschwindigkeit als v^2. Vier Jahre später schildert er das Fallgesetz so, wie wir es kennen.

Erst 30 Jahre später wird er, verurteilt durch die Inquisition und nach Siena verbannt, die neuen Erkenntnisse in einem umfangreichen Werk niederschreiben: „So haben wir uns dennoch entschlossen, diejenigen Erscheinungen zu betrachten, die bei den frei fallenden Körpern in der Natur vorkommen, und lassen die Definition der beschleunigten Bewegung zusammenfallen mit dem Wesen einer natürlich beschleunigten Bewegung. Das glauben wir schließlich nach langen Überlegungen als das Beste gefunden zu haben, vorzüglich darauf gestützt, daß das, was das Experiment den Sinnen vorführt, den erläuterten Erscheinungen durchaus entspreche.“

Der erste Galileo Galilei wurde bereits 1370 in Florenz geboren. Er hieß eigentlich Galileo Bonaiuti, war der Sproß einer einflußreichen Familie und änderte, einer damaligen Mode entsprechend, seinen Namen, indem er den Vornamen verdoppelte: Galileo Galilei. Einer seiner Nachfahren, Vincenzio Galilei, mußte sich indes seine eigene Existenz aufbauen, denn Ruhm und Reichtum der Galilei-Dynastie waren bereits vergangen. Er war Tuchhändler, hatte sich aber einen Ruf als Komponist und Musiktheoretiker erworben und erteilte Bürgern und Studenten in Pisa Musikunterricht. Am 15. Februar 1564 wurde dem Vincenzio und seiner Frau Giulia das erste Kind geboren, ein Sohn, der den Namen des ehrbaren Ahnen tragen sollte: Galileo Galilei.

Die Kindheit verlebte der Junge im Elternhaus, wo er schon früh das Lautenspiel erlernte. Die reguläre Schulerziehung begann erst mit zehn Jahren, als er zusammen mit seiner Mutter dem Vater nach Florenz folgte, der bereits zwei Jahre zuvor dorthin gezogen war. Unweit von Florenz lernte er in der Schule des Benediktinerklosters Santa Maria zu Vallombrosa alle wichtigen Dinge, die ihm ein Medizinstudium ermöglichen sollten. Doch der Vater holte ihn vorzeitig wieder nach Hause, als er hörte, der Sohn sei drauf und dran, Mönch zu werden. Daraufhin erhielt er Privatunterricht, bis er sich mit siebzehn Jahren an der alten Universität Pisa immatrikulierte.

Hier Philosophie und Naturkunde zu studieren bedeutete, die Lehre des Aristoteles zu erlernen. Das Werk dieses Denkers aus der Antike hatte sich durch die arabischen Gelehrten über die Jahrhunderte hinweggerettet und war nun die Grundlage der westlichen Philosophie. Jedenfalls, was die Erkenntnis der sinnlich erlebbaren Welt anbelangte. Gleichzeitig erkannten die Theologen in Aristoteles' Werken grundlegende Widersprüche zur Bibel, weshalb es durchaus gefährlich werden konnte, wenn man die gesamte Lehre des antiken Denkers vorbehaltlos verteidigte. Zur Aristotelischen Philosophie gehörte indes auch, daß Experimente als Hilfsmittel zur Naturerkennung unzulässig waren. Sie galten als Manipulation der Wirklichkeit und konnten insofern nichts über die Natur aussagen. Erkenntnis ließ sich einzig durch das Beobachten natürlicher Vorgänge erlangen.

Galilei erwies sich als gelehriger und folgsamer Student, noch war nichts zu bemerken von dem aufrührerischen Geist. Ein erstes einschneidendes Erlebnis hatte er in der Vorlesung des Mathematikers Ostilio Ricci. Dieser stand in den Diensten des Großherzogs und hatte sich mit den wirklich praktischen Seiten der Rechenkunst zu beschäftigen, wie dem Berechnen von Geschoßbahnen. Eher zufällig gelangte Galileo in dessen Vortrag und erfuhr darin erstmals etwas über die Geometrie des Euklid. Eigentlich durfte er Riccis Veranstaltungen, die nicht öffentlich waren, gar nicht besuchen. Ihn faszinierte das Neugehörte jedoch so sehr, daß er den Vorträgen heimlich, hinter einem Vorhang versteckt, lauschte.

Galilei studierte nun unentwegt die Geometrie des alten Griechen und traute sich auch, Ricci bei Problemen um Rat zu fragen. Dieser erkannte bald das außergewöhnliche Talent des jungen Studenten und förderte ihn fortan. Bald schon tauchte Galileo tiefer in die Mathematik ein und begeisterte sich nun auch für alltägliche Fragen der Mechanik und Ballistik, wobei die zweite große Entdeckung nicht lange auf sich warten ließ: die Schriften des Archimedes. Sie zeigten ihm, wie sich mathematische Erkenntnisse auf praktische Probleme, wie die Konstruktion von Hebeln oder Flaschenzügen, anwenden ließen. Er verehrte Archimedes grenzenlos, nannte ihn den Göttlichen und den Unnachahmlichen und sah in ihm sein großes Vorbild. Eine hydrostatische Waage zum Bestimmen des spezifischen Gewichts von Körpern, die er im Jahre 1586 baute, stand denn auch ganz in der Tradition seines verehrten Meisters.

Ein Erlebnis weckte in ihm jedoch ein ungewöhnliches Interesse und beeindruckte ihn so sehr, daß er es über fünfzig Jahre später in einer seiner Abhandlungen erwähnen sollte. Im Dom zu Pisa fiel ihm ein Leuchter auf, der an einem langen Seil hängend langsam hin und her schwang. Was andere vor ihm schon unzählige Male bemerkt hatten, ließ ihn plötzlich erstaunen. Seinen Puls als Zeitmesser einsetzend, stellte er nämlich fest, daß die Schwingungsdauer dieses Pendels unverändert blieb, auch wenn die Auslenkung beständig kleiner wurde. Eine merkwürdige Sache.

Ohne Abschluß mußte er Pisa nach vier Jahren verlassen, nachdem sein Vater erfolglos um ein Stipendium ersucht hatte. Wieder zurück in Florenz, verdiente er etwas Geld mit Privatunterricht und widmete sich eigenen Studien. Die Frucht dieser Bemühungen war eine theoretische Arbeit über den Schwerpunkt fester Körper – auch eine ehemalige Domäne des Archimedes. Galilei war dadurch bekannt geworden und konnte es deshalb wagen, sich um Professuren zu bewerben. Trotz der Unterstützung durch den Marchese del Monte, einen hervorragenden Mathematiker, der von Galileis Arbeiten sehr beeindruckt war, blieben jedoch alle Gesuche vergebens. Endlich, nach vier Jahren, gelang es del Monte in vereinten Kräften mit seinem Bruder, einem Kardinal, ihn auf den Lehrstuhl an der Universität Padua zu hieven.

Padua war gleichzeitig eine der ältesten und der modernsten Universitäten. Es herrschte eine weltoffene Stimmung in der vielleicht berühmtesten Universität Europas, und vom nahegelegenen Venedig wehte ein frischer Wind herüber. Ausländische Studenten, insbesondere aus Deutschland, Frankreich und Polen, erwarben in Padua ihren Doktorgrad, vor allem deswegen, weil hier, in dem katholischen Land, auch Protestanten ungehindert leben und studieren konnten. Dennoch lieferte die Stadtregierung, die Signoria, 1592, in just jenem Jahr, in dem Galilei in die Stadt am Arno kam, auf nachhaltiges Drängen des Vatikans den Ketzer Giordano Bruno an die Inquisition aus.

Am 7. Dezember hielt Galilei im Palazzo del Bo' unter großem Andrang der Studenten seine Antrittsvorlesung. Sie war brillant, aber nicht revolutionär. Und so waren auch seine weiteren Vorträge über Euklid, den ptolemäischen *Almagest* oder die aristotelische Mechanik. Auch an die Konstruktion technischer Instrumente ging er wieder. Er baute ein Thermoskop, mit dem man die Körpertemperatur messen konnte, und vor allem einen *geometrischen und militärischen Kompaß*, eine Art Rechenschieber in Form eines großen Winkels, der es ermöglichte, arithmetische und geometrische Aufgaben zu lösen oder Flächen und Rauminhalte unregelmäßig geformter Körper zu berechnen. Der Handel mit diesem Instrument, das er in seiner Villa bauen ließ, entwickelte sich zu einer lohnenden Einnahmequelle.

Weitere Einkünfte brachte ihm der Privatunterricht ein. Zwei seiner Lieblingsschüler, Giovanfrancesco Sagredo und Filippo Salviati, hat er später verewigt. Sie sind seine beiden Wissenschaftler, die er in den beiden großen Werken über das ptolemäische und kopernikanische Weltsystem, dem *Dialogo*, sowie über die Mechanik und Fallgesetze, den *Discorsi*, in platonischer Manier diskutieren läßt. In Padua lernte er auch die Venezianerin Marina Gamba kennen. Sie heirateten nie und lebten auch nicht in einem Haus, hatten aber insgesamt drei

Kinder, zu denen Galilei sich stets bekannte. Als Marina 1610 einen Bediensteten aus einer befreundeten Patrizierfamilie heiratete, nahm Galilei schließlich die zwei Töchter und den Sohn zu sich.

Während sich Professore Galilei äußerlich als zwar exzellenter, aber nicht umstürzlerischer Forscher mit pekuniären Interessen gab, reiften doch um die Jahrhundertwende in seinem Innern die Gedanken zu einem völlig neuen Konzept der Naturforschung. Bislang hatte man die Mathematik zwar angewandt, um die Bahnen der Planeten und der Gestirne um die Erde zu berechnen, aber die vergleichsweise komplizierten Bewegungen und Prozesse, wie sie in der irdischen Natur beobachtet wurden, derart zu beschreiben, schien undenkbar. Was den großen Forscher letztendlich dazu brachte, Experimente durchzuführen, die Natur idealisiert im Laboratorium nachzustellen, ist nicht klar. Sicher ist aber, daß er ab 1602 mit den Versuchen an der schiefen Ebene begann.

Eine genauere Zeitmessung, als bis dahin möglich, war hierfür unerläßlich. Eine Wasseruhr, wie sie Galilei in den *Discorsi* beschrieb, reichte vermutlich nicht aus. „Zur Messung der Zeit stellten wir einen Eimer voll Wasser auf, in dessen Boden ein enger Kanal angebracht war, durch den sich ein feiner Wasserstrahl ergoß, der mit einem kleinen Becher während einer jeden beobachteten Fallzeit aufgefangen wurde: Das dieserart aufgefangene Wasser wurde auf einer sehr genauen Waage gewogen; aus den Differenzen der Wägungen erhielten wir die Verhältnisse der Gewichte und damit die Verhältnisse der Zeiten, und zwar mit solcher Genauigkeit, daß die zahlreichen Beobachtungen niemals merklich voneinander abwichen." Sehr wahrscheinlich war aber diese Art Uhr zu ungenau, um die acht Intervalle auf der nur einige Sekunden dauernden Fahrt der rollenden Kugel zu messen. Schlägt die Kugel jedoch selbst den Takt, der mit dem Rhythmus eines gesungenen und auf der Laute gespielten Liedes synchronisiert werden mußte, so ließen sich leicht Abweichungen von Sekundenbruchteilen registrieren. So mag die Musik als Hebamme bei der Geburt der modernen Physik gewirkt haben.

Über das reine Experimentieren hinaus waren seine große Stärke der analytische Verstand und die Gabe, natürliche Vorgänge zu abstrahieren und idealisiert in einem Gedankenexperiment ablaufen zu lassen. Dadurch war es ihm gegeben, mehrmals Trümmer der Aristotelischen Naturphilosophie aus dem Weg zu räumen, die den Blick auf den Grund der Dinge versperrten.

Zunächst einmal führte er die alte und nie überprüfte Lehrmeinung ad absurdum, daß leichte Körper langsamer fallen als schwere. In den *Discorsi* erklärt der Gelehrte Salviati, alias Galilei, seinem Freund Simplicio: „Zunächst zweifle ich sehr daran, daß Aristoteles experimentell nachgeprüft habe, ob zwei Steine, von denen der eine zehnmal so großes Gewicht hat wie der andere, wenn man sie in ein und demselben Augenblick fallen ließe, z.B. hundert Ellen hoch herab, so verschieden in ihrer Bewegung sein sollten, daß bei der Ankunft des größeren der kleinere erst zehn Ellen zurückgelegt hätte." Und dann überzeugt Salviati den Skeptiker mit einem findigen Gedankenexperiment davon, daß Aristoteles sich geirrt haben muß:

Salv. „Wenn wir zwei Körper haben, deren natürliche Geschwindigkeit verschieden ist, so ist es klar, daß, wenn wir den langsameren mit dem geschwinderen vereinigen, dieser letztere von jenem verzögert werden müßte, und der langsamere müßte vom schnelleren beschleunigt werden. Seid ihr hierin mit mir einverstanden?"

Simpl. „Mir scheint die Konsequenz völlig richtig."

Salv. „Aber wenn dies richtig ist und wenn es wahr wäre, daß ein großer Stein sich z.B. mit 8 Maß Geschwindigkeit bewegt und ein kleinerer Stein mit 4 Maß, so würden beide vereinigt eine Geschwindigkeit von weniger als 8 Maß haben müssen. Aber die beiden Steine zusammen sind doch größer, als jener größere Stein war, der 8 Maß Geschwindigkeit hatte; mithin würde sich nun der größere langsamer bewegen als der kleinere; was gegen Eure Voraussetzung wäre."

Simplicio ist verständlicherweise „ganz verwirrt", da doch ein jeder weiß, daß ein Blatt Papier von einem Turm langsamer herunterfällt als eine Bleikugel. Für Galilei ist aber das Prinzip „alle Körper fallen gleich schnell" aufgrund des Gedankenexperiments unumstößlich, obwohl jeder sehen kann, daß in der Natur die Körper unterschiedlich schnell fallen. Genau hier zeigt sich Galileis Genialität. Er schließt, daß das offensichtliche natürliche Verhalten fallender Körper durch einen Effekt verändert wird, den wir heute Reibungswiderstand nennen. Dieser wird um so ausgeprägter, je dichter das Medium ist, durch den sich ein Körper bewegt. Den eigentlichen Kern des Fallgesetzes aber erblickt man erst dann, wenn man von der Reibung absieht, wenn die Körper also im Vakuum fallen. Auf diese Weise bricht Galilei gleichzeitig mit dem *horror vacui*, der Scheu vor dem leeren Raum. Denn nach Aristoteles – ebenfalls aufgrund eines Gedankenexperimentes zum freien Fall – darf es kein ausgedehntes Vakuum geben. „Angesichts dessen glaube ich", beendet Salviati seine Beweisführung, „daß, wenn man den Widerstand der Luft ganz aufhöbe, alle Körper ganz gleich schnell fallen würden."

Völlig unbeachtet ließ Galilei die Frage nach der Ursache des freien Falls. Er begnügte sich damit, das Fallgesetz gefunden und in eine mathematische Form gekleidet zu haben. „Es scheint mir nicht günstig, jetzt zu untersuchen, welches die Ursache der Beschleunigung der natürlichen Bewegung sei, worüber von verschiedenen Philosophen verschiedene Meinungen vorgeführt worden sind." Erst Newton löste dieses Problem Jahrzehnte später mit seinem Gravitationsgesetz.

Ein wahres Glücksgeschenk machte Galilei der Physik überdies mit seinen Gedankenexperimenten zu gleichförmig bewegten Körpern, mit denen er bewies, daß sich Geschwindigkeiten addieren. In seinem *Dialogo* erklärt Salviati dem Freund Sagredo: „Die Bewegung ist nur insofern Bewegung und wirkt als solche, als sie in Bezug steht zu Dingen, die ihrer ermangeln. Unter Dingen aber, die alle gleichmäßig von ihr ergriffen sind, ist sie wirkungslos, so gut als ob sie nicht stattfände." Mit anderen Worten: In gleichförmig bewegten Systemen laufen alle physikalischen Vorgänge gleich ab, egal wie schnell sie sich bewegen. Insofern sind solche bewegten Systeme von ruhenden nicht unterscheidbar.

Um diesen abstrakten Worten Kraft zu verleihen, veranschaulicht Sagredo das Prinzip. „Die Waren, mit welchen ein Schiff beladen ist, bewegen sich insofern, als sie von Venedig abgehen und über Korfu, Kandia, Zypern nach Aleppo gelangen; denn Venedig, Korfu, Kandia usw. bleiben und bewegen sich nicht mit dem Schiffe. Hingegen ist für die Warenballen, Kisten und sonstigen Gepäckstücke, die als Ladung oder Ballast auf dem Schiffe sind, bezüglich des Schiffes selbst die Bewegung von Venedig nach Syrien so gut wie nicht vorhanden, ihre gegenseitige Lage ändert sich in keiner Weise; und zwar rührt dies daher, daß die Bewegung eine gemeinschaftliche ist, an welcher sich alles beteiligt. Wenn von den im Schiffe befindlichen Waren ein Ballen nur einen Zoll von einer Kiste sich entfernt, so wird dies für ihn eine größere Bewegung in bezug auf die Kiste sein als die Reise von zweitausend Meilen, die sie in Gemeinschaft zurücklegen."

Galilei erkannte hier also, daß man Geschwindigkeiten stets relativ zu einem Bezugssystem angeben muß. Die Stoffballen und Kisten bewegen sich bezüglich einer der Hafenstädte mit vielleicht zehn Knoten, relativ zum Schiffsboden jedoch überhaupt nicht. Dieses Galileische Transformationsgesetz blieb nahezu dreihundert Jahre unangetastet als eherne Wahrheit bestehen, bis Einstein es in seiner Speziellen Relativitätstheorie korrigierte und verallgemeinerte.

Neben diesem Additionsgesetz der Geschwindigkeiten hatten die neuen Erkenntnisse noch eine entscheidende Folge: Alle physikalischen Vorgänge laufen nämlich in sämtlichen gleichförmig bewegten Bezugssystemen völlig gleich ab. Wenn sich ein Matrose auf eine der Kisten setzt und einen Stein senkrecht in die Luft wirft, wird dieser senkrecht wieder zu ihm zurückfallen. Nimmt ein anderer Matrose am Hafen denselben Versuch vor, passiert dasselbe. Vor Galilei sah man dies ganz anders: Da sich der Matrose mit dem Schiff bewegt, so glaubte man, würde der Stein nicht genau senkrecht nach oben steigen und ebenso wieder herunterfallen. Vielmehr würde er hinter dem Matrosen auf Deck aufschlagen, weil das Schiff während des Fluges ja weitergefahren ist. Seit Galilei wissen wir, daß Bewegungen relativ sind: Das Schiff bewegt sich gegenüber dem Hafen ebenso, wie sich der Hafen gegenüber dem Schiff bewegt. Der Stein beschreibt in beiden Orten dieselbe Flugkurve.

Dieses Prinzip entkräftete nun eines der wichtigsten Argumente der Aristoteliker gegen eine sich bewegende Erde. Sie hatten es stets als grotesk empfunden, daß unsere Heimat mit atemberaubender Geschwindigkeit um die Sonne rasen sollte, wie es ein gewisser Herr Kopernikus behauptet hatte und wie es jetzt von anderen Ketzern, zum Beispiel einem Astronomen in Prag, Johannes Kepler, erneut vertreten wurde. Wie, so fragten die Kritiker, könne diese Geschwindigkeit von uns unbemerkt bleiben? Müßten wir nicht in einem beständigen Sturm leben? Nein, sagte Galilei, denn auch diese enorme Geschwindigkeit ist gleichförmig und bleibt deshalb von uns unbemerkt. Salviati bemerkt denn auch rhetorisch geschickt: „Wenn es nun zur Erzielung genau derselben Folgen gleichgültig ist, ob die Erde allein sich bewegt und das ganze übrige Weltall ruht oder die Erde ruht und das ganze Weltall in gemeinsamer Bewegung begriffen ist: wer möchte dann glauben, die Natur – welche doch nach allgemeiner Ansicht nicht viele Mittel aufbietet, wo sie mit wenigen auskommen kann – habe es vorgezogen, eine unermeßliche Zahl gewaltigster Körper sich bewegen zu lassen, und zwar mit unglaublicher Geschwindigkeit, um zu bewirken, was durch die mäßige Bewegung eines einzigen [der Erde] um seinen eigenen Mittelpunkt sich erreichen ließe?"

Dies wäre vergleichbar damit, „als wenn jemand auf die Spitze Eurer Kuppel stiege, bloß zu dem Zwecke, um eine Aussicht auf die Stadt und ihre Umgebung zu haben, und nun verlangte, daß man die ganze Gegend sich um ihn drehen lasse, damit er nicht die Mühe hätte, den Kopf zu wenden".

Die erst 1632 erschienene Schrift *Dialog über die beiden hauptsächlichen Weltsysteme, das Ptolemäische und das Kopernikanische* markierte einen Wendepunkt in der Entwicklung der Naturwissenschaft, ja, in der kulturellen Entwicklung der Menschheit. In ihr offenbarte Galilei eine völlig neue Sichtweise der Naturvorgänge und widerlegte alle Argumente gegen das Kopernikanische Weltsystem. Dennoch schwor er ein Jahr später, am 22. Juni 1633, im Kloster der Minerva in Rom, dort, wo Giordano Bruno 33 Jahre zuvor sein Todesurteil empfangen hatte, unter dem Druck der Inquisition von dieser Lehre ab.

Tatsächlich war Galilei bereits seit jungen Jahren Kopernikaner gewesen. So schrieb er 1597 an Johannes Kepler in Graz: „... als ich schon vor vielen Jahren zur Auffassung des Kopernikus gelangte und von diesem Standpunkt aus die Ursachen vieler Wirkungen in der Natur entdeckt habe, die ohne Zweifel nach der allgemein üblichen Hypothese unerklärlich sind. Viele Begründungen und auch Widerlegungen gegenteiliger Gründe verfaßte ich, was ich jedoch bisher nicht zu veröffentlichen wage, abgeschreckt durch das Schicksal unseres Lehrers Kopernikus." Kepler forderte ihn zwar auf, „durch einhellige Meinungsäußerungen diesen einmal in Bewegung gesetzten Wagen beständig weiter zum Ziel zu schleppen ... Habt Vertrauen, Galilei, und tretet hervor!"

Dies tat Galilei zunächst jedoch nicht. Erst später, als er ab 1610 sein Fernrohr auf den Himmel richtete und dort immer mehr Zeichen für das Kopernikanische Universum fand und er mit den von ihm entdeckten physikalischen Gesetzen immer mehr Gegenargumente als Schein entlarven konnte, trat er für die Wahrheit ein. Aber anders als Bruno wollte er für die neue Lehre nicht sterben. Vielleicht auch, weil er wußte, daß sie sich auch ohne seinen Tod unausweichlich durchsetzen würde.

Galilei starb völlig erblindet und verbannt in seiner Villa in Arcetri. An seinem Sterbebett waren vier Freunde, ein Pfarrer und zwei Vertreter der Inquisition. Seine Bücher wurden im Ausland gedruckt und fanden rasch weite Verbreitung. Im Jahre 1835 strich die katholische Kirche seine Werke aus dem Index verbotener Bücher. Im Oktober 1992, fast 360 Jahre nach dem Urteil der Inquisition, rehabilitierte Papst Johannes Paul II. Galilei.

Galilei entdeckte das Experiment als Methode, der Natur ihre verborgenen Gesetze zu entlocken, ihren Kern freizulegen. Das Experiment bot ihm die Möglichkeit, zu erforschen, was „eigentlich den Erscheinungen zum Grunde liegt", wie es Goethe einmal formulierte, und ermöglichte es ihm, die grundlegenden Naturgesetze in einfache mathematische Relationen zu fassen. Das Experiment war für ihn, und ist seitdem für alle Naturforscher, der Schlüssel zur Erkenntnis.

Mit dieser gedanklichen Leistung steht Galilei am Beginn der modernen Physik, ja aller Naturwissenschaften. Einstein schrieb in seinem Buch über die *Evolution der Physik*: „Mit dem Übergang von den Gedankengängen des Aristoteles zu denen Galileis wurde der Naturwissenschaft einer ihrer bedeutendsten Grundpfeiler gesetzt. Als dieser einmal getan war, konnte es über die weitere Entwicklung keinen Zweifel geben."

„Wenn ich weiter gesehen habe, so deshalb, weil ich auf den Schultern von Riesen stehe."

Isaac Newton (1642/43–1727)

Es ist einer dieser mild-geruhsamen Tage. Spätsommer im Jahre 1666. Die Sonne taucht den Garten hinter dem kleinen Haus mit den zwei Kaminen an den Giebelseiten in ein wohliges Licht. Auf der Bank sitzt, im Schatten eines Baumes, ein junger Mann. Sein blondes Haar hängt ihm lockig bis auf die Schultern herab und weht leicht in den lauen Brisen. Er sitzt im Hof seines Elternhauses, und dennoch ist es ein Zwangsaufenthalt. Sein eigentliches Zuhause, das Trinity College in Cambridge, mußte ein Jahr zuvor geschlossen werden, weil die Pest in der Metropole Englands ausgebrochen war und bereits an die Hunderttausend hinweggerafft hatte. Ein Großfeuer legte, um die Katastrophe perfekt zu machen, Vierfünftel der Stadt in Schutt und Asche. Der englische Bürger Samuel Pepys notierte am 7. September 1666 in sein berühmtes Tagebuch, „daß die ganze Stadt niedergebrannt ist, St. Paul's bietet einen elenden Anblick, alle Dächer zerstört".

Im Garten zu Woolsthorpe Manor ist von alledem nichts zu spüren. Isaac Newton, so heißt der Mann von 24 Jahren, hat in Cambridge seine Studien begonnen und ist seitdem so voller Ideen, daß diese sich nun, ausgerechnet in der ländlichen Abgeschiedenheit, Bahn brechen. Unablässig beschäftigt er sich mit philosophischen und mathematischen Problemen. Noch zu Beginn des Jahres hat er sich mit einer Theorie über die Farben im Sonnenlicht geplagt, jetzt grübelt er über die Schwerkraft nach, als plötzlich ein Apfel unweit von ihm auf den Boden schlägt. Erschrocken fährt er aus seinen Überlegungen auf, verflucht die Störung und will sich wieder in seine Berechnungen vertiefen, als ihm plötzlich ein Gedanke durch den Kopf

Isaac Newton

schießt: Ohne Zweifel hatte die Erde den Apfel zu Boden gezogen. Aber die Kraft endete doch nicht an diesem Zweig. Vielmehr reichte sie in wesentlich größere Höhen, und könnte es nicht sogar sein, daß dieselbe Kraft den Mond auf seiner Bahn um die Erde hält?

Seinem Freund Stukeley hat der alternde Newton diese Anekdote so geschildert: „Weswegen fällt ein Apfel immer senkrecht herunter, warum nicht zur Seite, und stets nach der Erdmitte? Es muß eine Anziehungskraft in der Materie geben, welche im Erdinnern konzentriert ist. Wenn die Materie eine andere Materie so sehr anzieht, muß eine Proportionalität mit ihrer Masse bestehen. Deswegen zieht der Apfel die Erde genauso wie die Erde den Apfel an. Es muß deswegen eine Kraft geben, ähnlich der, welche wir Schwerkraft nennen, und die sich über das ganze Weltall ausbreitet".

Auch die Planeten sollten bei ihrem Lauf um die Sonne von derselben Schwerkraft gehalten werden. Eine Überschlagsrechnung führt ihn zu der Vermutung, daß die von der Sonne ausgehende Kraft mit dem Quadrat der Entfernung abnehmen müsse. Als er dasselbe Gesetz auf Erde und Mond übertragen will, stößt er jedoch auf eine Abweichung. Als Maße für seine Berechnung benötigt er die Abstände des Apfels und des Mondes vom Erdmittelpunkt. „Da er bei der Anstellung dieser Berechnung keine Bücher bei der Hand hatte", schrieb Newtons erster Biograph, Sir David Brewster, „behielt er die gewöhnliche Schätzung des damals von den Geographen und Seefahrern angenommenen Durchmessers der Erde ... Auf diesem Wege fand er, daß die den Mond zurückhaltende Kraft, hergeleitet von derjenigen Kraft, welche den Fall der schweren Körper auf der Erdoberfläche verursacht, ein Sechstel größer wäre, als die, welche in seiner kreisförmigen Bahn wirklich beobachtet wird. Diese Differenz warf auf alle seine Spekulationen einen Zweifel ... und so unterbrach er alle ferneren Forschungen über diesen Gegenstand und verheimlichte vor seinen Freunden die Spekulationen." Kurz: Da Newton einen falschen Wert für den Erddurchmesser zugrunde legt, findet er sein vermutetes Abstandsgesetz nicht bestätigt.

Newton selbst hat diese vielleicht berühmteste Anekdote in der Geschichte der Naturwissenschaften selbst in Umlauf gebracht, eine Anekdote, die sich auf diese Weise vermutlich gar nicht zugetragen hat. Er schilderte sie zunächst seiner Nichte, die sie an den französischen Philosophen de Fontenelle weitergab. Von ihm vernahm sie Voltaire, der die Geschichte ein halbes Jahrhundert nach dem vermeintlichen Apfelfall verbreitete. Es scheint klar zu sein, daß der englische Physiker seinen Gedankenblitz so weit zurückdatiert hat, um sich damit die Priorität der Entdeckung gegenüber Konkurrenten zu sichern.

Tatsächlich sollte Isaac Newton erst rund zwanzig Jahre später seine große Gravitationstheorie nach ausdauernder, kräftezehrender Arbeit vollständig formulieren. Seine *Philosophiae naturalis principia mathematica*, das „sicherlich einflußreichste Buch in der Geschichte der Physik", wie es Stephen Hawking einmal nannte, erschien 1687. Newton brachte hierin eine Entwicklung zum Abschluß, die bei Kepler und Galilei begonnen hatte und der naturwissenschaftlichen Forschung nun endgültig eine eindeutige Richtung vorschrieb. Die Gravitationstheorie Newtons und seine Vorstellungen von Raum und Zeit hatten zweihundert Jahre lang Gültigkeit, bis Einstein sie ablöste. Dennoch ist die Newtonsche Lehre noch heute die Basis der Schulphysik und beherrscht unser Denken.

Es war zu Weihnachten des Jahres 1642, als in dem Weiler Woolsthorpe, der Grafschaft Lincolnshire zugehörig, bei den Newtons ein Junge das Licht der Welt erblickte. Zwei Monate zu früh nach den natürlichen Abläufen, aber wenige Wochen zu spät, um den Vater noch zu erleben. Dieser war kurz vor der Geburt des Sohnes gestorben. Auch dem kleinen Isaac sprach man kein langes Leben zu, war er doch noch so winzig, daß er in einen Literkrug gepaßt hätte. Aber er strafte alle Pessimisten Lügen und gedieh ganz prächtig. Wäre er übrigens in Italien oder einem anderen Land geboren, in dem bereits der gregorianische und nicht, wie in England, noch der julianische Kalender galt, so hätte sein Geburtstag 4. Januar 1643 gelautet.

Der Junge war kaum drei Jahre alt, als die Mutter den Geistlichen Barnabas Smith aus dem benachbarten North Witham heiratete und zu ihm zog, allerdings ohne den Buben mitzunehmen. Der wuchs nun bei seiner Großmutter und seinem Onkel auf und besuchte die kleinen Dorfschulen in Skillington und Stoke. Zunächst stand fest, daß Isaac die Landwirtschaft des Vaters weiterführen müsse. Er wiederum hielt nicht so viel von Korn und Vieh, sondern fühlte sich zu anderen, merkwürdigen Beschäftigungen hingezogen, zum Beispiel dem Lesen. Tatsächlich durfte er schließlich die weiterführende Schule in der sechs Meilen nördlich gelegenen Kreisstadt Grantham besuchen.

Hier wohnte er bei einer Freundin der Mutter, einer Mrs. Clark, die eine Apotheke besaß. Isaac half im Geschäft mit, mixte Salben und Tinkturen zusammen und begann sich für Chemie zu interessieren. Bis ins hohe Alter sollte ihn die Faszination für diese damals zwischen Wissenschaft und Scharlatanerie schwankende Disziplin nicht mehr loslassen. Fernab vom bäuerlichen Umtrieb konnte er bei Mrs. Clark seinen Spinnereien nachgehen. Er bastelte eine Wasser- und eine Sonnenuhr und eine kleine Mühle, die auch richtig funktionierte, wenn er eine Maus im Göpelwerk trippeln ließ.

Glücklicherweise bemerkte sein Onkel, ein Bruder seiner Mutter, die außergewöhnliche Begabung und sorgte dafür, daß er im Sommer 1661 ins Trinity College zu Cambridge als *Subsizar* aufgenommen wurde. Ein Subsizar bekam dort wegen seiner ärmlichen Herkunft kostenlose Verpflegung, mußte aber anderen Studenten für allerlei Dienstleistungen zur Verfügung stehen. Die Lehranstalt in Cambridge trug noch mittelalterliche Züge und diente vornehmlich der Ausbildung von Geistlichen. Die *neue Physik*, die sich von Italien aus verbreitete, hatte in diese ehrwürdigen Hallen noch nicht Eingang gefunden. Die Lehre des Aristoteles galt hier nach wie vor als das Maß aller Dinge.

Im Jahre 1663 ereigneten sich hier jedoch revolutionäre Dinge, die für Isaac eine entscheidende Wende bedeuten sollten. Ein gewisser Henry Lucas hatte dem College einen Lehrstuhl gestiftet. Allerdings sollte der Inhaber nun nicht über die Erlösungstat Christi oder die Metamorphosen des Ovid dozieren, sondern über die Forschungen im Bereich der Geographie, Physik, Astronomie und Mathematik.

Als ersten Professor rief man Isaac Barrow auf den neugeschaffenen Lucasischen Lehrstuhl. Barrow war weitgereist, ein Kämpfer und kluger Kopf gleichermaßen. Sein ursprüngliches Ziel, nämlich Theologe zu werden, hatte er auf dem Weg dorthin aus dem Auge verloren und war über die Astrologie zur Mathematik gekommen. Und hierin war er brillant. Barrow war es denn auch, der Newtons außergewöhnliche Begabung für die Mathematik entdeckte. Der junge Student zeichnete sich durch eine erstaunlich schnelle Auffassungsgabe aus und konnte sich in kürzester Zeit zu den Höhen der Mathematik aufschwingen. Es wird berichtet, daß Barrow „eine gewaltige Hochachtung" vor seinem Schüler hatte. Des öfteren pflegte er von sich zu sagen, „daß er wahrhaftig einiges an Mathematik verstehe, daß er aber im Vergleich zu Newton wie ein Kind rechne".

Im August 1665 mußte das Trinity geschlossen werden, weil die Pest in der Stadt wütete. Newton zog sich für fast zwei Jahre in sein Elternhaus zurück. Und ausgerechnet hier schien plötzlich das Gelernte wie ein anschwellender Fluß über die Ufer zu treten und in Neuland hineinzuströmen. In diesen zwei Jahren legte er die Grundlagen für seine Infinitesimalrechnung, für eine neue Lehre des Lichts und für die Gravitationstheorie.

Bereits 1665 deutete er seine Fluxionsrechnung an, eine Vorstufe zur späteren Infinitesimalrechnung. Diese sollte die bereits in der Antike hochentwickelte Mathematik in einem bedeutenden Punkt fortsetzen. Die Griechen hatten eine Mathematik statischer Größen geschaffen. Die neue Physik des Galilei, die darauf beruhte, Abläufe in der Natur zu beschreiben, verlangte hingegen nach einer *dynamischen Mathematik*. Newton stellte sich nun vor, daß eine mathematische Kurve dadurch entsteht, daß sich im Verlaufe eines Zeitintervalls ein Punkt bewegt. Setzte man für den Punkt eine physikalische

Größe, zum Beispiel den Ort einer Kugel, so beschrieb die Kurve die Ortsänderung im Laufe der Zeit. Die zeitabhängige Größe nannte Newton später *Fluenten* und die Änderung mit der Zeit *Fluxion*. Physikalisch bedeuten die Fluenten die Orte und die Fluxionen die Änderung des Ortes mit der Zeit, also die Geschwindigkeit.

Die Grundlagen dieser Mathematik fand er bereits 1665. Vier Jahre später erwähnte Newton in einem Brief eine Abhandlung über die *Methode der Fluxionen und Quadratur*. Zeitlebens hatte Newton jedoch eine eigene Art, seine Entdekkungen zu publizieren. Einige erschienen Jahre bis Jahrzehnte später, manche sogar nie. Das brachte ihm mehr als einmal erbitterte Gefechte mit Kollegen ein, die in gegenseitige Plagiatsbeschuldigungen ausarteten.

So stritt er sich mit Leibniz darüber, wer nun als erster die Differential- und Integralrechnung entwickelt habe, und mit Robert Hooke gab es erbitterte Grabenkämpfe um die Priorität der Entdeckung des Gravitationsgesetzes. Die Entscheidung fiel in beiden Fällen dadurch, daß die Kontrahenten vor Newton starben. Heute weiß man, daß Newton und Leibniz unabhängig und auf verschiedenen Wegen die Infinitesimalrechnung gefunden hatten, wobei Newton wenige Jahre früher am Ziel war. Es spricht nicht gerade für Newtons Persönlichkeit, daß er in seinen letzten Lebensjahren Leibniz' Leistung abstritt, obwohl sie ihm völlig bewußt war, und seinen Namen nicht mehr erwähnte. Vielleicht trug zu dem unangenehmen bis ungerechten Charakter auch der Umstand bei, daß Newton nie enger mit einer Frau zusammen war, die beschwichtigend auf sein Gemüt hätte einwirken können.

Wie dem auch sei, jedenfalls war der offenbar ganz anders geartete Isaac Barrow so von seinem Schüler beeindruckt, daß er 1669 von seinem Lehrstuhl zurücktrat, um ihn Newton zu überlassen. Während Barrow eine Pfarrstelle antrat, war Newton unversehens in die Professorenschaft des Trinity College aufgerückt. Dreißig Jahre lang hielt er diese Position inne und machte den Lukasischen Lehrstuhl zu einer Legende. Noch heute wird es als eine große Ehre angesehen, auf ihn berufen zu werden. Derzeitiger Nachfolger auf dem Thron des Trinity College ist der theoretische Physiker Stephen Hawking.

Etwa gleichzeitig mit der Fluxionsrechnung begann Newton sich mit optischen Experimenten zu beschäftigen. 1666 hatte er sich auf dem Jahrmarkt von Stourbridge ein Glasprisma gekauft, mit dem er das Sonnenlicht in seine Spektralfarben zerlegte. Zwei Jahre zuvor hatte Robert Boyle seine Hypothesen zur Natur des Lichts veröffentlicht. Er vermutete, daß Licht aus kleinen Kügelchen, sogenannten globuli, besteht und die verschiedenen Farben dadurch entstehen, daß die Teilchen mit unterschiedlicher Geschwindigkeit auf die Netzhaut treffen.

Jahrelang experimentierte Newton mit Prismen und Linsen und kam schließlich zu einer eigenen Theorie, die er erstmals 1672 vorstellte. Demnach war „Weiß die gewöhnliche Farbe des Lichts, insofern Licht eine ungeordnete Mischung von Strahlen aller Farbenarten ist, so wie sie von den verschiedenen Teilen der leuchtenden Körper miteinander vermischt herausgeschleudert werden … Herrscht aber eine bestimmte Strahlenart vor, so muß das Licht zu dessen Farbe neigen … Die Farben aller natürlichen Körper haben keinen anderen Ursprung als diesen, daß die Körper in ganz verschiedenem Maße befähigt sind, eine bestimmte Lichtart stärker als die anderen zu reflektieren“.

Sein Werk fand indes nicht die von ihm erhoffte Zustimmung. Berühmte Kollegen, vor allem der in Paris wirkende Christiaan Huygens und Robert Hooke, hatten einiges an der Theorie auszusetzen. Der wissenschaftliche Streit wurde in Briefen unablässig mit Argumenten und Gegenargumenten hin und her getragen, was Newton persönlich zu schaffen machte. Anfänglich verlief der Disput durchaus sachlich und höflich. So schrieb Newton 1675 an Hooke: „… würde ich mir wirklich wünschen, die stärksten oder triftigsten Einwände, die erhoben werden können, sogleich beieinander zu haben & kenne keinen, der eher dazu in der Lage wäre, mir dies zu liefern, als Sie … Unterdessen schätzen Sie meine Fähigkeit bei der Erforschung des Gegenstandes allzu hoch ein … Wenn ich weiter gesehen habe, so deshalb, weil ich auf den Schultern von Riesen stehe". Mit der Zeit gewann der Streit jedoch an Schärfe, was Newton schließlich derart verärgerte, daß er sich in einem Brief an den damaligen Generalsekretär der Royal Society zu der Drohung hinreißen ließ: „Ich gedenke, mich mit physikalischen Angelegenheiten gar nicht mehr abzugeben, und deshalb hoffe ich, werden Sie es nicht übelnehmen, wenn Sie mich niemals in dieser Sache mehr tätig finden".

Sein Hauptwerk, die *Opticks*, erschien erst 1704. Im Vorwort hieß es: „Um nicht in Streitigkeiten über diese Dinge verwickelt zu werden, habe ich den Druck bis jetzt verzögert und würde ihn noch weiter unterlassen haben, wenn ich nicht dem Drängen von Freunden nachgegeben hätte". Sehr wahrscheinlich hatte Newton den Tod von Hooke, mit dem er auch noch wegen seiner Gravitationstheorie in harten Konflikt geraten war, abgewartet.

Obwohl Newtons Theorie des Lichts rund hundert Jahre lang eine vorherrschende Stellung einnahm und sie tatsächlich diese Forschung erst auf den richtigen Weg gebracht hatte, war es doch eine andere Entdeckung, die ihn als einen der größten Physiker in die Hallen ewigen Ruhmes eingehen lassen sollte.

Newton kannte, möglicherweise durch Barrow angeregt, die Arbeiten des Astronomen Johannes Kepler. Kepler hatte im Umlauf der Planeten um die Sonne drei Gesetze entdeckt und zwischen 1609 und 1619 veröffentlicht. Diese drei Gesetze lauteten: 1) Die Planeten bewegen sich auf elliptischen Bahnen um die Sonne, die in einem der Brennpunkte der Ellipse steht. 2) Denkt man sich eine Verbindungslinie zwischen einem der Planeten und der Sonne, so überstreicht diese in gleichen Zeiträumen dieselbe Fläche. 3) Das Quadrat der Umlaufzeit eines Planeten ist direkt proportional zur dritten Potenz seines mittleren Abstandes von der Sonne. Anders gesagt: Das Quadrat der Umlaufzeit eines Planeten geteilt durch den mittleren Sonnenabstand hoch drei ergibt für alle Planeten denselben Wert.

Mit dem ersten Gesetz hatte Kepler mit dem ehernen philosophischen Grundsatz gebrochen, daß die Planeten auf perfekten Bahnen, sprich Kreisen, laufen. Für Newton wurde indes das zweite Gesetz, das von den Astronomen bis dahin kaum beachtet worden war, zum Stein des Anstoßes. Die Frage, was die Planeten auf ihrer Bahn um die Sonne hält, drängte sich immer stärker auf. Kepler selbst hatte bereits 1596 in seinem *Mysterium Cosmographicum* geschrieben: „Entweder sind die bewegenden Seelen [der Planeten] desto schwächer, je weiter sie von der Sonne entfernt sind, oder es gibt nur eine bewegende Seele im Zentrum aller Bahnen, das heißt in der Sonne, die einen Körper desto heftiger antreibt, je näher er ihr ist, die aber bei dem weiter entfernten wegen des Abstands und der Abschwächung des Vermögens kraftlos wird". Und 30 Jahre später ergänzte er in einer neuen Auflage des Buches: „Wenn man anstatt Seele das Wort Kraft setzt, hat man genau das Prinzip, worauf die Physik des Himmels ... aufgebaut ist". Kepler hatte jedoch fälschlicherweise vermutet, daß die Kraft gleichmäßig, linear, mit der Entfernung von der Sonne abnimmt.

Eine Textpassage aus Galileis Dialog über die beiden hauptsächlichen Weltsysteme mag Newton ebenfalls beeindruckt haben. Hierin sagt Salviati, alias Galilei, zu seinem Freund Simplicio über die „Triebkraft", die die Planeten bewegt: „Wenn er [Christoph Scheiner, ein Gegner des kopernikanischen Weltbildes] mir die Triebkraft eines dieser bewegten Körper nennt, fürwahr, so werde ich imstande sein, ihm zu sagen, was die Erde bewegt. Mehr noch, ich werde ihm diese Auskunft auch dann geben können, wenn er mir offenbart, warum irdische Körper zu Boden fallen". Diese Behauptung war insofern bemerkenswert, als bislang weder Galilei noch irgendein anderer Forscher auf die Idee gekommen war, einen auf der Erde fallenden Körper mit den im Himmel wirkenden Kräften in Verbindung zu bringen.

Newton war nicht der einzige, den diese Fragen bewegten. Der Astronom Edmund Halley versuchte, aus dem dritten Kepler-Gesetz abzuleiten, daß die Schwerkraft mit dem Quadrat der Entfernung zur Sonne abnimmt, scheiterte aber daran. Ebenso fehlte der Astronom und Architekt Christopher Wren, der London nach dem großen Brand zu neuem Glanz erstehen ließ. Weit vorgedrungen war indes Robert Hooke, eben jener

Hooke, der leidenschaftlich gegen Newtons Farbentheorie vorgegangen war.

Bereits 1664 hatte er einen hellen Kometen beobachtet und nachgewiesen, daß dieser sich auf einer gekrümmten Bahn bewegt, was er auf eine Gravitation der Sonne zurückführte. Im Jahre 1677 schrieb Hooke: „Ich vermute, daß die Gravitationskraft der Sonne im Zentrum dieses Himmelsteiles, in dem wir uns befinden, eine anziehende Kraft auf alle Planetenkörper und die Erde ausübt, um die sie sich bewegen, und daß jeder von diesen Körpern wiederum eine entsprechende Wirkung ausübt“.

Außerdem war Hooke zu dieser Zeit bereits davon überzeugt, daß diese Kraft mit dem Quadrat der Entfernung von der Sonne abnimmt. Um 1679 berichtete Hooke seinem Kollegen Halley, er habe herausgefunden, daß ein Körper auf einer gekrümmten Bahn zwei Kräften unterliegt: einer Trägheitskomponente, die ihn tangential zur Flugrichtung nach vorne treibt, und einer „zentrumsuchenden“ Zentripetalkraft, die den Körper ständig zum Mittelpunkt der Bahn zieht.

Damit hatten die führenden Forscher alle Elemente für eine geschlossene Gravitationstheorie bereits zusammen. Dennoch schrieb Newton an den Physiker und ehemaligen Lehrer von Hooke, Robert Boyle, daß seine Begriffe über Dinge dieser Art so unverdaut seien, daß sie ihm selbst nicht genügen könnten. Was man hatte, waren Puzzle-Teile, die man noch nicht zu einem Gesamtbild zusammenzusetzen vermochte. So war bis dahin niemand in der Lage gewesen zu beweisen, daß aus der Annahme eines Gravitationsgesetzes mit quadratischer Kraftabnahme notwendigerweise folgt, daß sich die Planeten auf Ellipsenbahnen um die Sonne bewegen müssen. Auch die Keplerschen Gesetze ließen sich nicht auf natürliche Weise aus einem Gravitationsgesetz herleiten. Die Lösung des damals größten Rätsels der Naturphilosophie schien greifbar nahe zu sein. Man war der Schwerkraft auf der Spur, jener Kraft, die das Universum zusammenhält und die Teile in ihm bewegt.

In dieser Situation meldete sich Hooke, der inzwischen zum Sekretär der Royal Society ernannt worden war, am 24. November 1679 in einem Brief bei Newton. Hierin schlug er ihm eine „philosophische" (gemeint war hiermit eine physikalische) Korrespondenz über die anstehenden Probleme vor. Als Ausgangspunkt sozusagen schilderte er ihm seine Vermutung eines quadratischen Abstandsgesetzes und die Aufspaltung in eine Zentripetal- und eine tangentiale Trägheitskraft. Newton antwortete vier Tage später. Er gestand ein, daß ihm diese Kräfteaufspaltung neu sei, lenkte dann aber sofort auf ein anderes Thema über, nämlich die Frage, auf welcher Bahn sich ein Körper bewegen würde, der die Erde durchqueren könne. Hooke reagierte auf dieses ungewohnte Gedankenexperiment am 9. und 13. Dezember. Am 6. Januar 1680 versuchte er erneut, Newton auf die Bewegung der Planeten anzusprechen, aber dieser blieb stumm. Am 17. Januar versuchte er es ein letztes Mal und warf darin die Frage auf, welche Bahnkurve sich für einen Körper ergibt, wenn dieser sich unter dem Einfluß einer mit dem Quadrat der Entfernung abnehmenden Kraft bewegt. Er schloß: „Ich zweifle nicht, daß Sie mit ihrer ausgezeichneten Methode leicht herausfinden können, welche Kurve dies sein muß und welche Eigenschaften sie hat, und ich vermute einen physikalischen Grund für diese Beziehung".

Damit war diese kurze Korrespondenz beendet. Newton ahnte möglicherweise, daß Hooke kurz davor war, das Rätsel zu lösen. Dazu waren jedoch mathematische Kenntnisse nötig, die damals nur einer hatte: Newton. Schon während des Briefwechsels unternahm Newton erste Versuche, das Problem der Planetenbahnen zu lösen, freilich ohne Hooke davon zu unterrichten.

Vier Jahre lang hatte sich nichts getan, als sich Halley, Wren und Hooke im Januar 1684 in London trafen, um das Problem der Planetenbahnen noch einmal anzugehen. Ohne Erfolg. Im August begab sich Halley zu Newton und fragte ihn: „Auf welcher Kurve bewegt sich ein Planet, vorausgesetzt, daß er von der Sonne mit einer mit dem Quadrat der Entfernung abnehmenden Kraft angezogen wird?" „Auf einer Ellipse", antwortete Newton. Erstaunt über diese prompte Antwort fragte Halley, woher er dies denn mit solcher Bestimmtheit wisse.

„Nun, ich habe es errechnet", antwortete dieser. Verständlicherweise bat Halley darum, diese Rechnung sehen zu dürfen, aber der große Meister konnte sie nicht finden. Er habe sie verlegt, meinte er. Halley erschien diese Geschichte so ungeheuerlich, daß er Newton bat, die Rechnung zu wiederholen und sie ihm zuzuschicken. Und tatsächlich, fünf Monate später traf sie bei ihm ein. Die Arbeit trug den schlichten Titel *De motu* (Über die Bewegung).

Halley war begeistert. Umgehend machte er sich auf den Weg nach Cambridge und überredete Newton, diese neuen Ergebnisse in einer umfassenden Arbeit zu publizieren. Entgegen seiner sonstigen Gepflogenheit, Veröffentlichungen auf die lange Bank zu schieben, machte er sich dieses Mal sofort an die Arbeit. Aber das große Werk stellte ihn doch mehrfach vor große Probleme, vor allem mathematischer Art. Was sich innerhalb der nächsten zwei Jahre abspielte, erinnert an Einsteins Ringen um die endgültige Form der Allgemeinen Relativitätstheorie, also um die neue Formulierung der Gravitationstheorie, die die Newtonsche über zwei Jahrhunderte später ablösen sollte.

Newtons Sekretär berichtete, daß sein Herr „kaum noch wie ein menschliches Wesen zu sein schien". Er gönnte sich keine Ruhepause, „hielt jede Stunde für verloren, die nicht dem Studium gewidmet war. Selten verließ er sein Zimmer … Er wurde so sehr von seinen Studien mitgerissen, daß er oft vergaß, Mittag zu essen … Er schlief nicht mehr als vier oder fünf Stunden". Immer wieder diskutierte er schwierige mathematische Probleme mit Halley, der Newton immer wieder ermunterte, nicht aufzugeben.

Als im April 1686 der erste Teil des großen Werkes erschien, kam es, wie nicht anders zu erwarten, zu einer heftigen Kontroverse mit Hooke, der seinen Kontrahenten glattweg des Plagiats beschuldigte. Hooke blieb schließlich den Sitzungen fern, und Newton war drauf und dran, seine Forschungen aufzugeben. Aber er machte weiter, und im Frühjahr des folgenden Jahres war die Arbeit vollendet. Mit der *Philosophiae naturalis principia mathematica*, kurz *Principia*, war Newton ein Jahrhundertwerk gelungen.

Zunächst legte er hierin axiomatisch das Fundament der neuen Mechanik, indem er die Begriffe Masse, Bewegungsgröße, Trägheit, Kraft und Zentripetalkraft definierte. Er entdeckte die Kraft als Ursache der Änderung eines Bewegungszustandes und einer beschleunigten Bewegung. Hieraus ergab sich eines der drei von ihm formulierten Grundgesetze der klassischen Mechanik: *Kraft* gleich *Masse* mal *Beschleunigung* ($F = m\ a$). Damit schloß er eine über Jahrhunderte währende Diskussion über die Bewegung von Körpern ab. Entscheidend war auch seine Definition der Begriffe Raum und Zeit. Demnach existieren sie objektiv als absolute Größen, ohne Beziehung zueinander, und bilden sozusagen die Kulisse, vor der sich alle Ereignisse in der Welt abspielen.

Eine mathematische Großtat schließlich war die Ableitung der Planetenbahnen und der damals bekannten Monde auf der Grundlage eines universellen Gravitationsgesetzes. Newton wies nach, daß diese Kraft, die einen Apfel im Fall zur Erde beschleunigt, identisch ist mit derjenigen, die den Mond auf seiner Bahn um die Erde und die Planeten auf ihren Bahnen um die Sonne hält. Er konnte beweisen, daß sich Körper in einem Gravitationsfeld mit quadratischem Abstandsgesetz auf elliptischen Bahnen bewegen. Darüber hinaus fand er aber, daß sie ebenso auf parabolischen oder hyperbolischen Bahnen laufen können. In diesem Fall sind sie nicht an das Schwerkraftfeld des Zentralkörpers gebunden, wie es bei Kometen der Fall sein kann. Außerdem gelang ihm der Beweis, daß sich aus dem angenommenen Gravitationsgesetz die Keplerschen Gesetze für die Bewegung der Planeten ergaben. Insbesondere beim Beweis des Flächensatzes wandte Newton Hookes Technik der Zerlegung einer Bahnbewegung in eine zentripetale und eine tangentiale Komponente an. Kein Wunder also, daß ihn sein ewiger Konkurrent des Plagiats bezichtigte.

Dennoch gelang es eben Newton und keinem anderen, die beobachteten Phänomene in ein einheitliches Konzept der Gravitation einzubetten und die „Himmelsphysik auf Ursachen zu gründen", wie es Kepler selbst nicht gekonnt hat. Newton hatte ein Bild geschaffen, in dem nun jedes Detail seinen natürlichen Platz fand. Hooke war unbestritten ein glänzender Physiker und hat, zusammen mit Halley und Wren, wichtige Anregungen zu dem Problem der Gravitation geliefert. Es war aber das Genie Newtons, aus diesem Sammelsurium an Hypothesen und Erkenntnissen eine in sich geschlossene Theorie der Mechanik entwickeln zu können. Hooke und seine Mitstreiter lieferten Holz und Steine für ein Haus, dessen Pläne Newton entwarf und das er selbst erbaute. Über eines war sich der Schöpfer der Gravitationstheorie indes im klaren: „Ich habe noch nicht dahin gelangen können, aus den Erscheinungen den Grund dieser Eigenschaft der Schwere abzuleiten, und Hypothesen erdenke ich nicht ... Es genügt, daß die Schwere existiere, daß sie nach den von uns dargelegten Gesetzen wirke, und daß sie alle Bewegungen der Himmelskörper und des Meeres zu erklären im Stande sei". Undenkbar war es für ihn, daß die Kraft ohne ein „Agens" übertragen werden könne. „Ob dieses Agens materiell oder immateriell ist, das habe ich der Überlegung meiner Leser überlassen".

Für ihn blieb die Gravitation eine Offenbarung Gottes. „Diese bewundernswürdige Einrichtung der Sonne, der Planeten und Kometen hat nur aus dem Ratschlusse und der Herrschaft eines alles einsehenden und allmächtigen Wesens hervorgehen können", führt er im Abschluß der *Principia* aus und fährt fort: „Wenn jeder Fixstern das Centrum eines, dem unsrigen ähnlichen Systems ist, so muß das Ganze, da es das Gepräge eines und desselben Zweckes trägt, bestimmt Einem und demselben Herrscher unterworfen sein".

Die *Principia*, deren Druck Halley aus eigener Tasche bezahlte, war ein großer Erfolg. 1713 erschien die zweite, 1726 eine dritte Auflage. Sie war auch das erste Lehrbuch der Physik. Nach dieser Großtat setzte sich Newton zwar nicht zur Ruhe, aber die Intensität der früheren Jahre erreichte der sich dem fünfzigsten Lebensjahr Nähernde nicht mehr. In den neunziger Jahren erlebte er eine schwere persönliche Krise, die so weit ging, daß Freunde ernste Zweifel an seinem Geisteszustand bekamen. Vielleicht trafen ihn aber auch Kritik und Plagiatsvorwürfe der Kollegen zu sehr in seinem Selbstgefühl. Schließlich war die Wissenschaft sein einziges Lebensglück.

Jedenfalls suchte der große Physiker nach einem neuen Betätigungsfeld und fand es – in der königlichen Münzanstalt. Er stieg bis zum Master of the Mint empor, was etwa dem Rang eines heutigen Finanzministers entspricht. Dennoch fand er noch Zeit, seine physikalischen Studien weiter zu betreiben. Erst 1704 publizierte er die *Opticks*, und in dieser Zeit mußte er die schwersten Plagiatsvorwürfe von seiten Leibniz' hinsichtlich der Infinitesimalrechnung über sich ergehen lassen. Ein unseliger Streit, da beide auf unterschiedlichem Wege zum selben Ziele gelangt waren.

Am 31. März 1727 starb Newton im Alter von 84 Jahren. Er wurde in der Westminster Abbey beigesetzt.

„Verwandle Magnetismus in Elektrizität!"

Michael Faraday (1791–1867)

Piccadilly Circus, Herz der Vergnügungswelt im Westend, ja Nabel der Welt – jedenfalls für die Londoner. Hier stoßen die Hauptschlagadern der Metropole, Regent Street, Piccadilly, Haymarket und Shaftesbury Avenue aufeinander, der Verkehr tost Tag und Nacht um den Eros-Brunnen, riesige Leuchtreklamen verstören Touristen vom Lande. Zehn Minuten von hier, Piccadilly abwärts an Burlington House vorbei, gelangt man zur Albemarle Street. Hier wird es schon ruhiger. Folgt man ihr bis nahe ans Ende, so bemerkt man rechter Hand, Nummer 21, ein langgestrecktes Gebäude mit einem von fünfzehn korinthischen Säulen getragenen Eingangsportal: das Faraday-Museum. Geöffnet von Montag bis Sonntag, von 10 bis 18 Uhr, Eintritt für Erwachsene 1 Pfund, Kinder die Hälfte.

Im Jahre 1831 ist Albemarle Street noch relativ neu und vornehm. Mehrere gute Hotels und elegante Clubs haben sich hier angesiedelt. Am Morgen des 29. August ist sie noch unbelebt, und der Eingang des Gebäudes Nummer 21, an dessen Architrav in großen Buchstaben „The Royal Institution of Great Britain" prangt, liegt im Schatten. Diese „öffentliche Institution zur Verbreitung des Wissens und zur Erleichterung der allgemeinen Einführung nützlicher mechanischer Erfindungen und Verbesserungen sowie zur Unterrichtung über die Anwendung der Naturwissenschaften im praktischen Leben mit Hilfe von Vorlesungen und Experimenten" ist im Jahre 1800 auf Betreiben des Grafen Rumford gegründet worden. Rumford folgte hiermit einer philanthropischen Bewegung, die, durch die Aufklärung und die Französische Revolution ins Leben gerufen, die Lebensbedingungen der Armen in der Bevölkerung verbessern wollte. Wissenschaft und Technik sollten

Michael Faraday

hierzu einen bedeutenden Beitrag leisten. Als Vorbild diente Rumford das wenige Jahre zuvor in Paris vom Nationalkonvent eingerichtete Conservatoire des Arts et Métiers.

Die Royal Institution beherbergt im Innern unter anderem einen Vortragsraum, eine große Bibliothek, ein chemisches Laboratorium als Lehrstätte sowie Wohnräume für den Direktor und die Bediensteten. In den Jahren seit ihrer Gründung hat sich die Royal Institution mehr und mehr von einer Lehr- und Bildungsanstalt zu einer Forschungsstätte gewandelt. Vor allem chemische Versuche spielen eine wesentliche Rolle.

Heute begibt sich der Direktor des Hauses, ein gutaussehender Mann von fast 40 Jahren, nach dem Frühstück, das er stets gegen acht Uhr beendet, in das im Keller untergebrachte Magnetlaboratorium. Hier hat sein treuer Assistent Anderson hoffentlich schon alles für einen Versuch vorbereitet, den er sich für den heutigen Tag vorgenommen hat. Es sollte der denkwürdigste Tag im Leben des Michael Faraday werden.

Anders als die meisten seiner Kollegen trägt er einen Arbeitskittel, als er an den Holztisch in der Mitte des Raumes tritt, der von einer Deckenlampe und einer Petroleumleuchte auf dem Tisch erleuchtet wird. Er spricht nicht viel mit Famulus Anderson, der vor knapp drei Jahren von der Royal Artillery als Hilfskraft zu ihm gekommen ist. Sergeant Anderson ist geschickt, sorgfältig und gewissenhaft – da bedarf es nicht vieler Worte. Faraday hatte sich der Elektrizität zugewandt, nachdem Kollegen einige spektakuläre Entdeckungen veröffentlicht hatten. Dem dänischen Physiker Ørstedt war aufgefallen, daß ein stromdurchflossener Draht auf eine Kompaßnadel einwirkt, also magnetische Kräfte ausübt. Der Franzose André Marie Ampère war dieser Sache nachgegangen und hatte festgestellt, daß zwei stromdurchflossene Drähte sich anziehen oder abstoßen, je nachdem, ob die Ströme in den Leitern in derselben Richtung oder entgegengesetzt fließen. Schon seit Jahren will Faraday die vielen, weitgehend noch unverstandenen Phänomene dieser Art ergründen. Bereits vor neun Jahren hat er in einem Notizbuch unter der Rubrik „Gegenstände, die weiter zu verfolgen sind“ vermerkt:

„Verwandle Magnetismus in Elektrizität!" Wie dies aber funktionieren sollte, blieb noch unklar.

Auf dem Labortisch liegt ein eigenartiges Gerät, ein etwa zwei Zentimeter starker Eisenring mit einem Durchmesser von fünfzehn Zentimetern. Die eine Hälfte ist mit einem dreifachen Kupferdraht dicht umwickelt, wobei Anderson die Drähte penibel mit Zwirn und Kaliko, wie man es zum Versteifen von Bucheinbänden verwendet, gegeneinander isoliert hat. Diese Seite des Ringes nennt Faraday später in seinem Laborbuch A. Auf der anderen Seite, B, ist der Ring von zwei isolierten Drähten im selben Richtungssinn wie bei A umwickelt. Dessen beiden Enden verbindet er mit einem langen Draht, der über eine fast einen Meter entfernt liegende Kompaßnadel führt. Wesentlich ist, daß die beiden Spulen nicht miteinander verbunden sind. Und nun startet er den eigentlichen Versuch.

Er schließt ein Kabelende der Spule A an eine aus mehreren Elementen zusammengekoppelte Batterie an. In dem Moment, wo er auch das andere Ende an die Batterie hält, schlägt die Kompaßnadel unter dem von der anderen Spule, B, kommenden Draht aus. „Sie oszillierte und kehrte schließlich in ihre ursprüngliche Lage zurück. Beim Unterbrechen der Verbindung mit der Batterie auf der A-Seite wieder ein Einfluß auf die Nadel". Faraday wiederholt den Versuch noch einige Male, und stets passiert das gleiche: In dem Moment, wo er bei Spule A den Stromkreis schließt, dreht sich die Kompaßnadel unter der anderen Spule ein wenig in die eine Richtung, wenn er ihn öffnet, pendelt sie zur anderen. Im stationären Zustand aber, wenn der Strom durch A fließt, bleibt die Nadel ruhig. Nur die Veränderung erzeugt eine Wirkung. Faraday hat den Effekt der Induktion entdeckt.

Die magnetische Wirkung des fließenden Stromes hatten andere bereits gefunden und studiert. Die jetzt entdeckte Induktion, die ausschließlich beim Ein- und Ausschalten des Stromes auftritt, ist völlig neu und nicht verstehbar. Ein elektrischer Strom in einem Leiter verursacht einen Stromfluß in einem anderen Leiter, obwohl die beiden keinen direkten Kontakt miteinander haben.

Faraday hatte, wie wir heute sagen würden, einen Transformator gebaut. Die ihm zugrundeliegende elektromagnetische Induktion bildet die physikalische Grundlage für eine unübersehbare Menge technischer Anwendungen, die aus unserem heutigen Leben nicht wegzudenken sind. Dynamomaschinen erzeugen in großen Kraftwerken ebenso Strom wie in der Lichtmaschine eines Autos oder am Reifen eines Fahrrads, und Transformatoren wandeln die über weite Strecken übertragene Hochspannung in die 220 oder 110 Volt für unsere Haushaltsgeräte um. Mikrofone und Aufnahmeköpfe in Tonbandgeräten beruhen ebenso auf dem Prinzip der Induktion wie Tonaufnehmer an elektrischen Gitarren oder Tachometer an Fahrrädern.

Faraday steht noch immer im schummrigen Licht seines Laboratoriums im Keller der Royal Institution und experimentiert weiter. So schließt er die drei Drähte der Spule A zu einem zusammen und verdreifacht damit die Länge der Spule: Der Effekt auf die Magnetnadel ist stärker. In den folgenden Tagen variiert er die Versuchsanordnung, indem er zum Beispiel unterschiedlich geformte Eisenstücke verwendet. Schließlich windet er eine Kupferspule um ein Papprohr, um den Einfluß des Metalls zu untersuchen. Nun ist die Wirkung schwächer. Er deckt auch während des Experiments die Spulen mit einem Blatt Papier ab und streut Eisenfeilspäne darauf, um die Kraftlinien der Magnetfelder sichtbar zu machen. Unablässig arbeitet er nun wochenlang, um die Ergebnisse schließlich am 24. November in der Sitzung der Royal Society vorzutragen.

Doch die vielfältigen Phänomene des „Elektro-Magnetismus" lassen ihn nicht ruhen. Schließlich findet er auch heraus, wie er mit einem Dauermagneten Induktion erzeugen kann; am 14. Dezember gelingt es ihm sogar, in einer Metallplatte eine elektrische Spannung zu induzieren, indem er sie einfach im Erdmagnetfeld dreht. Faraday hat sein Jahre zuvor notiertes Forschungsziel, verwandle Magnetismus in Elektrizität, erreicht. Innerhalb eines Jahres nach dem denkwürdigen Tag im August führt er über 400 Versuche zur Induktion durch. Die Ergebnisse und ihre physikalische Deutung werden publiziert und finden rasche Verbreitung vor allem in Frankreich, wo andere sie fortsetzen. An der sich bereits abzeichnenden technischen Umsetzung hat Faraday keinen Anteil. Leicht hätte er sein jährliches Gehalt von 1000 Pfund vervielfachen können. Ihn aber reizt nicht das Geld, sondern einzig die Wissenschaft.

James Faraday war Schmied in dem idyllisch gelegenen Dorf Clapham in der Grafschaft York. Doch hier wurde das Einkommen immer leidlicher, so daß er beschloß, mit zwei Kindern und seiner schwangeren Frau Margaret nach Newington Butts zu ziehen, einem Vorort von London, der später den Namen Elephant and Castle erhielt. Hier kam am 22. September 1791 der kleine Michael zur Welt. Doch die Hoffnungen des Vaters wurden enttäuscht, die Not der Familie ließ sich kaum lindern. Ein Laib Brot pro Woche blieb manchmal die einzige Nahrung für Michael. Als der Sohn fünf Jahre alt war, zog die Familie noch einmal um, dieses Mal in eine Wohnung über einem Kutschenhaus in der Nähe des Manchester Square. Hier hatte der Vater eine Anstellung als Schmiedegeselle gefunden, bezog einen schmalen Lohn, doch seine Gesundheit verschlechterte sich von Jahr zu Jahr. Niemand würde vermuten, daß aus diesem Milieu einer der größten Experimentalphysiker des Jahrhunderts hervorgehen würde.

Michael besuchte die Grundschule, wo er keine besondere Begabung zeigte. Im Alter von zwölf Jahren gaben ihn die Eltern in die Lehre des Buchhändlers George Ribeau, wo er zunächst Zeitungen austrug und den Eltern dadurch das Lehrgeld ersparte. Als Michael schließlich das Buchbinderhandwerk erlernte, fand er nicht nur Interesse am Buch an sich, sondern auch an dessen Inhalt. „Ich war lebhaft und voller Einbildungskraft und glaubte ebenso gerne an Tausendundeine Nacht wie an die Encyclopaedia Britannica“, erinnerte er sich später. Besonders angetan hatten es ihm aber die *Gespräche über Chemie* von Mrs. Marcet. „Einer Tatsache konnte ich vertrauen; einer Behauptung mußte ich immer Einwände entgegenstellen. So prüfte ich Mrs. Marcets Buch durch solche kleinen Versuche, zu deren Ausführung ich die Mittel hatte“.

Es gehört zu den entscheidenden Beiläufigkeiten im Gang der Weltgeschichte, daß Ribeau dem Lehrjungen seine Werkstatt für dessen Versuche zur Verfügung stellte. Der junge Faraday muß einen erheblichen Teil seines Geldes in diese Leidenschaft gesteckt haben, denn es blieb nicht bei den chemischen Experimenten. Er baute sich auch elektrische Geräte, wie eine Reibungselektrisiermaschine, eine Leidener Flasche und einen Kondensator. Und er hungerte nach weiterer geistiger Anregung. Im Alter von 19 Jahren besuchte er öffentliche Physikvorlesungen bei einem Mr. Tatum. Tatum führte eine Reihe von Experimenten durch, die Michael penibel in einem Notizheft protokollierte. Und noch einmal trat Ribeau fördernd in das Leben seines Lehrlings.

Beeindruckt von dessen Aufzeichnungen zeigte er sie einem jungen Freund, der sie wiederum seinem Vater gab. Und dieser, offenbar ebenfalls beeindruckt, schenkte Michael daraufhin seine Eintrittskarte für die gerade in der Royal Institution laufende Vortragsreihe von Humphry Davy, einem der führenden Chemiker. Begeistert von dessen Experimenten studierte Michael eifrig und legte erneut ein Buch an, in dem er alles säuberlichst notierte und mit feinen Zeichnungen versah. Doch im Oktober 1812 wurden seine Träume jäh unterbrochen. Die Lehre war beendet, und eine Stelle bei dem reichen Privatmann De la Roche wartete auf ihn. Nun war keine Zeit mehr für Chemie und Physik, was Faraday schwer zusetzte.

In einem Akt der Verzweiflung schrieb er Davy im Dezember einen Brief, in dem er ihn um eine Anstellung als Assistent bat. Als Empfehlung legte er den über 400 Seiten starken Band mit seinen Aufzeichnungen bei. Davy war gerade sehr beschäftigt, antwortete aber noch am Heiligen Abend: „Mein Herr, ich bin sehr eingenommen von der Arbeit, die Sie mir anvertraut haben, bezeugt sie doch großen Eifer, starke Fassungskraft und Aufmerksamkeit. Ich muß soeben die Stadt verlassen und kehre erst im Januar zurück; dann aber möchte ich Sie sehen. Ich wünschte sehr, Ihnen dienlich sein zu können, hoffentlich steht dies in meiner Macht. Ihr ergebener, gehorsamer Diener, H. Davy".

Faraday mochte so manche Stunde gebangt haben, ob Davy die Zeilen wirklich aufrichtig oder nur vordergründig freundlich geschrieben hatte. Wie sehr muß er erleichtert gewesen sein, als ihm eines Abends im Januar ein Bote die Nachricht überbrachte, Davy wünsche ihn zu sprechen. Das Glück wollte es, daß in der Royal Institution gerade eine Assistenstelle frei geworden war. Faraday konnte die Stelle im März antreten. Davy charakterisierte seinen neuen Mitarbeiter auf einer Sitzung der Royal Institution als: „sein Wesen aktiv und fröhlich, seine Art intelligent".

Faradays Traum, ganz der Wissenschaft dienen zu können, war in Erfüllung gegangen. Später erinnerte er sich, daß Davy ihn ermahnt hatte, „die vorhandenen Verhältnisse aufzugeben, denn die Wissenschaft sei eine harte Meisterin und in bezug auf Gelderwerb wenig entgegenkommend. Als ich [Faraday] meinerseits über die höhere moralische Gesinnung der Männer der Wissenschaft eine Bemerkung machte, lächelte er und meinte, er würde mir einige Jahre Zeit lassen, um meine Ansicht zu berichtigen". Mit Sicherheit hat Faraday seine Ansicht über die „hohe moralische Gesinnung" seiner Kollegen nicht ungebrochen erhalten können. Das konnte ihn jedoch nie von seinen eigenen moralischen Ansprüchen abbringen. Er blieb, wohl eingedenk seiner Herkunft, bescheiden bis an sein Lebensende.

Faraday bezog zwei Zimmer im obersten Stock der Royal Institution und assistierte Davy bei dessen Versuchen. Außerdem bereitete er die Experimentalvorlesungen zweier Professoren vor. Faraday machte sich gut, und so beschloß Davy, ihn auf eine ausgedehnte Europareise mitzunehmen – ein nicht ganz einfaches Unternehmen, da sich Frankreich und England im Krieg miteinander befanden. Davy bekam jedoch von Frankreich einen Paß ausgestellt, weil der englische Forscher einige Jahre zuvor eine von Napoleon gestiftete Medaille für seine Arbeiten zur galvanischen Batterie verliehen bekommen hatte. Eineinhalb Jahre lang reisten sie nach Frankreich, Italien, Deutschland, Holland und in die Schweiz. In Paris traf Davy Joseph Louis Gay-Lussac, der sich mit dem Wesen der Wärme und dem Verhalten von Gasen beschäftigte, und André Marie Ampère, der an der Sorbonne Mathematik lehrte. Allerdings wollte Davy seine Forschungen nicht unterbrechen, und so führte er seine chemischen Experimente kurzerhand im Hotelzimmer durch. Und er war erfolgreich. Im Dezember entdeckte er das Element Jod. In Pavia schließlich war er bei Alessandro Volta zu Gast, der die ersten Elektrizitätsquellen, die galvanischen Elemente, entwickelt hatte.

Für Faraday war die Reise wissenschaftlich gesehen eine immense Bereicherung, persönlich war sie indes zeitweilig eine Tortur, so daß er am liebsten zurückgefahren wäre. Der Hauptgrund war Lady Davy, die den Assistenten ihres Gatten als ihren persönlichen Kammerdiener ansah und ihn ständig demütigte. Sie war es auch, die verhinderte, daß Faraday bei einem von Volta arrangierten Abendessen mit am Tisch sitzen durfte. Seinem Freund Benjamin Abbott schrieb er: „Ich genieße es, meine Kenntnis in der Chemie und anderen Wissenschaften weiter zu vertiefen, und dies bestimmt mich, die Reise mit Sir Humphrey Davy fortzusetzen. Aber um diese Vorteile genießen zu können, muß ich viel opfern, und diese Opfer sind derart, daß sie ein demütiger Mensch nicht fühlen würde, ich aber kann sie nur schwer ertragen".

Faraday muß froh gewesen sein, als er im April 1815 wieder die Royal Institution betrat und seine gewohnte Arbeit aufnehmen konnte. Mit großem Eifer unterstützte er Davy bei dem Auftrag, eine neuartige Grubenlampe zu entwickeln. Immer wieder war es in den Bergwerken zu schweren Unglücken gekommen, wenn die bisherigen Lampen *schlagende Wetter* auslösten, heftige Explosionen des Gas-Luft-Gemisches in den Stollen. Tatsächlich gelang es Davy, eine Sicherheitslampe zu bauen, und aus der Fülle der Untersuchungen konnte Faraday sogar selbst zwei kleine Arbeiten veröffentlichen – seine ersten.

Hierdurch ermutigt, begann er mit eigenständigen Versuchen, mit denen er langsam zu immer größerem Ansehen gelangen sollte. Zur Vervollkommnung seines Glücks fand er bald auch in der Liebe zum Ziel. Faraday hatte einen Freund namens Edward Barnard. Dieser gehörte, ebenso wie Faraday, der Sekte der Sandemania an, einer kleinen Christengemeinde, die an eine wortgetreue Auslegung der Bibel glaubte. Faraday machte zeit seines Lebens kein großes Aufsehen um seinen Glauben. Er lebte still nach ihm und betrachtete ihn als seine ganz eigene, innere Angelegenheit.

Möglicherweise traf er Edwards Schwester Sarah bei einem Gottesdienst oder im Hause des Freundes, jedenfalls verliebte er sich in sie. Mehrfach besuchte er sie, folgte ihr sogar nach Ramsgate, wohin sie sich mit ihrer Schwester eine Zeitlang zurückgezogen hatte. Sie müssen sich im Laufe des Jahres 1820 immer nähergekommen sein, denn im Dezember schrieb er ihr: „Meine liebe Sarah, ... Ich möchte Dir tausend Dinge sagen und, glaube mir, tiefempfundene Dinge für Dich. Aber ich bin kein Meister der Worte für diesen Zweck. Und um so mehr ich darüber grüble und an Dich denke, desto mehr treiben Chloride, Versuche, Öl, Davy, Stahl, Mannigfaltiges, Quecksilber und fünfzig andere mit der Arbeit verbundene Phantasien davor und treiben mich weiter und weiter in die Verlegenheit der Dummheit. Von Deinem liebevollen Michael". Ein halbes Jahr später war es soweit: Sarah und Michael heirateten im Juni des nächsten Jahres. Die Ehe blieb kinderlos, aber glücklich.

Bereits ein Jahr zuvor war etwas Entscheidendes passiert. Am 1. Oktober kam Davy zu ihm, um von einem Experiment zu berichten, das ein gewisser Herr Ørstedt in Kopenhagen durchgeführt hatte. Dieser hatte entdeckt, daß ein stromdurchflossener Draht eine Kompaßnadel ablenkt. Drei Wochen später schrieb Davy einem Freund: „Das Experiment, das ich Dir zu zeigen wünsche, ist nichts weniger als die Umwandlung von Elektrizität in Magnetismus ... Ich will Dir eine ganz neue Art von Experiment zeigen". Schnell machte Davy einige eigene Experimente und stellte dabei unter anderem fest, daß Eisenfeilspäne von einem stromdurchflossenen Draht angezogen wurden. Je heißer der Draht war, desto mehr Späne blieben an ihm hängen.

In Frankreich hatte sich die Kunde von Ørstedts Versuch schneller verbreitet als in England, so daß in Paris bereits einige Forscher, wie Ampère und Arago, diesem eigentümlichen Phänomen weiter nachgegangen waren. Sie veröffentlichten innerhalb kurzer Zeit eine unübersehbare Fülle von Arbeiten. Dies brachte den Redakteur der Zeitschrift *Annals of Philosophy*, auf die Idee, eine zusammenfassende Darstellung zu bringen. Er wandte sich mit der Bitte an Faraday. Dieser nahm die Aufgabe an und brauchte schließlich einige Monate dafür, die vielen Schriften zu sichten, zu verstehen und komprimiert wiederzugeben. Hierdurch angeregt machte er sich nun selbst daran, auf diesem Gebiet zu experimentieren. Nach einigen Versuchen fand er schließlich den Effekt der elektrischen Rotation. In einen kleinen Topf hatte er elektrisch leitendes Quecksilber gefüllt und darin senkrecht einen Stabmagneten gestellt. Von oben herab hing ein an einem Haken befestigter dünner Draht. Legte er an ihn eine Spannung an, so daß ihn ein Strom durchfloß, begann der Draht sich um den Magneten zu drehen. Polte er die Spannungsquelle um, kreiste der Draht in der anderen Richtung.

Begeistert schrieb er an seinen Freund de la Rive, der Chemieprofessor in Genf war: „Es ist mir gelungen, diese Bewegung nicht nur theoretisch, sondern auch experimentell zu zeigen, und ich war in der Lage, ganz nach Belieben entweder den Draht um den Magnetpol oder den Magnetpol um den Draht kreisen zu lassen. Das Gesetz für diese Umdrehung und auf das sich alle anderen Bewegungen der Nadel und des Drahtes zurückführen lassen, ist einfach und schön."

Die rasche Veröffentlichung dieses überraschenden Ergebnisses hatte den jungen Mann unverhofft in den Rang eines berühmten Experimentators gehoben, und da konnten die Neider nicht ausbleiben. Ein Kollege von ihm, William Clyde Wollaston, hatte im gleichen Laboratorium bereits vor Faraday ähnliche Versuche unternommen, jedoch ohne großen Erfolg. Dennoch bezichtigte er Faraday des Plagiats. Faraday versuchte alles, um diesen Verdacht zu entkräften; bescheiden, wie er war, schrieb er an einen Freund: „Ich bin nur ein junger Mann und ohne einen Namen, und es macht wahrscheinlich gar nichts aus für die Wissenschaft, was aus mir wird ..." Offenbar lag Wollaston letztendlich doch nicht soviel an der Geschichte, und durch eine persönliche Aussprache konnte das Problem aus der Welt geschafft werden. Als es Faraday nach einigen Anstrengungen sogar gelang, einen stromdurchflossenen Draht im Erdmagnetfeld kreisen zu lassen, kam Wollaston mehrmals ins Laboratorium, um diesen Vorgang selbst zu sehen.

Faraday wurde immer selbstsicherer, und so ließ er sich sogar auf eine Diskussion mit dem großen Ampère ein. Nach Faradays Meinung widerlegte nämlich sein Rotationsversuch die Theorie des berühmten Franzosen vom Stromfluß in einem Leiter. Allerdings war die Zeit noch längst nicht reif, um die Frage nach der Natur der Elektrizität und des Stroms zu entscheiden.

In der Folgezeit wechselten sich chemische und elektromagnetische Versuche ab. So studierte Faraday intensiv Verbindungen des Chlors, mit denen auch Davy lange experimentiert hatte. Besonderes Aufsehen erregte er 1823, als es ihm, wenn auch eher zufällig, gelang, Chlor in flüssiger Form herzustellen. Und ein Jahr darauf fand er bei der Destillation von Ölen die Kohlenwasserstoffe Benzol und Butylen. Faradays Geschick hatte ihn nun so berühmt gemacht, daß er von rund dreißig Mitgliedern der Royal Society als Mitglied vorgeschlagen wurde. Diese ehrwürdige wissenschaftliche Akademie war 1662 von König Karl II. gegründet worden, und ihr Mitglied zu sein bedeutete eine hohe Ehre für einen britischen Forscher. Immerhin unterschrieb Wollaston als erster den Antrag. Lediglich zwei Mitglieder verweigerten ihn: Brande, der Sekretär der Society, und: Davy.

Davy war verärgert über die Nominierung und forderte seinen ehemaligen Schützling auf, die Kandidatur zurückzuziehen. Dieser mußte dieses Ansinnen aber zurückweisen mit der trefflichen Bemerkung, daß er sich schließlich nicht selbst vorgeschlagen habe, sondern seine Kollegen die Mitgliedschaft wollten. Davy suchte vergeblich Mitstreiter für sein Hintertreiben, und so wurde Faraday im Januar 1824 gewählt. Es gab nur eine einzige Gegenstimme, nämlich die von Davy. Die Ursache für diese unglückliche Affäre ist unbekannt. Möglicherweise hatte Lady Davy hierbei ihre Hand im Spiel. Jedenfalls führte das Ereignis nicht zu einem bleibenden Zerwürfnis zwischen den beiden Wissenschaftlern.

Nun ging es Schlag auf Schlag. Ein Jahr nach der Wahl in die Royal Society übernahm er den Posten des Direktors der Royal Institution, und 1827 berief man ihn zum Professor für Chemie. Innerhalb von 14 Jahren war er, der Sohn eines armen Hufschmiedes, vom Buchbinderlehrling zu einem der angesehensten Wissenschaftler im Vereinten Königreich aufgestiegen. Er mußte nun mehr Aufgaben im Lehrbetrieb übernehmen. So hielt er häufiger einen Vortrag, der traditionsgemäß am Freitag abend stattfand. Außerdem richtete er die „Christmas Juvenile Lectures" ein, in der er ein Thema populärwissenschaftlich aufarbeitete und vortrug. Berühmt wurde sein Zyklus für Kinder über die „Naturgeschichte der Kerze". Die Tradition der Weihnachtsvorlesung wird noch heute gepflegt.

Dennoch war Faradays Gehalt nicht überragend, so daß er sich, wie seine Kollegen auch, mit Auftragsarbeiten, wie Trinkwasseranalysen oder Vorträgen an der Kadettenschule von Woolwich, Geld hinzuverdiente. Gleichzeitig hatte man ihn beauftragt, nach einer neuen Glassorte zu suchen, die es ermöglichen sollte, Fernrohrlinsen mit einem geringeren Farbfehler zu bauen. Diese sich über Jahre hinziehenden Versuche waren diejenigen mit dem geringsten Erfolg. Für die Marine fiel hierbei gar nichts ab, einzig ein sehr schweres, stark bleihaltiges Glas sollte er wesentlich später für ein wichtiges Experiment verwenden. Er selbst betrachtete seine Ergebnisse als negativ, und 1831 schrieb er: „Ich habe meine ganze freie Zeit den Experimenten, wie bereits beschrieben, gewidmet und daher auf die Verfolgung solcher philosophischer Fragen verzichten müssen, die mir selber eingefallen sind, und ich wünsche, unter diesen Umständen das Glas für eine Weile beiseite zu legen, damit ich mich daran erfreuen kann, meine eigenen Ideen über andere Gegenstände zu bearbeiten".

In den zehn Jahren seit seinen Versuchen mit dem rotierenden Draht hatte sich Faraday nur noch sporadisch und ohne greifbare Ergebnisse mit dem Elektromagnetismus befaßt. Es scheint, als hätte sich in diesem Zeitraum in seinem Kopf – und seinem Notizbuch der unerledigten Dinge – eine Fülle von Ideen angesammelt, die nun auf ihre Umsetzung in ein reales Experiment drängten. So hatte man herausgefunden, daß ein elektrisch geladener Körper in einem benachbarten Körper über die Luft hinweg eine Aufladung hervorrufen konnte. Sollte es dann nicht auch möglich sein, fließende Ladung, also elektrischen Strom, zu übertragen? Dies mochten seine Überlegungen gewesen sein, als er am Morgen des 29. August 1831 das Magnetlaboratorium betrat und das Experiment durchführte, das ihn in die Ruhmeshallen der großen Gelehrten einkehren lassen sollte.

Er setzte alles daran, das neue Phänomen der Induktion völlig zu erschließen. Am 23. September schrieb er einem Kollegen: „Ich bin derzeit stark mit dem Elektromagnetismus beschäftigt und denke, daß ich eine gute Sache aufgespürt habe, kann es aber noch nicht mit Bestimmtheit sagen; es mag Unkraut sein anstatt eines Fisches, was ich letztendlich nach all meiner Arbeit heraufziehen werde.“ Am 29. November fuhr er aus Brighton fort: „Wir sind hierhergekommen, um uns zu erholen ... Ich habe an einer Veröffentlichung gearbeitet & das greift mich immer stark an. Aber jetzt fühle ich mich wieder wohl und bin in der Lage, meine weiteren Forschungen in Angriff zu nehmen, und nun will ich Ihnen erzählen, worum es geht ... Wenn ein elektrischer Strom durch einen von zwei parallelen Drähten fließt, verursacht dieser zunächst einen Strom in derselben Richtung durch den anderen. Dieser induzierte Strom dauert aber nicht an. Obwohl der induzierende Strom (von der Voltaischen Batterie) weiterfließt, scheint alles unverändert zu sein, abgesehen davon, daß der Primärstrom seinen Weg fortsetzt. Wenn aber dieser Strom aussetzt, wird ein Umkehrstrom von etwa derselben Intensität und Dauer im [anderen] Draht induziert, allerdings in der umgekehrten Richtung zu dem zuerst entstandenen. Fließende Elektrizität ruft also eine induktive Wirkung hervor ebenso wie gewöhnliche [statische] Elektrizität, jedoch nach merkwürdigen Gesetzen: Ein Strom setzt in derselben Richtung ein, wenn die

Induktion beginnt, und in umgekehrter Richtung, wenn die Induktion aussetzt. Zwischendrin nimmt er einen *eigentümlichen Zustand* an".

Mit diesen Experimenten hatte sich Faraday endgültig der Elektrizitätslehre verschrieben. Zunächst suchte er nach Zusammenhängen mit seinem anderen Arbeitsgebiet, der Chemie. An verschiedenen Flüssigkeiten studierte er insbesondere deren Zersetzung, wenn durch sie ein Strom hindurchfloß. Zusammen mit einem Freund entwickelte er eine neue Terminologie. Kunstworte wie Elektrolyse und Elektrolyt, Anode und Kathode oder Anion und Kation sind noch heute Standard. Mit Reagenzgläsern fing er die bei einer Elektrolyse freiwerdenden Gase auf, maß ihr Volumen und setzte dies zu der eingesetzten Elektrizitätsmenge, dem Produkt aus Stromstärke und Zeit, in Beziehung. So formulierte er die zwei Grundgesetze der Elektrochemie, die heute nach ihm benannt sind.

Bedeutender noch waren die sich daran anschließenden Versuche. Faraday fragte sich, wo der Sitz der Elektrizität überhaupt sei. Im Dezember 1835 begann er mit einer Reihe von Experimenten, an deren Ende der *Faradaysche Käfig* stehen sollte. Er begann mit einem Metalleimer, den er auf eine isolierende Unterlage stellte und anschließend elektrisch auflud. Nun sondierte er die Spannungsverteilung, indem er mit einer kleinen, an einem Seidenfaden aufgehängten Metallkugel an verschiedenen Stellen die Elektrizität maß. Auf diese Weise fand er die Spannungsverteilung innerhalb und außerhalb des Behälters.

Zu Beginn des neuen Jahres baute er sich aus Kupferdraht und Zinnfolie einen Würfel mit einer Kantenlänge von über drei Metern. Er lud ihn auf und maß mit derselben Methode die Verteilung der Elektrizität zunächst außen und schließlich auch innen, indem er in den Würfel hineinstieg. Zu seiner Überraschung war die gesamte Ladung außen. Er hatte damit erstmals einen elektrostatisch abgeschirmten Raum gefunden – den Faradayschen Käfig.

Faraday war ein glänzender Experimentator, ständig fielen ihm Versuche ein, mit denen er bestimmte Fragestellungen angehen wollte. Im Laufe der Jahre fügte er jedoch darüber hinaus aus der Fülle der experimentellen Ergebnisse, die er und seine Zeitgenossen gefunden hatten, eine Naturphilosophie zusammen, die man heute als Einheit der Kräfte bezeichnen würde. 1837 schrieb er: „Ich habe mich in letzter Zeit so viel mit Elektrizität beschäftigt, daß ich ordentlich Hunger nach Chemie habe. Aber dann drängt sich mir wieder die Überzeugung auf, daß alle diese Dinge unter einem Gesetz zusammenhängen ..." Und 1839: „Die schönen Versuche von Seebeck und Peltier zeigen Verwandelbarkeit von Wärme in Elektrizität, und andere von Ørstedt und mir zeigen Verwandelbarkeit von Elektrizität in Magnetismus. Allein niemals findet eine Schöpfung von Kraft statt". Seebeck und Peltier hatten herausgefunden, daß zwischen zwei unterschiedlichen Metallen eine elektrische Spannung entsteht, wenn sie unterschiedliche Temperaturen besitzen. (Faraday verwendete damals die Ausdrücke „force" und „power" synonym. Sie entsprechen dem heutigen Energiebegriff, der erst später klar definiert wurde.)

1845 entdeckte er sogar einen Zusammenhang zwischen Magnetismus und Licht. Hierbei kam nun erstmals sein „schweres Glas" zum Einsatz, das einzig greifbare Resultat der aufwendigen Versuche aus den zwanziger Jahren. Im September machte Faraday auf Anregung des jungen Physikers William Thomson, des späteren Lord Kelvin, ein interessantes Experiment mit polarisiertem Licht. Licht stellte man sich als eine im Raum schwingende Welle vor. Normales Licht oszillierte in beliebiger Richtung, polarisiertes jedoch nur in einer Ebene. Fällt ein Lichtstrahl durch einen Kristall aus Feldspat, so treten am hinteren Ende zwei polarisierte Strahlen aus. Einen solchen Strahl leitete er nun durch einen Stab aus schwerem Glas, das unmittelbar neben einem starken Elektromagneten stand. Hierbei beobachtete er etwas Ungewöhnliches: Die Wellen des austretenden Lichtstrahls schwangen in einer anderen Richtung als die des eintretenden. War der Magnet ausgeschaltet, konnte Faraday keine Drehung der Schwingungsebene feststellen. Damit war bewiesen, daß das Magnetfeld auf das Licht einwirkte. Das Glas verstärkte den Effekt lediglich. Zwei Wochen lang experimentierte er weiter, bevor er die Ergebnisse veröffentlichte. Der Astronom John Herschel gratulierte überschwenglich: „An erster Stelle lassen Sie mich Ihnen herzlich gratulieren für eine Entdeckung in einem solchen Zeitpunkt, die eine Pforte weit öffnet in eines der dunkelsten Geheimnisse der Natur". Heute nutzt man die Faraday-Rotation zur Bestimmung von Magnetfeldstärken sowohl im Labor als auch im Weltall.

Faraday war nicht nur ein geschickter Experimentator. Er besaß darüber hinaus eine imaginative Kraft, die ihm immer wieder die Richtung wies, in der neue Erkenntnisse zu erwarten waren. Mit seiner vagen Vorstellung von der Umwandlung der Kräfte ineinander war er auf dem Weg zu dem fundamentalen Naturgesetz der Energieerhaltung, das etwa zu der Zeit, als er seine Experimente mit polarisiertem Licht durchführte, von Mayer, Helmholtz und Joule gefunden wurde. Wenngleich Faraday hier nicht soweit vordrang wie seine Kollegen in Deutschland und Frankreich, so war er es doch, der den entscheidenden Schritt zum modernen Feldbegriff tat.

Zu Beginn der fünfziger Jahre, er war nun schon gut 60 Jahre alt, zog er ein Resümee aus den Experimenten der letzten 30 Jahre. Immer deutlicher hatte sich während dieser Zeit vor seinem geistigen Auge das Vakuum in einen von magnetischen und elektrischen Feldlinien durchzogenen Raum verwandelt. Versuche, in denen Eisenfeilspäne den Verlauf magnetischer „Kraftlinien" anzeigten, mögen zu dieser Vorstellung ebenso beigetragen haben, wie die Erkenntnis, daß bei magnetischen und elektrischen Erscheinungen stets zwei Pole zusammenwirkten, zwischen denen sich das Kraftfeld aufspannte.

Seine Kollegen mochten ihm auf diesem für sie unverständlichen Weg jedoch nicht folgen. John Tyndall, ein irischer Physiker, der Faradays Nachfolge als Direktor der Royal Institution antreten sollte, schrieb 1855: „Es ist amüsant zu beobachten, wie viele Menschen an Faraday schreiben, um ihn zu fragen, was die Kraftlinien eigentlich bedeuten. Er macht sogar bedeutende Leute irre ... Einmal hörte ich, wie Biot sagte, daß er Faraday nicht verstehen könne, und wenn man nach exaktem Wissen in seinen Theorien sucht, wird man enttäuscht." Und Faraday klagte einmal gegenüber seiner Nichte: „Wie wenige verstehen die physikalischen Kraftlinien! Sie wollen sie nicht sehen, obwohl alle Untersuchungen die Ansicht darüber bestätigen, die ich seit vielen Jahren entwickelt habe."

Zu der Ignoranz seiner Zeitgenossen mag beigetragen haben, daß Faraday stets verbal argumentierte, da ihm eine grundlegende mathematische Ausbildung versagt geblieben war. Weder in den rund 16000 Laboraufzeichnungen noch in seinen zahllosen Veröffentlichungen findet sich auch nur eine einzige Formel. Es waren andere, die seinen Gedanken eine mathematische Basis verliehen und zu einer der größten Errungenschaften der Physik überhaupt führten. Noch zu Lebzeiten Faradays gelang es dem genialen schottischen Physiker James Clerk Maxwell, alle elektrischen und magnetischen Erscheinungen in wenigen Formeln zusammenzufassen. Auch hier dauerte es Jahrzehnte, bis die Maxwellschen Gleichungen voll verstanden waren. Sie sind das theoretische Fundament, auf dem Heinrich Hertz seine ersten Versuche mit Radiowellen ausführte, die zur heutigen Telekommunikation geführt haben.

Trotz aller akademischen Erfolge und Ehrungen blieb Faraday stets bescheiden. Das Leben in der großen Gesellschaft interessierte ihn nicht, die Erhebung in den Ritterstand lehnte er ab, er verzichtete auf die Ehre, an der Seite Newtons in der Westminster Abbey beigesetzt zu werden. Am 25. August 1867 starb er friedlich in seinem Sessel. Im engsten Kreise seiner Familie wurde er auf dem High-Gate-Friedhof von Hampton Court beigesetzt.

„War es ein Gott, der diese Zeichen schrieb?"

James Clerk Maxwell (1831–1879)

Das Buch ist *der* Träger menschlicher Kultur, daran konnten auch die elektronischen Medien bislang nichts ändern. Die heiligen Bücher bilden die Grundfesten der Religionen, wissenschaftliche Werke fassen Erkenntnisse über die Natur zusammen, und die Belletristik erzählt vom Menschen. „Ohne Worte, ohne Schrift und Bücher gibt es keine Geschichte, gibt es nicht den Begriff der Menschheit", brachte es Hermann Hesse in seinem Essay *Magie des Buches* auf den Punkt.

So manch einer erinnert sich vielleicht noch an das erste Buch, das ihn fesselte und in eine Welt entführte, die ihm viel spannender erschien als das ihn umgebende Einerlei. Ein Buch kann, zur rechten Zeit, am richtigen Ort, eine Saite zum Klingen bringen, deren Ton unvermittelt weitere Instrumente zum Mitschwingen anregt, die schließlich gemeinsam zu einem grandiosen Konzert aufspielen.

Einen solchen Glücksfall erfährt im Frühjahr 1854 der schottische Physiker James Clerk Maxwell. Der junge Maxwell, er steht kurz vor seinem 24. Geburtstag, lebt seit wenigen Jahren in Cambridge, wo er am Trinity College ein beachtliches Examen abgelegt hat. Schon in der Schule hat er zahlreiche Preise und Medaillen gewonnen, vor allem in seiner Lieblingsdisziplin, der Mathematik. Dennoch ist er kein reiner Spezialist. Vielmehr beschäftigt er sich mit allen möglichen Wissenszweigen und zeigt Neigungen zur Philosophie und Physik in gleichem Maße wie zur Lyrik und Moraltheologie.

Begierig saugt er alles auf, was die Lehrer vortragen, versteht es jedoch, aus dem großen Angebot das für ihn Wichtige herauszulösen und zu überdenken. Seinen Standpunkt hierzu hat er schon früh dargelegt: „Mein großer Plan, der aus Altem

James Clerk Maxwell in Peterhouse, 1852

entstanden ist, abwechselnd auflebt und abflaut, ständig sich aber mehr aufdrängt, ist ein Plan des *Suchens* und *Wiedererlangens* oder der Überarbeitung und des Korrigierens oder des Untersuchens und Ausführens usw. Die Regel bei diesem Plan lautet, nichts vorsätzlich außer acht zu lassen. Jedes brachliegende Land muß umgepflügt werden, und ein regelrechtes System an Umwälzungen muß folgen. Alle Wesen, die Handelnden ebenso wie die Erduldenden, werden in die Pflicht genommen, die andauern wird, bis nichts mehr zu tun übriggeblieben sein wird, also bis AD + ∞". Aus diesen pathetischen Worten spricht der ungebrochene, forsche Geist eines Menschen, der bereit ist, zu großen Taten aufzubrechen.

Doch noch bedarf er der Leitung, um das für ihn bereitliegende Brachland zu erreichen. Und so wendet er sich an den einige Jahre älteren William Thomson, der später als Lord Kelvin berühmt werden sollte. Thomson hat sich in Cambridge bereits einen Ruf als exzellenter Mathematiker erworben und auf dem Gebiet der Elektrizität einige interessante Arbeiten veröffentlicht. In den vergangenen hundert Jahren hat zwar eine Schar von Wissenschaftlern eine Fülle an experimentellem Material und theoretischen Ideen geliefert, allein, es fehlt an der Einheit. Bislang gibt es keine Theorie, die das Phänomen Elektromagnetismus erklären kann. Und so fragt der junge James Clerk Maxwell Thomson am 20. Februar 1854 in einem Brief: „Stellen Sie sich einen Mann vor mit landläufiger Kenntnis elektrischer Vorführexperimente und einer kleinen Abneigung gegenüber Murphys Elektrizitätslehre. Wie sollte der in seinem Lesen und Arbeiten fortfahren, um einen kleinen Einblick in das Gebiet zu erlangen, das für eine weitere Lektüre wertvoll sein könnte? Wenn er wünschte, Ampère, Faraday und andere zu lesen, wie sollte er sie anordnen, und in welchem Stadium & in welcher Reihenfolge sollte er Ihre Aufsätze aus dem Cambridge Journal lesen?"

Thomsons Antwort ist nicht im Original überliefert, sicher ist aber, daß er ihm zu einem speziellen Buch rät, und zwar zu *Experimental Researches in Electricity* von Michael Faraday. In diesem drei Bände umfassenden Lebenswerk hat Faraday seine zwischen 1832 und 1852 veröffentlichten Arbeiten zusammengefaßt. Ergänzt durch weitere Aufsätze, Kommentare und Briefe, sind die *Researches* ein wahrer Schatz. Sie enthalten alles, was bis dahin an Arbeiten zur Elektrizität geleistet worden ist, und bergen so manchen Gedanken, der den jungen Schotten inspirieren sollte. Im Vorwort zu seinem fast zwei Jahrzehnte später erscheinenden, eigenen großen Werk, dem *Treatise on Electricity and Magnetism*, erklärt er: „Bevor ich mit dem Studium der Elektrizität begann, beschloß ich, mich nicht mit der Mathematik dieses Gebietes zu beschäftigen, bis ich Faradays *Experimental Researches in Electricity* durchgelesen hatte ... Je mehr ich fortfuhr, Faradays Werke zu studieren, desto mehr erkannte ich, daß auch seine Art, die elektrischen Phänomene aufzufassen und zu beschreiben, eine mathematische war, wenngleich er sich nicht der gewöhnlichen mathematischen Zeichensprache bediente".

Etwas weiter beschreibt er einen der Kerngedanken, der ihn zu eigener genialer Denkarbeit angespornt hat: „So sah Faraday vor seinem geistigen Auge den gesamten Raum durchdringende Kraftlinien, wo Mathematiker sich über Entfernungen anziehende Kraftzentren sahen: Faraday sah ein Zwischenmedium, wo sie nichts weiter als Entfernung sahen. Faraday suchte nach dem Sitz der wirkenden Phänomene, die sich in dem Medium wirklich abspielen, sie gaben sich damit zufrieden, das Potenzgesetz der Kräfte zu finden, die auf die elektrischen Fluida wirken".

In den folgenden zehn Jahren sucht Maxwell intensiv nach einem Modell, das elektrische und magnetische Kräfte beschreibt. Einen Höhepunkt erreichen seine Bemühungen 1865, als es ihm gelingt, in der *Dynamical Theory of the Electromagnetic Field* die beiden Kräfte auf eine einheitliche Ursache zurückzuführen, nämlich auf ruhende beziehungsweise bewegte elektrische Ladungen. Diese erzeugen um sich ein elektromagnetisches Feld, das sich mit endlicher Geschwindigkeit wellenförmig in einem Medium im Raum ausbreitet. Und die Ausbreitungsgeschwindigkeit, so findet er heraus, ist identisch mit der des Lichtes. Ein von ihm gefundenes System aus nur acht Gleichungen beschreibt nun alle über Jahrzehnte hinweg von Volta, Ampère, Ørstedt, Faraday und den anderen unzähligen Physikern experimentell gefundenen Phänomene. Erstmals gibt es eine Vereinheitlichung von Elektrizität, Magnetismus und Licht in einer abgeschlossenen Theorie.

Heinrich Hertz wird diese Ideen gegen Ende des Jahrhunderts aufgreifen und die Existenz der elektromagnetischen Wellen experimentell nachweisen. Und sie lassen sich nutzen, um Informationen zu übertragen. Aus seinen Versuchen entwickeln sich Rundfunk und Fernsehen und die Satellitenkommunikation, die die Welt entscheidend verändern sollen.

Und so trifft auf Faraday und Maxwell das zu, was der französische Schriftsteller Marcel Proust zu dem Verhältnis von Autor und Leser in seinem Essay *Tage des Lesens* gesagt hat: „Und es ist tatsächlich eine der großen und wunderbaren Eigenschaften der schönen Bücher ..., daß sie für den Autor ‚Schlußfolgerungen', für den Leser jedoch ‚Anreize' heißen können. Wir spüren genau, daß unsere Weisheit dort beginnt, wo die des Autors endet".

Zeitliche Koinzidenzen üben auf viele Menschen, insbesondere auf Biographen, eine erstaunliche Faszination aus. So wird häufig betont, daß Newton im selben Jahr zur Welt kam, als Galilei starb, oder Maxwell seine ewige Ruhe just in jenem Jahr fand, in dem Einstein zur Welt kam. Bemerkenswert ist unter diesem Aspekt auch der Zufall – und um nichts anderes handelt es sich hierbei –, daß der kleine James Clerk Maxwell nur wenige Wochen vor dem Tag geboren wurde, an dem sein späterer geistiger Mentor, Faraday, in seinem entscheidenden Versuch die Induktion entdeckte.

Genauer war es der 13. Juni des Jahres 1831, als in der India Street 14 in Edinburgh Frances und John Maxwell ein Sohn geschenkt wurde. James sollte der einzige Sproß der Familie bleiben, eine Tochter war schon Jahre zuvor als Kind gestorben. Edinburgh, die am Südufer des Firth of Fourth gelegene Hauptstadt Schottlands, war damals das geistige Zentrum des Nordens, das nicht zuletzt durch Sir Walter Scott zu einiger

Berühmtheit gelangte. Scott war übrigens in seiner Jugendzeit ein guter Freund von John Maxwells jüngerem Bruder gewesen und hatte sich somit wohl des öfteren auch bei Maxwells als Gast eingefunden.

Die Maxwells von Middlebie waren Nachfahren des siebten Lord Maxwell. Die Geschichte dieser Familie weist einige abenteuerliche, in Schottland durchaus übliche Episoden auf. Eine Fehde mit einem Nachbarn wurde sogar in einer Ballade verewigt. James' Vater, John Clerk, Esq. von Eldin und späterer Lord Eldin, war ein begeisterter Anhänger technischer Neuerungen. Und von denen gab es nicht wenige im Zeitalter der Industriellen Revolution, die gerade in England und Schottland mit großen Schritten voranging. Schon in seiner Jugend hatte er sich als Erfinder betätigt, dann aber doch sicherheitshalber eine juristische Laufbahn eingeschlagen, die ihm eine ruhmreiche Tätigkeit als Richter einbrachte. Seine große Begeisterung für Technik und Wissenschaft bewahrte er jedoch ein Leben lang. Laufend besichtigte er Fabriken und technische Einrichtungen oder ging zu einem Treffen der Royal Society. Ein Ball oder ein Dinner mit den Honoratioren der Stadt waren für ihn ohne Reiz. Diese Vorliebe übertrug sich auf seinen Sohn James.

John hatte erst im Alter von 36 Jahren geheiratet und daraufhin beschlossen, im Südwesten Schottlands einen Landsitz zu bauen: Glenlair. Aus dunkelgrauem Stein errichtet, lag er in einer malerischen Landschaft. Eine weite Wiese, auf der Kühe und Pferde weideten, erstreckte sich in Richtung des Flusses Orr, Plantagen und Wälder umgaben das Gebäude. In einem kleinen Teich auf der Nordseite schwammen die Enten, am Fuß der Wiese hatte John einen Tümpel ausgehoben und mit Wasser gefüllt. Hier ließ es sich im Sommer gut baden oder in einem alten Waschzuber bootfahren. Nach Glenlair sollte sich James Clerk Maxwell in seinen späteren Jahren häufiger zurückziehen. Es wurde zeitweilig sein Studienort, sein Elfenbeinturm, in dem er die nötige Ruhe für seine Forschung fand.

Hier wuchs der junge James auf. Fernab von jeder Zivilisation erhielt er Privatunterricht. Er war ein ganz normaler Junge, der von den Spaziergängen Steine mit nach Hause brachte, Insekten und Frösche untersuchte, ohne sie zu quälen oder zu töten, auf Bäumen herumturnte und Wespennester aushob. Wißbegierig war er und erfreute seine Mutter und Freunde gern mit der Frage: „Wie geht das?“ Mit leichtfertigen Antworten gab er sich nicht zufrieden. Außerdem nahm er auf Glenlair einen starken schottischen Akzent an, den er sein Leben lang beibehielt. In seinen späteren Schul- und Studienorten sollte er es deswegen manchmal nicht ganz leicht haben.

Auch an regnerischen Tagen hatte der Junge vom Lande keine Langeweile. Er las, was er in die Finger bekam, sprich all jene Bücher, die seine Mutter nicht versteckt hatte. Oder er malte, nicht eben genial, aber mit Hingabe, und er spielte mit seinem Hund Toby, einem Terrier, dem er und sein Vater allerlei Kunststücke beibrachten. Der Junge verbrachte also eine schöne, naturverbundene Kindheit. Diese Idylle fand jedoch ein jähes Ende, als seine Mutter – James war gerade acht Jahre alt – an einem Magenleiden starb.

Zwei Jahre später entschloß sich der Vater, den Jungen nach Edinburgh auf die Schule zu schicken. Wohnen konnte er bei der verwitweten Schwester des Vaters, in Heriot Row 31, das sie „Old 31“ nannten. Der Vater indes verbrachte Frühjahr und Sommer auf dem Landsitz, der immer noch nicht völlig hergerichtet war, während er in den übrigen Monaten in Edinburgh arbeitete.

James hatte es anfänglich nicht leicht unter seinen neuen Mitschülern in der Edinburgh Academy. Sein schottischer Akzent war ihnen genauso fremd wie seine Kleidung, die der Vater selbst entworfen hatte. Auch seine Leistungen gehörten zunächst nicht zur Spitzenklasse, was ihm bald den Spitznamen, Dafty, also Dummerjahn, eintrug. Er trug es mit Humor. In der Schule hatte er kaum Freunde, weswegen er viel Zeit in Old 31 mit seiner Cousine Jememia verbrachte. Hier las er sehr viel und schrieb liebevolle, häufig mit Zeichnungen versehene Briefe an seinen Vater. Nach einem Besuch in Marine Villa, einer Art Aquarium, berichtete er aufgeregt: „Ich habe herausgefunden, wo Muscheln laichen; sie laichen in Fischreusen. Dort gab es Herzmuscheln und Austern, nicht größer als diese O O O O". Man kann sich leicht vorstellen, mit welcher Begeisterung der Junge im Sommer zu seinem geliebten Glenlair aufbrach, um dort die Ferien zu genießen.

Im Alter von dreizehn Jahren begann er sich plötzlich für Geometrie zu interessieren und bastelte aus Pappe geometrische Körper. Seinem Vater schrieb er begeistert: „Ich habe einen Tetraeder, einen Dodekaeder und zwei andere Eder gemacht, deren Namen ich vergessen habe". Seine Vorliebe für Mathematik sollte bald stärker zutage treten. Auf Glenlair hatte sich der kleine James als eher langsamer Lerner erwiesen, und auch in Edinburgh tat er sich zunächst nicht sonderlich hervor. Doch das änderte sich plötzlich ohne ersichtlichen Anlaß. Mit 14 Jahren erhielt er den ersten Preis für englische Lyrik und die Medaille für Mathematik. Seine außergewöhnliche Begabung stellte er noch im selben Jahr unter Beweis.

Ein damals bekanntes Mitglied der Society of Arts in Edinburgh, der Maler D.R. Hay, versuchte, ästhetische Formen auf mathematische Grundprinzipien zurückzuführen. Er stellte die Frage, wie man ein perfektes Oval zeichnen könne. James, der durch seinen interessierten Vater auf diese Aufgabe aufmerksam wurde, fand eine neue Lösung, die Herrn Hay so gut gefiel, daß sie in der Royal Society vorgetragen wurde. Die Mathematik muß sich Maxwell damals wie ein neues, noch unentdecktes Land erschlossen haben. So überlegte er sich, ob man die Wellen an der Küste mathematisch beschreiben könnte, um diese Formeln dann als Grundlage für Zeichnungen zu verwenden. Dann befaßte er sich mit der Darstellung der Erde in verschiedenen Projektionen. Generell hatte er einen starken Hang zur Geometrie, und es kam durchaus vor, daß er ein mathematisches Problem, in das sich sein Lehrer an der Tafel verstrickt hatte, mit geometrischen Methoden löste.

In dieser Zeit begann er auch, sich für physikalische Phänomene zu interessieren, wie sie in der Royal Society vorgetragen wurden. Es ist faszinierend zu sehen, wie er sich bereits in diesen jungen Jahren mit Dingen beschäftigte, die ihn sein Leben lang nicht mehr loslassen sollten: Experimente mit Licht, wie

Polarisation oder die farbige Interferenzerscheinung auf der dünnen Haut von Seifenblasen, und der Magnetismus waren seine Steckenpferde. Auf Glenlair mußte ihm der Vater magnetische Stahlstäbe besorgen, mit denen er experimentieren konnte.

Länger als die meisten seiner Kameraden blieb Maxwell auf der Academy. Er nutzte die Zeit, um sich mit allem nur Erdenklichen zu beschäftigen: Er übersetzte Texte von Vergil und Sophokles in englische Verse, schrieb eigene Gedichte, stellte einen Katalog der zehn entscheidenden Fragen der Moralphilosophie auf, las Kants *Kritik der reinen Vernunft* im deutschen Original, beschäftigte sich mit allen Bereichen der Physik und zeigte ein besonderes Interesse an den Arbeiten von George Boole, der logische Begriffe und ihre Verknüpfungen durch mathematische Symbole und Zeichen ausdrückte. Boole begründete hiermit die formale Logik. Dieses umfangreiche Wissen war es wohl auch, was Maxwell Selbstvertrauen gab und die Wandlung von einem Mauerblümchen zu einem selbstbewußten jungen Studenten ermöglichte.

Im Oktober 1850 begann er sein Studium in Cambridge. Nach einem kurzen Aufenthalt in Peterhouse wechselte er ans Trinity College. Als hätte James die Zeit in Edinburgh genutzt, sich auf das Leben vorzubereiten, trat er in Cambridge wie ein neuer Mensch auf. Schnell fand er Kameraden und Freunde, und mit seinem Charme, seinem Witz und Humor wurde er rasch der Mittelpunkt aller Diskussionszirkel. So wurde er in einen elitären Club von zwölf Studenten gewählt, die sich die „Apostel" nannten und zur Crème de la Crème im Trinity zählten. Seine Kommilitonen charakterisierten ihn alle auf ähnliche Weise: „Dieser scharfsinnige Mathematiker ... war unter seinen Freunden schlichtweg der genialste und unterhaltsamste, der Vertreter mitunter auch ungewöhnlicher Theorien, Verfasser von nicht wenigen poetischen Jeux d'esprits". Oder: „Ich habe nie jemanden wie ihn kennengelernt. Ich glaube, es gibt kein Gebiet, über das er nicht reden und vor allem gut reden konnte, wobei er die merkwürdigsten und abwegigsten Informationen vorbrachte". „Wenn man ihn kurz und bündig beschreiben wollte, würde man sagen, daß er einen großen Intellekt mit einem kindlich-leichtgläubigen Vertrauen vereinigte".

Regen Anteil an seinem Studium nahm auch sein Vater. In seinen zahlreichen Briefen fragte er nach bestimmten Lehrfächern, gab ihm Ratschläge, welche Fabriken er besichtigen sollte, bat ihn aber auch umgekehrt um Rat bei der Lösung technischer Probleme. In dieser Zeit begann James sich auch verstärkt mit einem Gebiet zu beschäftigen, in dem einer seiner Lehrer, George Stokes, große Fortschritte gemacht hatte: dem Verhalten von festen Körpern und Flüssigkeiten.

Trotz einiger Schwerpunkte und Veröffentlichungen in Mathematik war in seinem Studium keine Spezialisierung, keine klare Linie erkennbar: Maxwell studierte nach wie vor querbeet. Das Studium beendete er glänzend mit den sogenannten Tripos, einem Prüfungswettbewerb in Mathematik und den Naturwissenschaften. In diesen Tripos wurde er zweiter „Wrangler", wie die Absolventen genannt wurden. Außerdem gewann er bei einem anschließenden Wettbewerb gemeinsam mit dem „First Wrangler" den ersten Preis.

Vom Druck der universitären Vorschriften befreit, konnte er sich nun als Fellow gänzlich seinen Interessen hingeben. Dies waren zum Beispiel Untersuchungen zur menschlichen Farbwahrnehmung. Hierfür fertigte er farbig bemalte Scheiben an, die er in schnelle Rotation versetzte, um dann die Mischung der Farben zu beobachten. Versuche dieser Art führte er mit verschiedenen Personen durch. Sie führten ihn schließlich auf die Theorie, daß es im Auge spezielle Rezeptoren gibt, die die drei Grundfarben rot, blau und grün wahrnehmen. Er schuf so die moderne Theorie des Farbensehens und konnte damit auch die Farbenblindheit erklären. Dabei bewies er großes experimentelles Geschick, wie ein Brief an seine Tante aus dem Jahre 1854 beweist: „Ich habe ein Instrument gebaut, mit dem man durch die Pupille ins Innere des Auges sehen kann ... Die Menschen empfanden während der Untersuchung keine Unannehmlichkeit, und ich habe Hunde dazu gebracht, stillzusitzen und die Augen ruhig zu halten. Der Augenhintergrund ist bei Hunden sehr schön: ein kupferfarbener Grund mit leuchtenden, hellen Flecken sowie blauen, gelben und grünen Netzen und großen und kleinen Blutgefäßen".

Immer wieder unterbrach er diese Forschung, um sie nach Jahren wieder aufzugreifen. So hatte er sich um 1861 den gesamten Dachgarten seines Hauses in Kensington als Laboratorium hergerichtet. Am Fenster hatte er für physiologische Untersuchungen eine rund zweieinhalb Meter lange, schwarz angestrichene Kiste aufgestellt, in die er oft stundenlang hineinblickte. Das erregte bei den Nachbarn verständlicherweise einiges Aufsehen, die den Mann, der dort unablässig in einen „Sarg" starrte, für verrückt erklärten. In dieser Zeit konnte er in der Royal Institution das wohl spektakulärste Ergebnis seiner Farbforschung präsentieren: das erste Farbfoto. Als Motiv hatte er sinnigerweise ein schottisches Plaid gewählt.

Entscheidend für seinen weiteren Lebensweg aber war seine Anfrage bei William Thomson, wie er am besten vorgehen solle, um sich in das Gebiet des Elektromagnetismus einzuarbeiten. Thomsons Rat, mit dem Hauptwerk Faradays zu beginnen, löste in dem jungen Schotten eine Initialzündung aus.

Das 18. Jahrhundert hatte eine regelrechte Fülle von Experimenten zur Elektrizität gebracht. Man hatte gelernt, Körper auf verschiedene Weise elektrostatisch aufzuladen und die Elektrizität zu speichern. Eine Zeitlang war es an den Höfen und in feinen Gesellschaften Mode, Menschen zu elektrisieren und dann neckische Spielchen zu treiben. Ein Kunstdruck aus dem Jahre 1746 beispielsweise zeigt eine an Seilen aufgehängte junge Dame, die so stark aufgeladen wird, daß sie per Funkenentladung Spiritus in Brand setzt.

Eine wichtige Entdeckung war in den achtziger Jahren Charles-Auguste Coulomb gelungen. Er hatte herausgefunden, daß die Kraft, die zwei elektrische Ladungen aufeinander ausüben, mit dem Quadrat des gegenseitigen Abstandes abnimmt. Damit hatte dieses Gesetz dieselbe Form wie das hundert Jahre zuvor von Newton gefundene Gesetz für die Schwerkraft. Diese Erkenntnis fügte sich ausgezeichnet in die damalige

Überzeugung, daß diese Art der Entfernungsabhängigkeit für jede Kraft gelten müsse.

Keine zwei Jahrzehnte danach entwickelte Alessandro Volta seine erste, später nach ihm benannte „Säule", die erste Batterie. Mit dieser bahnbrechenden Arbeit war es nun möglich, kontrolliert große Ströme und Spannungen zu erzeugen, was eine Flut von neuen Experimenten auslöste. Die nächste entscheidende Entdeckung gelang, wiederum zwanzig Jahre später, dem dänischen Forscher Hans Christian Ørstedt. Er hatte herausgefunden, daß eine Magnetnadel in der Nähe eines stromdurchflossenen Leiters aus ihrer ursprünglichen Richtung abgelenkt wird. Dies war der erste Hinweis auf einen physikalischen Zusammenhang zwischen Elektrizität und Magnetismus. Von diesen Versuchen fasziniert, machte sich in Paris André Marie Ampère – der „Newton der Elektrizität", wie ihn Maxwell später nannte – daran, das magnetische Verhalten von stromdurchflossenen Leitern quantitativ zu untersuchen. Hierbei wurde unter anderem klar, daß eine stromdurchflossene Spule und ein Stabmagnet dieselbe magnetische Wirkung besitzen.

Wenngleich auch die Experimente eine Beziehung zwischen Elektrizität und Magnetismus deutlich gemacht hatten, war doch die Frage, auf welche Weise die magnetische Kraft ausgeübt wird, unklar. Hier dachten die Physiker noch ganz in der Newtonschen Tradition: Sie stellten sich vor, daß die Kraft vom Ort des elektrischen Stroms aus instantan, also ohne zeitliche Verzögerung, jeden Punkt im Raum erreicht. Die dazwischenliegende Distanz wurde unmittelbar übersprungen. „Ja, es gibt in der angewandten Mathematik keine Formel, die mit der Natur besser stimmen würde, als das Newton'sche Gravitationsgesetz, und keine Theorie hat im menschlichen Geiste fester Wurzel gefasst als die der Fernwirkung der Körper", schrieb Maxwell später.

Mit dieser Hypothese der Fernwirkung konnte sich der zur damaligen Zeit bedeutendste Experimentalphysiker im Vereinigten Königreich, Michael Faraday, nicht anfreunden. Er hatte in frühen Versuchen gesehen, daß sich Eisenfeilspäne in der Umgebung von Stromleitern oder Magneten auf Linien bestimmter Form anordnen. Er entwickelte so die Vorstellung von magnetischen Kraftlinien, die den Raum durchdringen und ihn in einen „elektrotonischen Zustand" versetzen, wie Faraday es nannte. In seinem legendären Induktionsversuch in Maxwells Geburtsjahr gelang es dem genialen Physiker, mit einem stromdurchflossenen Leiter durch die Luft in einem anderen Draht einen Strom zu erzeugen. Übertragen hatten diese Wirkung offensichtlich die magnetischen Kraftlinien. Von einem Magnet-„Feld" sprach Faraday ausdrücklich erstmals 1846. Doch erst Maxwell sollte fast zwanzig Jahre später eine klare Definition des Feldbegriffes liefern.

Tatsächlich hatte William Thomson bereits 1845 erstmals versucht, Faradays Vorstellungen in eine mathematische Theorie umzusetzen. Faraday selbst war in der Mathematik nie über den Dreisatz hinausgekommen, und in seinen sämtlichen Aufzeichnungen und Veröffentlichungen fand sich keine einzige Formel.

Thomson hatte sich als Student in Glasgow mit der Theorie der Ausbreitung von Wärme in festen Körpern beschäftigt und dabei einen formalen Zusammenhang zwischen dieser neuen Wärmetheorie und der Fernwirkung elektrischer Ladungen und Ströme gesehen. Daraufhin unternahm er den Versuch, die Formeln, die den Wärmefluß beschrieben, auf Faradays Kraftlinien zu übertragen. Obwohl das Prinzip vielversprechend schien, verfolgte es Thomson bald nicht mehr weiter. Diese Arbeiten und Faradays umfassendes Werk waren für Maxwell der Ausgangspunkt für eine wirklich tiefgründige Analyse des gesamten Problems. Es befaßten sich zu seiner Zeit bereits eine ganze Reihe brillanter Forscher mit dem Elektromagnetismus, aber es sollte dem Mann aus Schottland vorbehalten bleiben, die Jahrhundert-Theorie zu entwickeln.

Er begann hiermit im Frühjahr 1855, indem er zunächst die alten Schriften von Ørstedt, Ampère und anderen studierte, um sich dann den Zeitgenossen, den „schweren deutschen Autoren", zuzuwenden. Hiermit meinte er Wilhelm Weber sowie Franz Neumann und dessen Sohn Carl. Sie vertraten die Fernwirkungstheorie des Elektromagnetismus, weswegen Maxwell häufig einfach von der „deutschen Theorie" sprach.

Maxwell ging die Frage von einem ganz eigenen Standpunkt aus an. Er hatte sich längere Zeit mit der Theorie strömender Flüssigkeiten beschäftigt. Hierbei war ihm eine Verbindung zwischen fließendem Wasser und der Wirkung magnetischer Kräfte aufgefallen, und zwar aus folgendem Grund: Bis dahin war man es gewohnt, daß Kräfte zwischen zwei Körpern, wie die Schwerkraft, immer entlang gedachter Verbindungslinien zwischen den Körpern wirken. Beim Elektromagnetismus war dies nicht der Fall. Faraday hatte Eisenfeilspäne auf ein Blatt Papier gestreut und gesehen, daß die Teilchen sich in der Nähe von Magneten in bestimmten Mustern ausrichten. Insbesondere lagerten sie sich um einen stromdurchflossenen Leiter nicht auf geraden, sondern auf konzentrischen, kreisförmigen Linien an. Es mußte also beim Magnetismus ein völlig anderes Kraftgesetz vorliegen als bei der Schwerkraft oder bei statischen elektrischen Ladungen.

Gleichzeitig gewann Faraday den Eindruck, daß die magnetischen Kraftlinien lediglich etwas sichtbar machten, was tatsächlich unsichtbar im Raume existiert. Maxwell schrieb später: „Das schöne Bild des Verlaufs der magnetischen Kraft, welches dieses Experiment bietet, erweckt in uns unwillkürlich die Vorstellung, daß die Kraftlinien etwas Reales seien und mehr anzeigen als bloß die Resultierende zweier Kräfte, deren unmittelbare Ursache an einem ganz anderen Ort ihren Sitz hat und welche im Felde gar nicht existieren, bis ein Magnet [Eisenfeilteilchen] an diese Stelle des Feldes gebracht wird".

Maxwell sah nun die Kraftlinien als eine Art Wirbel an, wie man sie auch in strömenden Gewässern bemerken kann. Er bediente sich also eines Modells, einer Analogie, um das unbekannte Unsichtbare mit dem bekannten Sichtbaren zu veranschaulichen. Er setzte sich intensiv mit der Frage auseinander, inwiefern diese Methode überhaupt angewendet werden darf: „Um physikalische Vorstellungen zu erhalten, ohne eine spezielle physikalische Theorie aufzustellen, müssen wir uns mit der Existenz physikalischer Analogien vertraut machen", schrieb er 1855. „Unter einer physikalischen Analogie verstehe ich jene teilweise Ähnlichkeit zwischen den Gesetzen eines Erscheinungsgebietes mit denen eines anderen, welche bewirkt, daß jedes das andere illustriert. Auf diese Weise sind alle Anwendungen der Mathematik in der Wissenschaft auf Beziehungen zwischen den Gesetzen der physikalischen Größen zu denen der ganzen Zahlen gegründet. Mithin ist das Streben der exakten Wissenschaft darauf gerichtet, die Probleme der Natur auf die Bestimmung von Größen durch Operationen mit Zahlen zurückzuführen".

Und in einem seiner Vorträge vor den „Aposteln" fügte er ein Jahr später hinzu: „Müssen wir feststellen, daß die verschiedenen Bereiche der Natur, in denen analoge Gesetze gelten, eine reale Wechselwirkung miteinander eingehen, oder daß ihre Verbindung doch rein zufällig ist und von den notwendigen Bedingungen des menschlichen Denkens abhängt?" Er sah eine Analogie zwischen der Natur auf der einen und dem menschlichen Verstand auf der anderen Seite. Und wenig später fragte er sich, inwiefern man der Analogiemethode generell trauen dürfe: „Vielleicht ist das ‚Buch' der Natur, wie oft gesagt wurde, durchgehend numeriert. Ist dies der Fall, so kann kein Zweifel daran bestehen, daß die einleitenden Teile die nachfolgenden erklären werden und daß die in diesen ersten Kapiteln gelehrten Methoden als gesichert angenommen und als Veranschaulichungen für die fortgeschritteneren Teile angesehen werden dürfen. Handelt es sich jedoch nicht um ein ‚Buch', sondern um ein *Magazin*, wäre nichts törichter als davon auszugehen, daß ein Teil Licht in einen anderen bringen könne".

Maxwell versuchte, die von der Mechanik strömender Flüssigkeiten und elastischer Körper bekannten Gesetze auf den elektrotonischen Zustand des Raumes anzuwenden. Im September 1855 konnte er seinem Vater mitteilen: „Meine elektrische Mathematik gewinnt mittlerweile an Form, und ich durchschaue einige Teile, die mir vorher noch ziemlich undurchsichtig erschienen sind". Endlich, im Dezember, konnte er das Ergebnis dieses ersten Versuches, weitere Seiten im Buch der Natur zu lesen, vor der Cambridge Philosophical Society vortragen. In *On Faradays Lines of Forces* hatte er das Konzept der Analogien zwischen einer Flüssigkeit und der Elektrizität festgelegt. Hierin entsprachen elektrische Ladungen den Quellen und Abläufen einer Flüssigkeit, das elektrische Potential war mit dem Druck und die elektrische Kraft mit der Druckdifferenz an verschiedenen Orten in einem strömenden Fluidum vergleichbar.

Maxwell legte großen Wert auf die Feststellung, daß es sich bei seiner Arbeit nicht um eine physikalische Theorie des Elektromagnetismus handelte, sondern um eine, wenn auch erstaunliche, Analogie zu der Mechanik von Strömungen: „Ich habe nicht versucht, irgendeine physikalische Theorie einer Wissenschaft aufzustellen, in welcher ich kein einziges nennenswertes Experiment durchgeführt habe. Ich habe mein Vorhaben darauf beschränkt zu zeigen, wie gerade durch Verwendung der Begriffe und Methoden Faradays die Wechselbeziehung der verschiedenen Klassen der von ihm entdeckten Erscheinungen am besten klargemacht werden kann ... Die Aufstellung einer definitiven Theorie, welche die physikalischen Tatsachen durch bestimmte Annahmen über das Wesen der Dinge erklärt, wäre nur jemandem möglich, der durch eigene Experimente neue Fragen an die Natur stellte und hierdurch vollen Einblick in den wahren Zusammenhang aller Gebiete der mathematischen Theorie gewänne". Er selbst sollte zehn Jahre später das Wesen der Dinge erklären.

Sein Versuch über Faradays Kraftlinien sollte erst der Beginn einer Reihe von Veröffentlichungen sein. Ein Exemplar schickte er auch an seinen geistigen Mentor, Michael Faraday, nach London. Dieser erkannte sofort voller Freude, daß sich ein offenbar talentierter junger Physiker *und* Mathematiker seiner Ideen, die die übrigen Kollegen von Rang und Namen ablehnten, annahm. „Ich sage nicht, ich wage es zu danken für das, was Sie über die Kraftlinien gesagt haben, denn ich weiß, Sie haben es für das Interesse an der philosophischen Wahrheit getan ... Zuerst war ich beinahe erschrocken, als ich auf diesen Gegenstand soviel mathematische Kraft aufgewandt sah, und dann wunderte ich mich, wie die Sache so gut dastand".

Bevor Maxwell diesem Thema weiter nachgehen konnte, gab es in seinem Privatleben einige Veränderungen. Im April 1856 starb sein Vater auf Glenlair. Der Verlust muß ihn sehr hart getroffen haben, war dieser Mann doch ein ständiger Gesprächspartner und Freund gewesen, auch über die Entfernung hinweg. Später las er Aufzeichnungen seines Vaters: „Es hat den Vorteil, daß ich mich besser an ihn erinnere und ihn mehr verehre und besser verstehe, wie er sein Leben organisiert hat und wer seine Freunde waren".

Fast zur selben Zeit berief man ihn, nicht zuletzt wegen seiner Arbeit über die Faradayschen Linien, auf eine Professur an das Marischall College in Aberdeen. Anfänglich klagte er über unmotivierte und wenig begabte Studenten: „Ich stecke wieder bis über beide Ohren in der Collegearbeit. Ein kleiner Kurs, der berüchtigt für seine Dummheit ist; ein hartes Stück Arbeit, ihn aus seiner Trägheit zu reißen". Sein Wechsel nach Aberdeen hatte indes auch noch eine andere wichtige Konsequenz: Hier lernte er nämlich Mary Dewar, die Tochter eines Collegedirektors kennen. Sie verspürten beide eine Harmonie der Herzen und heirateten im Sommer des nächsten Jahres.

Von der weiteren Erforschung des Elektromagnetismus hielt ihn aber der in Cambridge ausgeschriebene Adams-Preis ab. 1855 hatte man dort als Thema die Stabilität der Saturnringe gewählt. Obwohl der Preis nicht besonders begehrt war und Maxwell sich bis dahin noch nie mit Astronomie beschäftigt hatte, stürzte er sich auf dieses Problem. Über ein Jahr lang absorbierte ihn diese Aufgabe. Und als er seine Arbeit im Dezember abgab, war klar, daß er den Preis bekommen würde: Seine Ausführungen waren brillant, und – er war der einzige Teilnehmer.

Maxwell hatte gerade drei Jahre Zeit gehabt, sich in Aberdeen einzuleben, als er sich zu einem erneuten Wechsel gezwungen sah. Der Grund: Sein College wurde mit dem anderen College der Stadt zusammengelegt, und nur ein Professor pro Fachgebiet wurde übernommen. Als man sich für seinen Kollegen entschied, bewarb sich Maxwell auf einen Lehrstuhl in Edinburgh, doch auch hier zog man einen anderen vor.

Schließlich hatte er doch noch Glück: Man ernannte ihn zum Professor am King's College in London.

In dieser wechselvollen Zeit blieben Maxwell einige freie Sommermonate, die er auf seinem geliebten Landsitz Glenlair verbrachte. Doch nicht für Urlaub nutzte er die Tage, sondern um sich erneut dem Elektromagnetismus zuzuwenden. Das Ergebnis war seine Arbeit *On Physical Lines of Forces*, die in vier Teilen 1861 und 1862 erschien. Hierin suchte er nach einem tiefgründigeren Verständnis seines Modells, aber gleichzeitig auch nach dessen Grenzen. Zunächst betrachtete er noch einmal seine Wirbel, die die magnetischen Kraftlinien darstellten. Sie sollten sich wie elastische Bälle im Raum anordnen, die um eine Achse rotieren. Er nannte sie Zellen oder Wirbel, wobei „wir fanden, daß die Geschwindigkeit am Umfange jedes Wirbels proportional der Stärke der magnetischen Kraft und die Dichte der wirbelnden Substanz proportional der magnetischen induktiven Kapazität des Mediums sein muß". Nun trat das Problem auf, daß die Wirbel sich gegenseitig behindern konnten, wenn sie mit den Oberflächen aneinanderstießen. Er führte deshalb in sein Modell winzige Hilfsräder ein, wie er sie von mechanischen Geräten, zum Beispiel Dampfmaschinen, her kannte. Man nannte sie auch Frictionsräder. „Nach unserer Theorie bilden die Frictionstheilchen, welche die Wirbel voneinander trennen, die Materie der Elektricität, die Bewegung dieser Frictionstheilchen stellt den elektrischen Strom dar".

Dies lieferte ihm eine Deutung der Faradayschen Induktion, wonach eine Änderung des Magnetfeldes einen Stromfluß zur Folge hatte. Eine Magnetfeldänderung entsprach in seinem Modell einer Änderung der Umdrehungsgeschwindigkeit der Wirbel. Dadurch wurde wiederum ein Impuls auf die Achsen der Hilfsräder ausgeübt, was einen Stromfluß bewirkte. Umgekehrt führte eine Bewegung der Stromteilchen zu einer Deformation der Zellen und damit zu einer Magnetfeldänderung.

So unglaublich weit hergeholt sein mechanisches Modell auch zu sein schien – und Maxwell legte nach wie vor Wert darauf, daß es sich nur um Analogien und nicht um die wahre Natur der elektromagnetischen Erscheinungen handelt –: Es lieferte überraschenderweise genau die richtigen Gleichungen.

Die folgenschwerste Konsequenz betraf indes einen Zusammenhang mit einem anderen physikalischen Phänomen, das ihn schon lange beschäftigt hatte und auch für Faraday das größte Geheimnis barg: dem Licht. Die Erleuchtung, im wahrsten Sinne des Wortes, kam ihm im Herbst 1861. Am 19. Oktober schrieb er an Faraday: „Ich habe mich in letzter Zeit mit der Theorie der statischen elektrischen Induktion beschäftigt ... Das Konzept, auf das ich dabei gestoßen bin, hat in seiner mathematischen Ausarbeitung einige sehr interessante Ergebnisse geliefert, die es erlauben, meine Theorie zu testen, und sie haben zahlenmäßige Verhältnisse zwischen optischen, elektrischen und elektromagnetischen Phänomenen zu Tage gefördert, die ich bald vollständig zu verifizieren hoffe".

Maxwell stellte sich sein mit magnetischen Wirbeln und elektrischen Teilchen angefülltes Medium als elastischen Körper vor. In diesem konnten sich nun Wellen ausbreiten, deren Geschwindigkeit sich aus den Materialkonstanten berechnen ließ. Andererseits hatten in Deutschland Friedrich Kohlrausch und Wilhelm Weber experimentell zwei elektrische und magnetische Grundgrößen ermittelt, die es Maxwell erlaubten, die Geschwindigkeit einer elektromagnetischen Welle in seinem elastischen Körper zu berechnen. Dabei ergab sich eine überraschende Übereinstimmung, die er Faraday ebenfalls in jenem Brief mitteilte: „Ich habe die Elastizität des Mediums in Luft bestimmt, und unter der Annahme, daß sie dieselbe ist wie diejenige des lichttragenden Äthers, habe ich die Ausbreitungsgeschwindigkeit transversaler Schwingungen bestimmt. Das Ergebnis ist 193088 Meilen pro Sekunde (aus elektrischen und magnetischen Experimenten hergeleitet). Fizeau hat mit direkten Experimenten die Lichtgeschwindigkeit zu 193118 Meilen pro Sekunde ermittelt ... Dies ist nicht nur eine rein zahlenmäßige Übereinstimmung ... Ich denke, wir haben jetzt guten Grund zu glauben, unabhängig davon, ob meine Theorie eine Tatsache ist oder nicht, daß das lichttragende und das elektromagnetische Medium eins sind". Oder anders gesagt: Licht ist eine elektromagnetische Welle.

Hier konstatierte Maxwell auch die Existenz eines Äthers, eines Mediums also, in dem sich die Welle ausbreiten konnte. Es hätte damals jeder Vorstellung widersprochen, daß sich eine Welle im Vakuum fortbewegt, weil man mit ihr stets die schwingende Bewegung von Teilchen verband. Sein Freund Lewis Campbell sollte sich später erinnern: „Ich wünschte, ich könnte mich an das Datum erinnern (1857?), als wir das Orr-Tal hinunterfuhren. Währenddessen beschrieb er mir zum ersten Mal und außerordentlich redefreudig die schnellen, unsichtbaren Bewegungen, mit denen er sich die magnetischen und galvanischen Phänomene erklärte. Es war, als lauschte ich einem Märchen".

Trotz dieses großen Erfolges war Maxwell noch nicht zufrieden. Stets hatte er auf die Grenzen seines mechanischen Modells hingewiesen, und von diesem wollte er sich nun lösen. Innerhalb von nicht einmal drei Jahren fand er eine dynamische Theorie des Elektromagnetismus, frei von allen Annahmen. Und dies, obwohl ihn seine Lehrtätigkeit im King's College viel Zeit kostete. Was ihn dazu brachte, von dem Wirbelmodell zu einem reinen Feldmodell überzugehen, ist nicht bekannt. Ein entscheidender Punkt bei seiner neuen Vorgehensweise war aber der Energiesatz, wie ihn die deutschen Forscher Robert Clausius und Hermann von Helmholtz knapp zwanzig Jahre zuvor formuliert hatten. Demnach konnte Energie jedweder Form weder zerstört noch aus dem Nichts erzeugt werden. Energie ließ sich lediglich in verschiedene Formen verwandeln.

Dieses Naturgesetz schwebte Maxwell vor, als er über die Induktion nachdachte. Bei diesem Vorgang wird die Energie des elektrischen Feldes in magnetische Energie umgeformt und umgekehrt. Maxwell entfernte nach und nach Teile seines mechanischen Modells aus seiner Theorie. Er fragte nicht mehr nach dem Verhalten von Wirbeln und Hilfsrädern, sondern beschäftigte sich abstrakter mit den wirkenden elektrischen und magnetischen Kräften und wie sie übertragen werden. Schritt für Schritt befreite er sein Modell von den Krücken, bis es zur Theorie wurde, die nun eigenständig laufen konnte. Im Herbst 1864 hatte er sein Ziel erreicht. Im September schrieb er einem Freund von Glenlair aus: „Ich habe die elektromagnetische Theorie des Lichts frei von allen ungerechtfertigten Annahmen geklärt".

Im Vorwort zu seiner abschließenden Arbeit *A Dynamical Theory of the Electromagnetic Field* erklärte er den Lesern: „Wenn ich von der Energie des Feldes spreche, so möchte ich *wörtlich* verstanden werden. Jede Energie ist mechanische Energie, egal ob sie in der Form von Bewegung oder in der von Elastizität oder in irgendeiner anderen Form vorliegt. Die Energie in elektromagnetischen Phänomenen ist mechanische Energie. Die einzige Frage ist: Wo sitzt sie? In den alten Theorien befindet sie sich in den elektrischen Körpern, den Stromleitern und Magneten, in Form einer unbekannten Qualität genannt potentielle Energie oder als Kraft, die über Entfernung bestimmte Effekte hervorruft. In unserer Theorie steckt sie im elektromagnetischen Feld, in dem Raum, der die elektrischen und magnetischen Körper umgibt, und in den Körpern selbst". Bei der Induktion war dieser Effekt besonders augenfällig. Schaltete man den Strom in einem Leiter aus, verschwand das Magnetfeld um ihn herum. Seine Energie aber mußte irgendwo bleiben. Sie verwandelte sich in den Strom, den das verschwindende Magnetfeld in einem Draht erzeugt.

Mit seiner neuen Theorie konnte Maxwell nun auch mit fast endgültiger Sicherheit feststellen, daß „Licht und Magnetismus von derselben Substanz ausgehen und daß Licht eine elektromagnetische Störung ist, die sich entsprechend der elektromagnetischen Gesetze durch das Feld fortbewegt". Das Ergebnis seines zehnjährigen Schaffens ließ sich in ganze acht Gleichungen zusammenfassen. Sie bilden zusammen mit Newtons Gravitationsgesetz und Ludwig Boltzmanns Formeln zur statistischen Beschreibung von Gasen eine der drei Säulen der klassischen Physik. Und so scheinen uns gerade die Worte Boltzmanns in seinen *Vorlesungen über Maxwells Theorie* nicht gar zu pathetisch: „War es ein Gott, der diese Zeichen schrieb?"

Es scheint nahezu unglaublich, daß Maxwell nach dieser Großtat noch auf einem gänzlich anderen Gebiet historische Forschungsarbeit leisten sollte. Angeregt durch seine Untersuchungen zur Stabilität der Saturnringe, beschäftigte er sich eine Zeitlang mit der Frage, wie man die Bewegung von Teilchen in einem Gas beschreiben könnte. Schon in den fünfziger Jahren hatte er dieses Problem studiert und kehrte nun zu dem Gebiet zurück. Nur ein Jahr nach der Theorie des Elektromagnetismus veröffentlichte er seine Gastheorie. Sie ist noch heute, zusammen mit Boltzmanns Beiträgen, der Maxwells Leistung mit einem musikalischen Meisterwerk verglich, die Grundlage aller statistischen Untersuchungen im Bereich der Gase, Flüssigkeiten und Festkörper.

Maxwell war jetzt Mitte Dreißig und hatte eine gut bezahlte Stelle. Er konnte zufrieden sein und war es auch, obwohl die überwiegende Zahl seiner Kollegen seine wahre Größe nicht erkannte. Seine elektromagnetische Theorie war mathematisch anspruchsvoll und verlangte eine völlig andere Vorstellung von einer Kraftübertragung, als man es von der Newtonschen Gravitationstheorie her gewohnt war. Ganz richtig wies Maxwell aber darauf hin, daß „Newton selbst in seiner weisen Zurückhaltung, die für all seine Spekulationen charakteristisch war, antwortete, er würde nicht vorgeben, den Mechanismus erklären zu können, mit dem die Himmelskörper aufeinander wirken".

Im Jahre 1865 verletzte er sich bei einem Reitunfall am Kopf und erkrankte daraufhin schwer an Wundrose. Nachdem ihn seine Frau auf Glenlair wieder gesundgepflegt hatte, legte er sein Amt im King's College nieder und verbrachte die folgenden Jahre fast ausschließlich auf seinem Landsitz. Finanziell war er unabhängig. Bei einem Mann seines Schlages bedeutete die Abwesenheit von der Universität natürlich nicht das Ende der Forschung. Eher im Gegenteil. Hier fand er die nötige Ruhe für den Ausbau seiner Arbeiten über die Gase. Außerdem beschäftigte er sich mit mathematischen Problemen. Vor allem aber begann er mit der Arbeit an seinem Lebenswerk: Vier Jahre lang schrieb er an dem *Treatise on Electricity and*

Magnetism, einem tausend Seiten umfassenden Lehrbuch der Elektrodynamik. Es enthielt nichts wesentlich Neues, sondern faßte die Ergebnisse seines ausdauernden und tiefschürfenden Schaffens zusammen.

Fünf Jahre nur währte seine Zeit auf Glenlair, als ihn der Kanzler der Universität Cambridge berief, die Leitung eines neuen physikalischen Laboratoriums und einen zugehörigen, neu geschaffenen Lehrstuhl für Experimentalphysik zu übernehmen. Bis dahin hatten die Dozenten in ihren Colleges experimentiert, jetzt erhielt Cambridge ein eigenes Forschungslabor. Maxwell war erst die dritte Wahl gewesen, nachdem William Thomson und Hermann von Helmholtz abgelehnt hatten. Als Maxwell 1872 den Cavendish-Lehrstuhl übernahm, war er der erste in einer Reihe der bedeutendsten Physiker des Königreichs. Er hatte so berühmte Nachfolger wie Lord Rayleigh, J. J. Thomson, Ernest Rutherford oder Lawrence Bragg. Sie alle erhielten den Nobelpreis für Physik.

Der Aufbau des Laboratoriums zog sich über Jahre hin. Erst 1874 konnte es eröffnet werden. Nur fünf Jahre später erkrankte Maxwell an demselben Magenleiden, an dem seine Mutter so früh gestorben war. Maxwell starb am 5. November 1879 im Alter von nur 48 Jahren. Er erlebte deshalb den großen Durchbruch seiner Theorie nicht mehr.

In Europa begannen sich einige Wissenschaftler nach und nach mit der schwierigen und fremdartigen Theorie zu beschäftigen: Ludwig Boltzmann, Hermann von Helmholtz und vor allem Heinrich Hertz. 1884 studierte Hertz ausgiebig Maxwells Werk. Durch einige mathematische Kunstgriffe brachte er die Maxwellschen Gleichungen in eine andere Form und reduzierte ihre Zahl auf vier. Vor allem aber faszinierte ihn die Idee der elektromagnetischen Wellen. Was für Licht galt, mußte auch für andere Wellen gelten. Am 13. November 1886 – er war Professor in Karlsruhe – gelang es ihm erstmals, Radiowellen, die er mit einem elektrischen Funken erzeugt hatte, über eine Entfernung von eineinhalb Metern zu übertragen und zu empfangen. Dies war der Beginn der Radio- und Funktechnik. Nachdem es dem Tüftler Giulielmo Marconi

1901 gelungen war, erstmals Signale über den Atlantik zu senden, gab es keine Grenzen mehr für die revolutionäre Technik.

Wäre Maxwell 84 Jahre alt geworden, so hätte er noch erlebt, wie der grundsätzliche Unterschied zwischen seiner Theorie und der Newtons aufgelöst wurde. Im Jahre 1915 legte Albert Einstein seine Allgemeine Relativitätstheorie vor, in der er auch die Gravitation als Feldtheorie formulierte.

Einstein war es denn auch, der später schrieb: „Die größte Veränderung des axiomatischen Fundamentes der Physik bzw. unserer Auffassung von der Struktur des Realen seit Begründung der theoretischen Physik durch Newton wurde durch die Erforschung von Faraday und Maxwell über die elektromagnetischen Erscheinungen herbeigeführt“. Und „das elektromagnetische Feld ist für den modernen Physiker nicht minder wirklich als der Stuhl, auf dem er sitzt“.

„Newton, verzeih' mir!"

Albert Einstein (1879–1955)

Das Büro des Experten zweiter Klasse im Eidgenössischen Amt für Geistiges Eigentum in Bern ist weiß getüncht und karg eingerichtet. Es ist ein ganz gewöhnlicher Tag Ende Oktober oder Anfang November im Jahre 1907. Ein adrett in schwarz-weiß kariertem Anzug gekleideter Mann von 28 Jahren – buschiger Schnauzbart, volles, widerspenstiges Haupthaar – steht an einem dreibeinigen Holzpodest und blickt versunken auf ein loses Blatt Papier, auf das er scheinbar zusammenhanglose Buchstaben kritzelt. Seit fünf Jahren ist er hier „ehrwürdiger eidgenössischer Tintenscheisser mit ordentlichem Gehalt", wie er einem Freund kurz zuvor noch geschrieben hat. „Daneben reite ich auf meinem alten mathematisch-physikalischen Steckenpferd und fege auf der Geige", fährt er fort.

Für dieses Steckenpferd findet der Beamte im Patentamt indes nur wenig Zeit neben dem Acht-Stunden-Tag. Hin und wieder aber zieht er im Dienst seine Aufzeichnungen hervor und grübelt über physikalische Probleme nach. Wenn dann Herr Direktor Haller einmal durchs Büro streicht, packt der junge Mann den Stoß Papier und legt ihn geschwind beiseite. Vielleicht bemerkt der Chef diese Geheimnistuerei, aber er läßt seinen Mitarbeiter gewähren, denn dieser erledigt seine Arbeit souverän. Erst kürzlich hat er ihn vom Rang eines dritten technischen Experten in den eines zweiten befördert, was immerhin 1000 Franken im Jahr mehr einbringt.

Überdies ist dieser Beamte kein gewöhnlicher. Vor über einem Jahr hat er an der Universität Zürich promoviert und träumt seitdem weiter von einer Hochschulanstellung. Ein Jahr zuvor hat er sogar insgesamt sechs Arbeiten in der anerkannten

Albert Einstein im Berner Patentamt, um 1905

Fachzeitschrift *Annalen der Physik* veröffentlicht, die unter den Physikern einige Aufregung verursacht haben. Insbesondere die Abhandlung *Zur Elektrodynamik bewegter Körper* hat der große Max Planck eine „kopernikanische Tat" genannt. Später nennt man sie die *Spezielle Relativitätstheorie.* Das neuerliche „Steckenpferd" ist die Fortführung dieses Geniestreiches, die *Allgemeine Relativitätstheorie*, und ihr Schöpfer, der Mann im Patentamt, Albert Einstein.

Er ist also bei den theoretischen Physikern kein Unbekannter mehr, obwohl er noch nie an einem Kongreß teilgenommen hat und ihn kaum einer der gestandenen Forscher persönlich kennt. Nur einige junge Kollegen verirren sich hin und wieder in das Patentamt, um diesen sonderbaren Mann kennenzulernen, so zum Beispiel der gleichaltrige Max Laue, ebenso wie Planck in dieser Zeit noch Nobelpreisträger in spe. Er beschreibt die Begegnung so: „Im allgemeinen Empfangsraum sagte mir ein Beamter, ich solle wieder auf den Korridor gehen, Einstein würde mir dort entgegenkommen. Ich tat das auch, aber der junge Mann, der mir entgegenkam, machte mir einen so unerwarteten Eindruck, daß ich nicht glaubte, er könne der Vater der Relativitätstheorie sein. So ließ ich ihn an mir vorübergehen, und erst als er aus dem Empfangszimmer zurückkam, machten wir Bekanntschaft miteinander ... Ich erinnere mich, daß der Stumpen, den er mir anbot, so wenig schmeckte, daß ich ihn „versehentlich" von der Aarebrücke in die Aare hinunterfallen ließ ... Immerhin habe ich bei jenem Besuch einiges für das Verständnis der [Speziellen] Relativitätstheorie davongetragen".

Auch dem Physiker Johannes Stark ist Einsteins Arbeit nicht verborgen geblieben, so daß er diesen im Herbst 1907 darum bittet, für sein *Jahrbuch der Radioaktivität und Elektronik* einen Aufsatz über die Spezielle Relativitätstheorie zu verfassen. Begeistert von diesem Vorschlag macht Einstein sich ans Werk. Und während er seine Theorie zusammenfaßt, gehen seine Gedanken bereits weiter und erahnen am Horizont etwas noch Revolutionäreres: ein neues Konzept der Schwerkraft. Er hat das Gefühl, „daß eine vernünftige Gravitationstheorie nur von einer Erweiterung des Relativitätsprinzips zu erwarten war". Der entscheidende Gedanke hierzu kommt ihm Ende Oktober, Anfang November in seinem kargen Büro: „Ich saß auf meinem Stuhl im Patentamt in Bern. Plötzlich hatte ich einen Einfall: Wenn sich eine Person im freien Fall befindet, wird sie ihr eigenes Gewicht nicht spüren. Ich war verblüfft. Dieses einfache Gedankenexperiment machte auf mich einen tiefen Eindruck. Es führte mich zu einer Theorie der Gravitation". Doch es mußten noch acht Jahre vergehen, bevor er nach zahlreichen Fehlversuchen am Ziel anlangen sollte.

Es war ein graues, vierstöckiges Wohnhaus mit ausgebautem Dachgeschoß in der Bahnhofstraße B135, das sich in nichts von den vielen anderen dieser Art in Ulm unterschied. Bis auf die Tatsache, daß hier am 15. März 1879 gegen halb zwölf ein Junge zur Welt kam, der rund vierzig Jahre später als der größte lebende Physiker gelten und wohl mehr als jeder andere vor und nach ihm den Inbegriff des Genies schlechthin verkörpern sollte.

Zunächst war allerdings noch nichts zu bemerken von der späteren Geistesgröße. Mit zweieinhalb Jahren sprach „Albertchen" immer noch kein Wort, und einige Monate darauf hatte das Kind sich angewöhnt, jeden Satz doppelt aufzusagen, so als wolle er das bis dahin Versäumte nachholen. Im Laufe der Jahre aber entwickelte sich der Bub ganz normal und bewies bald eine ungewöhnliche Ausdauer, sei es bei schwierigen Laubsägearbeiten oder beim Bau vierzehnstöckiger Kartenhäuser.

Albert war sowohl in der Grundschule als auch später im Gymnasium ein guter bis sehr guter Schüler, obwohl ihm die Autorität der Lehrer und der alltägliche Drill die Freude am Lernen weitgehend verleideten. Später erinnerte sich Einstein an zwei Ereignisse, die auf ihn einen tiefen Eindruck gemacht haben. Als Vier- oder Fünfjähriger faszinierte ihn die Ausrichtung einer Kompaßnadel. Sie verriet ihm, daß „etwas hinter den Dingen sein [mußte], das tief verborgen war". Im Alter von zwölf Jahren erlebte er ein „zweites Wunder ganz verschiedener Art: An einem Büchlein über Euklidische Geometrie der Ebene ... Da waren Aussagen wie z.B. das Sich-Schneiden der drei Höhen eines Dreiecks in einem Punkt, die – obwohl an sich keineswegs evident – doch mit solcher Sicherheit bewiesen werden konnten, daß ein Zweifel ausgeschlossen zu sein schien. Diese Klarheit und Sicherheit machte einen unbeschreiblichen Eindruck auf mich". Damals waren für ihn die abstrakten „Gegenstände" der Geometrie identisch mit den realen, sinnlich wahrnehmbaren in der Natur, so daß es ihm schien, als könne man durch „bloßes Denken sichere Erkenntnis über Erfahrungsgegenstände erlangen". Kaum ein anderer Satz charakterisiert Einsteins spätere Leistung so treffend wie dieser.

Die Eltern waren einfache, liebenswerte Leute. Vater Hermann besaß ein Elektrogeschäft südlich des Münsterplatzes. Das lief indes nicht sehr gut, so daß man bald nach München übersiedelte, wo Hermann zusammen mit seinem Bruder Jakob einen Elektrobetrieb eröffnen wollte. Tatsächlich lief das Geschäft über Jahre hinweg sehr gut, doch 1893 erlitt die „Electro-technische Fabrik J. Einstein & Cie" einen schweren wirtschaftlichen Rückschlag, woraufhin die Einsteins ihren Firmensitz nach Italien verlegten. Allein der fünfzehnjährige Albert blieb in München, um am Luitpold-Gymnasium das Abitur zu machen. Hier hielt er es jedoch nicht lange aus, so daß er seinen Eltern einige Monate später nachreiste. Wo aber sollte er ohne Italienischkenntnisse das Abitur machen?

Er hatte sich bereits für das Polytechnikum in Zürich entschieden, fiel aber bei der Aufnahmeprüfung durch. Erst in der Kantonsschule in Aarau konnte er unterkommen, wo er 1896 die Matura als bester von neun Kandidaten erlangte. Zwei Wochen später begann er sein Studium in Zürich an der „Poly", der renommierten Eidgenössischen Polytechnischen Schule.

Der Student Einstein konnte sich, wie schon im Gymnasium, nicht so recht dem Diktat des Studienplanes fügen. Vielmehr war er häufig im Physiklabor, schwänzte aber ebensogern die Mathematikvorlesungen. Auch mit der Autorität geriet er hin und wieder in Konflikt. So mahnte ihn einmal der Dozent für Elektrotechnik, Heinrich Friedrich Weber, er sei zwar ein gescheiter Junge, habe aber einen großen Fehler: Er lasse sich nichts sagen. Dafür studierte er zu Hause die Meister der theoretischen Physik „mit heiligem Eifer“. Und hier war es vor allem *Die Mechanik und ihre Entwicklung* des Positivisten Ernst Mach, die ihn nachhaltig beeindruckte. Am faszinierendsten war für ihn jedoch die Maxwellsche Theorie elektromagnetischer Felder: „Es war wie eine Offenbarung“.

Einstein war ein eher ruhiger Vertreter der Studentenschaft. Exzesse gab es nicht, denn „Bier macht dumm und faul“, wie er meinte. Und so erlangte er im Sommer 1900 das Diplom als „Fachlehrer in Mathematik und Physik“. Mit 4,91 von sechs möglichen Punkten hatte er zwar einen guten Abschluß erzielt, aber die erhoffte Anstellung als wissenschaftlicher Assistent an der „Poly“ blieb ihm versagt.

Neben der persönlichen Enttäuschung und Perspektivlosigkeit tat sich noch ein weiteres Problem auf. Einstein hatte während des Studiums die einzige weibliche Studentin, die Ungarin Mileva Mariç, kennengelernt. Die hatte sich sofort in ihren „Johonzel“ verliebt. Als sie in der Diplomprüfung durchfiel, standen beide vor dem Nichts. Als Mileva im April 1901 auch noch schwanger wurde, brauchte Einstein sofort eine Stelle. Zunächst ging er als Privatlehrer nach Schaffhausen. Hier kam es jedoch zu einer Auseinandersetzung mit dem Leiter der Schule, so daß der Herr Lehrer nach nicht einmal vier Monaten wieder abreiste, just in dem Monat, in dem seine Frau ihr erstes Kind gebar.

Dieses „Lieserl“, wie sie es liebevoll nannten, umgibt ein Geheimnis. Mileva reiste erst gegen Ende des Jahres zu ihrem Mann, der mittlerweile in Bern lebte, allerdings ohne das Kind. Nachdem die beiden geheiratet hatten, blieb für Einstein nur noch „die Frage, wie wir unser Lieserl zu uns nehmen könnten; ich möchte nicht, daß wir es aus der Hand geben müssen“, schrieb er seinem Studienfreund Marcel Grossmann. Genau dies scheint dann aber doch passiert zu sein, denn das Lieserl verschwand und blieb bis heute unauffindbar. Es wurde keine

Geburtsurkunde gefunden, weder in Novi Sad noch in Kaç, wo Milevas Eltern abwechselnd wohnten. Niemand weiß, wer die treibende Kraft bei dem mutmaßlichen Entschluß war, die Tochter zur Adoption freizugeben. Einiges deutet aber darauf hin, daß es Einstein war. Dieser geheimnisvolle Vorgang mag auch zu einer Kluft zwischen Mileva und Albert geführt haben, die im Laufe ihrer Ehe immer größer wurde und nach vierzehn Jahren mit der Scheidung endete.

Finanzielle Gründe können wohl nicht für die Freigabe des Kindes verantwortlich gewesen sein, denn als Einstein aus Schaffhausen abreiste, hatte er bereits eine Stelle am Berner Patentamt in Aussicht. Als er sie im Juni 1903 antrat, war er überfroh, endlich eine Arbeit gefunden zu haben, die ihm offenbar gut gefiel, da „sie ungemein abwechslungsreich ist und viel zu denken gibt". Ganz offensichtlich genügte ihm die geistige Nahrung am Patentamt auf Dauer jedoch nicht, denn er beschäftigte sich nebenbei mit theoretischen Problemen der Physik. Schon kurz nach seiner Ankunft in Bern hatte er eine Art Debattierklub gegründet, den die Mitglieder später feierlich „Akademie Olympia" nannten. Am Abend traf sich Einstein mit dem rumänischen Philosophiestudenten Maurice Solovine und seinem ehemaligen Studienfreund Conrad Habicht aus Aarau, der in Bern Mathematik studierte. Dann lasen sie Werke von Mach, Hume, Poincaré und vielen anderen und diskutierten bis spät in die Nacht hinein, während sich der Raum mit immer dichter werdendem, erstickendem Tabakqualm füllte.

Neben den acht Stunden im Amt gab es „acht Stunden Allotria und noch einen Sonntag", wie er einmal an Habicht schrieb. Mit Allotria war die Akademie und das Selbststudium der Physik gemeint. Seit seinen Züricher Studientagen spukten nämlich in seinem Kopf einige ungelöste Probleme herum, die ihm keine Ruhe ließen. Die diskutierte er auch mit Michelle Besso, einem Ingenieur, den er in seiner Züricher Zeit kennengelernt hatte und der nun sein Kollege am Patentamt war. „Einen besseren Resonanzboden hätte ich in ganz Europa nicht finden können", meinte er einmal über ihn.

Ab 1901 veröffentlichte Einstein in den *Annalen* mehrere Schriften zu Problemen der klassischen, statistischen Mechanik. Entscheidend war indes das Jahr 1905, das „annus mirabilis“, in dem sechs Arbeiten von ihm erschienen. Zwei von ihnen waren revolutionär. In der einen führte er die Plancksche Idee von 1900 weiter und gelangte zu seiner Lichtquanten-Hypothese. Danach war Licht keine reine Wellenerscheinung, sondern ein Strom von Teilchen, Photonen, deren Energie nur von der Wellenlänge des Lichts, also dessen Farbe, abhängt. Die Naturkonstante, über die Energie und Wellenlänge miteinander verknüpft sind, ist die Planck-Konstante, die damit ihre physikalische Bedeutung erhielt. Hiermit ließ sich erstmals der photoelektrische Effekt erklären, bei dem sich aus einer Metalloberfläche Elektronen herauslösen, wenn sie mit ultraviolettem Licht bestrahlt wird. Für diese Arbeit sollte Einstein sechzehn Jahre später den Nobelpreis erhalten.

Berühmt wurde der Patentbeamte indes für die 30-seitige Abhandlung *Zur Elektrodynamik bewegter Körper*, die er im Juni 1905 bei der Redaktion der *Annalen* eingereicht hatte. In dieser Arbeit, die man einige Jahre später als Spezielle Relativitätstheorie bezeichnete, räumte er mit überkommenem Gedankengut auf. Insbesondere stürzte er das alte Galileische Theorem, wonach sich die Geschwindigkeiten von zueinander bewegten Körpern addieren. Dies führte zu einer völlig neuen Vorstellung von der Zeit.

Das hing mit einem gedanklichen Problem zusammen, das Einstein schon als Sechzehnjährigem im Kopf herumgegangen war. Er hatte sich gefragt, wie man einen Lichtstrahl wahrnehmen würde, dem man mit Lichtgeschwindigkeit nacheilt. Müßte man ihn nicht als ruhende Welle wahrnehmen? Das schien es aber nicht zu geben. An Mileva schrieb er 1899: „Es wird mir immer mehr zur Überzeugung, daß die Elektrodynamik bewegter Körper, wie sie sich gegenwärtig darstellt, nicht der Wirklichkeit entspricht“.

Die Elektrodynamik, das war die Beschreibung elektrischer und magnetischer Felder, zu denen auch eine Lichtwelle gehört, mit Hilfe von Gleichungen, die James Clerk Maxwell Mitte des 19. Jahrhunderts aufgestellt hatte. Sie waren das Fundament der Elektrodynamik, so wie die Newtonschen Gleichungen für die Mechanik. Einstein hatte sich während seiner Züricher Studienzeit hauptsächlich im Eigenstudium intensiv mit den Maxwell-Gleichungen beschäftigt und war dabei auf ein grundlegendes Problem gestoßen: Seit Galilei galt in der Physik das eherne Grundgesetz, daß alle gleichförmig bewegten Systeme gleichberechtigt sind. Das heißt in einem Zug beispielsweise, der mit einer konstanten Geschwindigkeit von hundert Kilometern pro Stunde fährt, gelten alle physikalischen Gesetze genauso wie in einem Bahnhäuschen. In dem Zug fällt ein Stein ebenso senkrecht nach unten wie in dem Haus. Betrachtet man indes den im Zug fallenden Stein vom Bahnhaus aus, so erscheint seine Bahn schräg, weil sich der Zug während des Falles bewegt. Ein Reisender im Abteil wird dasselbe von einem Stein feststellen, der im Haus fällt.

Das ändert nichts an dem Fallgesetz selbst, denn wenn die Geschwindigkeit des Zuges bekannt ist, läßt sich die scheinbar schräge Fallkurve in die senkrechte umrechnen. Dies ist das Galileische Transformationsgesetz, nach dem Geschwindigkeiten zueinander relativ sind. Für einen Reisenden im Abteil ist die Geschwindigkeit des Zuges null, für den am Bahndamm hundert Kilometer pro Stunde. Geschwindigkeiten addieren sich also. Fahren zwei Autos auf einer Landstraße mit jeweils hundert Kilometer pro Stunde aufeinander zu, wird ein Polizist am Straßenrand jeweils genau diese Geschwindigkeit mit dem Radargerät messen. Wäre eines der beiden Autos von der Polizei und ebenfalls mit einem Radar ausgerüstet, würde dieses eine Geschwindigkeit von zweihundert Kilometer pro Stunde messen, weil sich die beiden Geschwindigkeiten addieren.

Was für Autos und Züge gilt, müßte doch für Licht ebenso gelten, meinte man. Genau das aber traf für die Maxwellschen Gleichungen nicht zu. Sie änderten sich, wenn man sie einmal mit der Geschwindigkeit null und ein anderes Mal mit hundert

Kilometer pro Stunde berechnete, und sie ließen sich nicht durch die einfache Galileische Geschwindigkeitsaddition ineinander umrechnen. Das war ein grundlegendes Problem. Darüber hinaus hatten zwei Physiker in den USA, der deutschstämmige Albert Abraham Michelson und Edward Morley, 1887 ein raffiniertes Experiment angestellt, in dem sie die Lichtgeschwindigkeit bestimmt hatten. Ihre Apparatur war so angeordnet, daß sie die Lichtgeschwindigkeit bezüglich verschiedener Bewegungsrichtungen der Erde relativ zum Lichtstrahl messen konnten. Erstaunlicherweise schien das Licht immer dieselbe Geschwindigkeit von 300 000 Kilometer pro Sekunde zu haben, egal, wie sich der Lichtstrahl relativ zur Erdbahn bewegte.

Dies war nun ein offensichtlicher Widerspruch. Entweder waren die Maxwell-Gleichungen falsch oder das Geschwindigkeitstheorem von Galilei. Die meisten Physiker nahmen dieses fundamentale Problem gar nicht wahr. Nur wenige suchten Lösungen hierfür, die jedoch sämtlich unbefriedigend blieben. Erst der „technische Experte zweiter Klasse" sollte den Gordischen Knoten durchschlagen. Die kühne Lösung hieß: Galilei hatte Unrecht. Geschwindigkeiten addieren sich nicht so einfach, wie wir es aus dem Alltag kennen.

Vielmehr muß man eine Formel zur Berechnung der Relativgeschwindigkeiten verwenden, die folgende Eigenschaften hat: Im Grenzbereich von Geschwindigkeiten, die sehr viel kleiner sind als die des Lichts, nähert sich das neue Gesetz dem einfachen Galileischen Fall an. In dem Beispiel der fahrenden Autos sind die Geschwindigkeiten so gering, daß die Abweichungen vom Galileischen Additionsgesetz nicht meßbar sind. Je mehr man sich aber der Lichtgeschwindigkeit nähert, um so größer sind die Abweichungen. Und schließlich müßte es theoretisch unmöglich sein, mit einem Raumschiff beispielsweise, Lichtgeschwindigkeit zu erreichen, geschweige denn, sie zu überschreiten. Mit der neuen Transformation blieben nun vor allem auch die Maxwell-Gleichungen in jedem sich gleichförmig, also mit konstanter Geschwindigkeit bewegenden System unverändert.

Dieser Eingriff in das Fundament der Physik brachte das gesamte Gebäude zum Schwanken, denn er hatte einen ganz entscheidenden Einfluß auf die Vorstellung von Raum und Zeit. Nach Newton waren sie starre, von allen äußerlichen Bedingungen unabhängige Gegebenheiten der Natur. Nahm man aber Einsteins Hypothese ernst, so vergeht die Zeit unterschiedlich schnell. In einem sich schnell bewegenden Raumschiff vergeht die Zeit langsamer als in einem relativ dazu ruhenden. Dies hat nichts mit einem etwaigen Einfluß auf die Mechanik von Uhren zu tun, sondern ist eine Eigenschaft der Zeit. Diese Zeitdilatation wirkt sich auf alle natürlichen Vorgänge aus, auch auf das Altern menschlicher Zellen. Ein schnell fliegender Astronaut altert demnach langsamer als ein Mensch auf der Erde.

Dies zog weitere Konsequenzen nach sich: So durfte man dem bis dahin sorglos verwendeten Begriff der Gleichzeitigkeit plötzlich keine absolute Bedeutung mehr beimessen, denn „zwei Ereignisse, welche, von einem Koordinatensystem aus betrachtet, gleichzeitig sind, [sind] von einem relativ dazu bewegten System aus betrachtet, nicht mehr als gleichzeitige Ereignisse aufzufassen", schrieb Einstein in seiner Arbeit. Mit einer dritten, heute unbedeutenden Arbeit aus diesem Jahr schaffte Einstein endlich auch seine lang ersehnte Dissertation. Noch vier Jahre zuvor hatte er eine Doktorarbeit wieder zurückziehen müssen.

Ein halbes Jahr mußte vergehen, bevor eine erste Reaktion auf seine Arbeiten aus der Physikergemeinde kam. Dann meldete sich Max Planck. Und dieser war begeistert. Er erkannte als erster die „kopernikanische Tat", wie er sie nannte, und sorgte für eine rasche Verbreitung der Relativitätstheorie unter den Kollegen. Als einen „Treppenwitz in der Geschichte" bezeichnete der Würzburger Physiker Jakob Laub den Umstand, daß der neue Kopernikus nach wie vor jeden morgen ins Patentamt trotten mußte, um seinen Lebensunterhalt zu verdienen. Zwar erhielt Einstein 1908 die Lehrbefugnis für theoretische Physik, aber die erhoffte Anstellung blieb immer noch aus.

Doch die neue Theorie war so überzeugend und löste mit einem Schlage so viele grundlegende Probleme, daß sie in überraschend kurzer Zeit akzeptiert wurde. Schließlich konnten sich auch die altehrwürdigen Professoren der Universität Zürich nicht länger bedeckt halten. In einem Gutachten befand man: „Einstein gehört gegenwärtig zu den bedeutendsten theoretischen Physikern und ist seit seiner Arbeit über das Relativitätsprinzip wohl ziemlich allgemein als solcher anerkannt". Im Oktober 1909, vier Jahre nach der Veröffentlichung im „annus mirabilis", trat er sein erstes Lehramt in Zürich an.

Diese Theorie übertreffe „an Kühnheit wohl alles, was bisher in der spekulativen Naturforschung, ja in der philosophischen Erkenntnistheorie geleistet wurde", schrieb Max Planck begeistert an Max von Laue. Doch Einstein grübelte bereits über ein anderes Problem nach, dessen Lösung die Physik noch einmal revolutionieren sollte. Acht Jahre brauchte er, um ein neues Bild von der Natur zu entwerfen, das den Entwurf der Speziellen Relativitätstheorie noch einmal um ein Vielfaches übertreffen sollte. Die in dieser Zeit entstandene Allgemeine Relativitätstheorie wird heute von vielen Forschern als die Krone der Physik angesehen. Sie ist, anders als die Quantenmechanik beispielsweise, das Werk nahezu eines einzigen Mannes. Unabhängig von jeder aktuellen Strömung in der Forschung vergrub sich Einstein in das Problem und schottete sich zum Schluß immer mehr ab, bis er schließlich den „Heiligen Gral" in Händen hielt und aller Welt überglücklich vorführen konnte. Es war ein langer Weg dorthin, der ihm an Kräften und Ausdauer alles abverlangte.

Die Spezielle Relativitätstheorie galt ausschließlich für gleichförmig bewegte Systeme, also solche, die weder beschleunigt noch abgebremst werden, sondern sich mit konstanter Geschwindigkeit bewegen. Damit wollte er sich nicht zufrieden geben. Ließ sich nicht das Relativitätsprinzip auf beschleunigte Systeme übertragen? In diesem Zusammenhang kam ihm, noch in seinem Büro des Berner Patentamtes, der glücklichste Einfall seines Lebens, als er sich klarmachte, daß ein Mensch im freien Fall gewichtslos ist.

Diese Vorstellung war nicht neu, aber es bedurfte eines kritischen Geistes, um dessen gesamte Tragweite zu erkennen. Einstein führte hierzu folgendes Gedankenexperiment durch: Angenommen, ein Physiker steht in einem völlig geschlossenen Kasten und läßt darin einen Stein fallen. Fällt dieser zu Boden, gibt es hierfür zwei Erklärungsmöglichkeiten. Der Kasten könnte auf der Erdoberfläche stehen, so daß der Stein aufgrund der Schwerkraft fällt. Der Physiker könnte sich aber genausogut in einem Raumschiff befinden und entgegen der Fallrichtung des Steines konstant beschleunigt werden. Für den Forscher gäbe es keine Möglichkeit, zwischen diesen beiden Varianten zu unterscheiden, solange er nicht nach draußen schauen kann.

Dieses Gedankenexperiment zeigte Einstein eine tiefe Wesensverwandtschaft zwischen einer beschleunigten Bewegung und dem Schwerkraftfeld auf. Das Äquivalenzprinzip, wie er es nannte, war der „Schlüssel für ein tieferes Verständnis der Trägheit und Gravitation“. Schon Newton war dies im Grunde bekannt. Im Gravitationsfeld besitzt Materie eine *schwere* Masse. Andererseits besitzt sie auch eine *träge* Masse. Sie tritt dann auf, wenn man einen Körper beschleunigen will. Schwere und träge Masse waren gleich groß, wie Experimente mit steigender Präzision immer wieder bestätigten. Eine physikalische Erklärung hierfür hatte man indes nicht.

Einstein hatte jetzt ein Programm: Indem er seine Spezielle Relativitätstheorie auf beschleunigte Bewegungen ausdehnte, konnte er zu einem neuen Verständnis der Gravitation gelangen. Der Weg zu einer umfassenden Theorie war jedoch noch weit. Zunächst leitete er aus dem Äquivalenzprinzip ein äußerst überraschendes Phänomen ab: Die Zeit vergeht in einem Gravitationsfeld langsamer als außerhalb davon. Warum?

Hierfür stelle man sich eine Uhr vor, die pro Sekunde, bei jedem Ticken, einen kurzen Lichtblitz aussendet. Bewegt sich diese Uhr beschleunigt von uns fort, so kommen die Lichtpulse in langsamerer Folge bei uns an, weil sich die Uhr zwischen zwei Ticks von uns entfernt hat. Dies entspricht dem sogenannten Doppler-Effekt, wonach die Höhe eines Tones abnimmt, wenn sich die Schallquelle von uns entfernt. Bekannt ist dieses Phänomen von einem sich entfernenden Polizeiauto mit Martinshorn. Hierbei kann man sich die ausgesandten Schallwellen als Folge von Wellenbergen und Wellentälern vorstellen, wobei die Anzahl der bei uns pro Sekunde ankommenden Wellenberge die Frequenz, also die Tonhöhe ist. Entfernt sich das Martinshorn von uns, kommen pro Sekunde weniger Wellenberge an, so daß der Ton immer tiefer wird.

Da aber nach dem Äquivalenzprinzip eine beschleunigte Bewegung dem Befinden in einem Gravitationsfeld äquivalent ist, müssen die Ticks einer Uhr, die der Schwerkraft ausgesetzt ist, langsamer bei uns ankommen als von derselben Uhr im Weltraum. Einstein zog daraus die verblüffende Schlußfolgerung, daß es sich hierbei nicht nur um ein scheinbares Phänomen handelt. Nein, er war in das innerste Wesen der Zeit an sich vorgedrungen. Sie vergeht um so langsamer, je stärker das Gravitationsfeld ist. Dies hat, wie schon in der Speziellen Relativitätstheorie, nichts mit einer möglichen Beeinflussung der Uhrenmechanik zu tun, sondern ist eine Eigenschaft der Zeit an sich.

Außerdem war Einstein klar, daß sich dieses Phänomen, auf das er durch ein reines Gedankenexperiment gestoßen war, nicht im Rahmen der herkömmlichen Newtonschen Theorie erklären ließ. Es verlangte nach einer grundlegend neuen Vorstellung der Schwerkraft. Doch zunächst gab es nur qualitative Überlegungen. Eine physikalische Theorie muß jedoch mehr als nur ein Gedankengerüst sein. Eine Theorie muß mathematisch ausgearbeitet werden. Erst so ist es möglich, sie im Experiment zu überprüfen.

Einsteins Konzept, seine Spezielle Relativitätstheorie auf beschleunigte Körper zu erweitern, erwies sich als äußerst kompliziertes mathematisches Problem, an dem er jahrelang bis zur Selbstaufgabe arbeiten sollte. Bereits am Ende seines Aufsatzes für das *Jahrbuch* skizzierte er die zukünftige Theorie. Allerdings war ihm damals noch nicht klar, auf welches Abenteuer er sich damit einlassen würde.

Drei Jahre lang konnte er sich jedoch nicht weiter mit dem Problem befassen. In dieser Zeit begann endlich die ersehnte Hochschulkarriere. Zwar lehnte die Professorenschaft der ETH Zürich Einsteins ersten Habilitationsversuch, eine Sammlung seiner bisher veröffentlichten Arbeiten, im Juni 1907 ab. Er verfaßte jedoch eine neue Habilitationsschrift, die ihm im Februar 1908 die *venia legendi* für theoretische Physik einbrachte. Zu einer Anstellung konnten sich die Kollegen indes noch nicht durchringen, wobei auch ihr Antisemitismus eine Rolle spielte. Erst im Oktober 1909 war es soweit: Einstein trat sein erstes Lehramt an der Universität Zürich an. Bereits eineinhalb Jahre später zog er mit seiner Frau und den beiden Söhnen Hans Albert und Eduard nach Prag, wo man ihm eine Anstellung als Ordinarius angeboten hatte.

Hier wandte er sich erstmals wieder dem Gravitationsproblem zu, wobei ihm die Vorlesungen, die er meist schlecht vorbereitete, und die „Tintenscheißerei im Amt" wertvolle Zeit raubten. Schon bald nach seiner Ankunft beschäftigte er sich erneut mit der Gravitation und fragte sich, wie sich ein Lichtstrahl verhält, der nahe am Sonnenrand vorbeiläuft. Hierbei fand er heraus, daß dieser im Gravitationsfeld geringfügig von seinem geradlinigen Weg abgelenkt werden müßte. Dieser winzige Effekt sollte sich nachweisen lassen. Hierfür müßte ein Astronom die Positionen einer Reihe von Sternen am Himmel messen. Befindet sich nun die Sonne in diesem Himmelsgebiet, so müßten sich laut Einstein die Positionen derjenigen Sterne, die nahe am Sonnenrand stehen, leicht verändern. Nachweisen ließe sich dies nur bei einer totalen Sonnenfinsternis während der die Sterne in der Sonnenumgebung sichtbar werden.

Einstein war begeistert von dieser Idee und versuchte, Erwin Freundlich, einen Assistenten an der Königlichen Preußischen Sternwarte in Berlin, zu einer solchen Beobachtung zu überreden. Es sollten jedoch noch acht Jahre bis zu diesem aufregenden Ereignis vergehen. Einstein verfolgte immer verbissener seine Theorie und mußte nun häufiger feststellen, daß seine Mathematikkenntnisse für die Lösung seiner Probleme nicht ausreichten. Immer wieder mußte er Freunde um Rat fragen, wobei ihm sein einstiger Studienkollege, Marcel Grossmann, der inzwischen Professor an der ETH Zürich geworden war, sehr oft weiterhalf.

Anfänglich verfolgte Einstein den Gedanken, daß die Zeit in einem Gravitationsfeld auf komplizierte Art gekrümmt sein könnte. Der Raum sollte jedoch im herkömmlichen newtonschen Sinne auf rechten Winkeln basieren, oder anders gesagt, in ihm sollte die euklidische Geometrie gelten, wie man sie in der Schule lernt. Schon bald merkte Einstein jedoch, daß es so einfach nicht sein konnte. Er fand nämlich heraus, daß der Umfang eines Kreises, der um die eigene Achse rotiert und sich somit beschleunigt bewegt, nicht mehr wie üblich $2\pi r$ beträgt. Wegen des Zusammenhanges zwischen einer beschleunigten Bewegung und einem Schwerkraftfeld ahnte Einstein bereits, daß auch in Gravitationsfeldern dieses eherne Gesetz nicht mehr gelten würde. Ja, offenbar ließen sich hier die Gesetze der Euklidischen Geometrie nicht mehr anwenden. Langsam wurde ihm klar, daß die Geometrie des Raumes „für dieses Problem eine tiefe physikalische Bedeutung hatte". Eher zutreffend schien die Geometrie gekrümmter Oberflächen zu sein, wie sie Carl Friedrich Gauß ausgearbeitet hatte.

Im Frühjahr 1912 reichte er bei den *Annalen der Physik* zwei Arbeiten ein, in denen er die Gravitation „für das statische Feld nun in aller Strenge hergeleitet" hatte. „Die Sache ist wunderschön und verblüffend einfach", teilte er seinem Freund Ludwig Hopf mit, und zwei Monate später freute er sich: „Wenn nicht alles trügt, habe ich nun die allgemeinsten Gleichungen gefunden". Doch die Freude war verfrüht.

Im Juli 1912 zog Einstein wieder um, zurück nach Zürich, wo er einen Ruf auf eine Professur angenommen hatte. Kaum dort angekommen, stürzte er sich wieder in die Gravitationsforschung, die ihm nun keine Ruhe mehr ließ. Einstein war klargeworden, daß er mit seiner bisherigen Theorie nicht in der Lage war, Gravitationsfelder für beliebige Materieverteilungen, wie die Planeten im Sonnensystem etwa, zu berechnen. Um diese Aufgabe zu bewältigen, brauchte er ein mathematisches

Kalkül, das es ihm ermöglichen sollte, einen gekrümmten dreidimensionalen Raum und die ungleichmäßig verlaufende Zeit in einer einheitlichen „vierdimensionalen Union“, wie es der Mathematiker Hermann Minkowski genannt hatte, zu behandeln. Hierzu waren indes wesentlich raffiniertere mathematische Methoden nötig, als sie Einstein zur Verfügung standen.

Den Schlüssel zur Lösung dieses Problems lieferte Marcel Grossmann, der ihn auf Arbeiten des Mathematikers Bernhard Riemann aufmerksam machte. Dieser hatte Mitte des 19. Jahrhunderts die Berechnungen von Gauß auf beliebig viele Dimensionen erweitert. Einstein war wie elektrisiert: Das war genau das, was er brauchte. Es sollten nun für ihn die drei aufregendsten und arbeitsreichsten Jahre seines Lebens beginnen, gekennzeichnet von einer einzigen Frage: Wie muß eine neue Theorie der Schwerkraft aussehen?

„Ich beschäftige mich jetzt ausschliesslich mit dem Gravitationsproblem ... das eine ist sicher, daß ich mich im Leben noch nicht annähernd so geplagt habe, und dass ich grosse Hochachtung für die Mathematik eingeflößt bekommen habe, die ich bis jetzt in ihren subtileren Teilen in meiner Einfalt für puren Luxus ansah“. Die Kollegen sahen Einsteins zunehmende Isolierung keineswegs als positive Entwicklung an. Viel lieber hätten sie es gesehen, wenn er sie bei den anstehenden Problemen der Atomphysik unterstützt hätte. Arnold Sommerfeld schrieb an David Hilbert in Göttingen bedauernd: „Einstein steckt offenbar so tief in der Gravitation, daß er für alles andere taub ist“.

Einstein legte damals ein Tagebuch an, in dem er seine Gedanken zur Gravitation festhielt. Wenn er sich kurz einmal einem anderen Problem der Physik zuwandte, drehte er das Heft um und schrieb diese Notizen von der Rückseite des Heftes her nieder. Dadurch vermied er Unterbrechungen in den Aufzeichnungen zur Schwerkraft. Abgesehen von Diskussionen mit Grossmann arbeitete Einstein völlig allein an diesem Problem, das die meisten Physiker für unlösbar hielten. Nicht so Einstein. Hartnäckig suchte er nach neuen Lösungswegen, verwarf alte und erprobte ständig neue. Endlich, nach Monaten „geradezu übermenschlicher Anstrengungen“, wähnte er sich im Mai 1913 „nach unendlicher Mühe und quälenden Zweifeln“ am Ziel. Doch wieder kam der Jubel zu früh, erneut hatte er das Ziel verfehlt. Die Arbeit ging weiter, wobei er sich einen exzessiven Lebensstil angewöhnte: „Rauchen wie ein Schlot, Arbeiten wie ein Ross, Essen ohne Überlegung und Auswahl, Spazierengehen *nur* in wirklich angenehmer Gesellschaft, also leider selten, schlafen unregelmäßig etc“.

Und dann passierte etwas sehr Eigenartiges. Im Frühjahr 1913 notierte er in sein Notizbuch einige Gleichungen, die, wie wir heute wissen, die richtigen waren. Einstein aber verwarf sie einige Seiten später wieder, und zwar aus folgendem Grund: Die neue Gravitationstheorie sollte sich im Bereich großer Massen, wie Sterne oder Planeten, von der alten Newtonschen deutlich unterscheiden. Je weiter man sich jedoch wegbegab von solchen Materieansammlungen, je schwächer also das Schwerkraftfeld war, desto mehr sollten sich die beiden Theorien einander annähern und schließlich, im schwerkraftfreien Raum, identisch sein. Einstein meinte irrtümlich, daß seine gefundenen Gleichungen dieser Forderung nicht genügen würden, was allerdings auf einem schlichten Rechenfehler beruhte. Er hatte also bereits den umwölkten Gipfel erreicht, war aber irrigerweise wieder ins Tal zurückgekehrt. Es sollte noch zwei Jahre dauern, bis ihm sein Irrtum bewußt wurde.

Zuvor stand ihm jedoch ein erneuter Umzug ins Haus. Max Planck hatte in Berlin der Preußischen Akademie der Wissenschaften einen Wahlvorschlag für Einstein unterbreitet. Mit einer überwältigenden Mehrheit von einundzwanzig zu einer Stimme wurde der Antrag angenommen, so daß Einstein seinem Freund Jakob Laub mitteilen konnte: „Ostern [1914] gehe ich nämlich nach Berlin als Akademiemensch ohne irgendeine Verpflichtung, quasi als lebendige Mumie. Ich freue mich auf diesen schwierigen Beruf!“

Hier konnte er sich nun, ohne Aufgaben im Lehrbetrieb, „ganz der Grübelei hingeben“. Doch zunächst sollte es noch einmal in eine Sackgasse gehen. Im Mai 1915 glaubte er, das

Ziel endlich erreicht zu haben, doch im Oktober mußte er deprimiert feststellen, „dass meine bisherigen Feldgleichungen der Gravitation gänzlich haltlos waren“. Als er die Ursachen seiner bisherigen Irrtümer erkannt hatte, nahm er sich noch einmal die in Zürich gefundenen Gleichungen vor. Plötzlich wußte er, daß er dem Ziel ganz nahe sein mußte. Bis zum November arbeitete er fieberhaft, und dann ging es Schlag auf Schlag.

Auf der wöchentlich stattfindenden Plenarsitzung der altehrwürdigen Preußischen Akademie der Wissenschaften hielt er am 4. November 1915 einen Vortrag, in dem er ein neues Gesetz für die Krümmung der Raumzeit vortrug. Doch wieder fand er Fehler, so daß er in der darauffolgenden Woche, am 11. November, eine überarbeitete Version vorstellte. Am 18. führte er vor, daß seine Theorie ein altes Problem der Astronomen erklären konnte: die Periheldrehung der Merkurbahn. Der innerste Planet umkreist die Sonne auf einer Bahn, die nicht genau geschlossen ist. Vielmehr beschreibt sie eine Ellipse, die sich langsam um die Sonne herumdreht. Dieses Phänomen war bis dahin im Rahmen der Newtonschen Theorie nicht gänzlich klärbar geblieben. Kein Wunder, daß Einstein „einige Tage fassungslos vor Glück“ war, als er entdeckte, daß seine Gravitationstheorie die Periheldrehung in der beobachteten Größe erklären konnte. Doch er mußte noch einmal ran und fand einen weiteren Fehler. Schließlich, am 25. November 1915, setzte er den Schlußstrich unter eine acht Jahre währende Suche. Nach einer Folge von Irrungen und Wirrungen teilte er dem staunenden Publikum der Preußischen Akademie mit, daß „damit endlich die allgemeine Relativitätstheorie als logisches Gebäude abgeschlossen“ war.

Alles fügte sich zusammen, das Äquivalenzprinzip war erfüllt, fern von großen Materieansammlungen gingen die Gleichungen der Allgemeinen Relativitätstheorie in diejenigen der Newtonschen Theorie über, die Periheldrehung des Merkur erfuhr eine natürliche Begründung. In der Allgemeinen Relativitätstheorie gab es keine Schwer*kraft* mehr, sondern nur noch eine gekrümmte Raumzeit. Alle Körper, auch masselose

Lichtteilchen, müssen diesen Krümmungen folgen, ähnlich wie Kugeln in eine Schüssel hineinlaufen. Während man früher sagte: Die Erde zieht den Apfel an, so daß er zu Boden fällt, so müßte man heute sagen: Der Apfel fällt zu Boden, weil die Erde den Raum um sich krümmt und der Apfel in diesem Raum einer gekrümmten Bahn folgen muß, die sich dem Erdboden „zuneigt".

Mit dieser revolutionären Theorie hatte Einstein ein seit einem halben Jahrhundert unterschwellig gärendes Problem gelöst. In der „klassischen Physik" gab es zwei universelle Naturbeschreibungen: Newtons Gravitationsgesetz und Maxwells Beschreibung elektromagnetischer Felder. Diesen fundamentalen Theorien lagen jedoch zwei unterschiedliche Konzepte zugrunde. Newton hatte nie versucht, das Wesen der Gravitation zu ergründen. Er dachte sie sich als instantan wirkende Kraft. Das heißt sie überbrückt den zwischen den Körpern liegenden Raum ohne Zeitverlust. Wie diese Fernwirkung zustand kam, war unklar.

Maxwell hingegen hatte nicht diese Vorstellung. Er dachte sich den Raum zwischen elektrisch geladenen Körpern mit Feldlinien durchsetzt, die sich mit einer bestimmten Geschwindigkeit ausbreiten, und zwar mit Lichtgeschwindigkeit. Bewegte sich ein elektrisch geladener Körper, so war dessen elektromagnetische Wirkung nicht unmittelbar an jedem Ort des Raumes spürbar. Vielmehr breitete sie sich in Form eines elektromagnetischen Feldes mit Lichtgeschwindigkeit aus und würde beispielsweise den Mond erst nach etwa einer Sekunde erreichen. Licht und Radiowellen sind solche elektromagnetischen Wellen.

Dieser prinzipielle Unterschied zwischen Newtons Fernwirkungstheorie und Maxwells Feldtheorie war den Physikern seit jeher ein Rätsel. Einstein hatte es gelöst. Er verbannte Newtons Vorstellung aus dem Reich der Physik, was ihn Jahre später zu dem Ausspruch verleitete: „Newton, verzeih' mir!" In seiner Allgemeinen Relativitätstheorie war nun auch die Gravitation ein Feld, ähnlich dem elektromagnetischen. Die Analogie zur Maxwellschen Theorie ließ sich sogar noch weiter treiben: Ganz so, wie eine bewegte elektrische Ladung elektromagnetische Wellen aussendet, sollten bewegte Körper auch Gravitationswellen abgeben. Es war jedoch klar, daß sie so schwach sein müßten, daß man sie in absehbarer Zukunft nicht würde nachweisen können. Dies hat sich, trotz aufwendiger Entwicklung von „Antennen" für Gravitationswellen, bis heute nicht geändert. Allerdings erhielten 1993 zwei amerikanische Astrophysiker den Physik-Nobelpreis dafür, daß sie bei einem Doppelsternsystem *indirekt* nachweisen konnten, daß die beiden Körper die gesuchten Wellen abstrahlen.

Nun waren Raum und Zeit nicht mehr die starren Kulissen, vor denen sich das Weltgeschehen abspielt, sondern sie waren dynamische Gebilde, die von der Materie verformt werden. Man kann sich den Raum als großes, straff gespanntes Gummituch vorstellen, das von auf ihm herumrollenden Billardkugeln eingedellt wird. Kullert eine Erbse über das Tuch, so wird sie in der einen oder anderen Kuhle abgelenkt und wird eventuell mit einer Billardkugel zusammenstoßen und in deren Kuhle liegenbleiben. Dies entspräche etwa einer Rakete, die in den Gravitationsfeldern von Planeten abgelenkt wird, bis sie mit einem zusammenstößt. Dabei wird sich der Lauf der Zeit in dem Raumschiff verlangsamen, wenn es sich einem Planeten nähert. Dieser Effekt ist indes so gering, daß er im Alltagsleben nicht auffällt. So würde ein Mensch, der ständig in Meereshöhe wohnte, im Laufe seines Lebens um lediglich eine tausendstel Sekunde weniger gealtert sein als ein anderer Mensch, der beständig im obersten Stock eines Wolkenkratzers zu Hause wäre.

Einstein schwärmte von einer Theorie „von unvergleichlicher Schönheit" und von dem „wertvollsten Fund, den ich in meinem Leben gemacht habe". Auf den ganz großen Ruhm mußte er allerdings noch bis zum Jahre 1919 warten. Da nämlich rüstete der englische Astrophysiker Sir Arthur Eddington eine Expedition zur Insel Principe im Golf von Guinea und nach Sobral in Brasilien aus, wo sich eine totale Sonnenfinsternis ereignen sollte. Eddington wollte den von Einstein vorausgesagten Effekt der Lichtablenkung im Gravitationsfeld der

Sonne messen. Als er am 6. November 1919 vor der Royal Society und der Royal Astronomical Society vortrug, er habe den vorausgesagten Effekt tatsächlich gemessen, war es um Einstein geschehen. Große Tageszeitungen feierten den „neuen Newton", und sogar das britische Unterhaus befaßte sich mit dem Thema.

Einstein war von einem Tag zum anderen zu einer Größe der Weltgeschichte geworden, bei dem jeder „Piepser zum Trompetensolo" wurde und der angesichts der wachsenden Postberge Alpträume bekam. Sein Ruhm wuchs ins Grenzenlose, ständig war er auf Vortragsreisen. 1922 erhielt er den Physik-Nobelpreis, kurioserweise aber nicht für die Relativitätstheorie, sondern für seine Arbeit über den photoelektrischen Effekt aus dem Jahre 1905.

Anerkannt von seinen Kollegen, mußte er gleichzeitig die übelsten Anfeindungen von Antisemiten erleben, die seine Arbeiten als „jüdische Physik" diffamierten. Als sich die politische Lage 1933 nach der Machtergreifung der Nazis weiter dramatisch zuspitzte, entschloß sich Einstein auf einer Amerikareise, nicht mehr nach Deutschland zurückzukehren. Er trat aus der Preußischen Akademie aus und betrat nie wieder deutschen Boden. Die Reichsregierung setzte daraufhin auf den Kopf des genialsten Physikers des 20. Jahrhunderts eine Prämie von 50 000 Reichsmark aus.

Einstein fand seine neue Forschungsstätte in Princeton. Hier hatte er es sich zu seiner Lebensaufgabe gemacht, alle bekannten Naturkräfte zu einer einheitlichen Feldtheorie zu vereinigen. Eine Aufgabe, die er nicht zu Ende bringen sollte und die noch heute das größte ungelöste Problem der theoretischen Physik ist. Als Einstein am 18. April 1955 starb, verglich der deutsche Physiker Pascual Jordan Einstein in seiner Suche nach der einheitlichen Feldtheorie mit einem „Bergsteiger, der nach Erreichung des höchsten Bergesgipfels nun weiter in die leere Luft hinaufzusteigen versuchte".

„Ein Akt der Verzweiflung."

Max Planck (1858–1947)

Die Nacht ist schon hereingebrochen über das Reichstagsufer, Laternen werfen fahle Lichtflecken auf Straße und Bürgersteig. Es ist kalt, wie nicht anders zu erwarten Mitte Dezember im herben Klima Berlins. Seit gut zwanzig Jahren steht hier der klotzige Bau des Physikalischen Instituts, dessen Pläne Hermann von Helmholtz, der „Reichskanzler der Physik", selbst mitgestaltet hat, in einer Zeit, in der fast jeder neuberufene Lehrstuhlinhaber der Physik den Bau eines eigenen Instituts forderte – und auch fast immer erhielt.

Das Gebäude im Herzen Berlins ist indes nicht nur wegen seiner Größe etwas Besonderes. Hier tagt seit ihrem Bestehen die Deutsche Physikalische Gesellschaft, die sich noch vor einem Jahr Physikalische Gesellschaft zu Berlin nannte. Mittlerweile ist diese Gemeinschaft der Naturforscher auf über 300 Mitglieder angewachsen, und man trifft sich jeden zweiten Freitag abend um halb sieben im großen Hörsaal, so auch am 14. Dezember des Jahres 1900. Es ist der Tag, der später als „Geburtstag der Quantentheorie" in die Geschichte der Physik eingehen sollte. Es ist der Tag, an dem die Physik auf ein neues Gleis gerät, auf dem sie sich fortan immer weiter vom gesunden Menschenverstand entfernen sollte.

Der weitere Aufschwung der Quantentheorie sollte in der Folge mit Niels Bohr, Albert Einstein, Werner Heisenberg, Wolfgang Pauli, Erwin Schrödinger und so manchen anderen ein viertel Jahrhundert später einen Höhepunkt kulturellen Schaffens erreichen. Allein zwischen 1918 und 1933 wurden sieben von insgesamt achtzehn Physik-Nobelpreisträgern für ihre Arbeiten zur theoretischen Weiterentwicklung der Quantenmechanik geehrt. Allerdings hatten die Physiker für diesen

Max Planck in den 1890er Jahren

Triumph den Preis einer bis dahin ungewohnten Unanschaulichkeit der Naturgesetze zu zahlen. Die Quantentheorie beweist dem Menschen wie nie zuvor, wie beschränkt wir die Natur wahrnehmen und begreifen können.

An jenem Dezemberabend füllt sich der gut geheizte Hörsaal langsam, der Holzboden knarrt unter den Tritten der Herren Professoren, man ist gespannt auf den Vortragenden Max Planck, den Rechnungsführer der Deutschen Physikalischen Gesellschaft. Der Zweiundvierzigjährige hat vor elf Jahren etwas überraschend den Kirchhoffschen Lehrstuhl übernommen und sich seitdem mit einer Reihe brillanter Arbeiten nachträglich qualifiziert. Seit sechs Jahren aber fesselt ihn eine spezielle Frage und läßt ihn nicht mehr los: Nach welchem Gesetz strahlen heiße Körper?

Was ihn an dieser Frage fasziniert, ist nicht nur die Suche nach einem neuen Gesetz, sondern er vermutet, dahinter ein allgemeingültiges Prinzip zu entdecken. Aus experimentellen Daten „das Absolute, Allgemeingültige, Invariante herauszufinden“ und „die großen allgemeinen Gesetze, die für sämtliche Naturvorgänge Bedeutung besitzen, unabhängig von den Eigenschaften der an den Vorgängen beteiligten Körper“ zu entdecken, ist schon seit seiner frühen Jugend sein innigstes Bestreben. Und in dem Strahlungsgesetz scheint eine solche absolute Wahrheit zu liegen.

Gustav Kirchhoff hat bereits vier Jahrzehnte zuvor entdeckt, daß die Intensität der Wärmestrahlung, die ein Körper abgibt, von dem Material völlig unabhängig ist und lediglich von seiner Temperatur und der betrachteten Wellenlänge, also der Farbe, abhängt. Das Phänomen ist allseits bekannt: Erhitzt man ein Stück Eisen, so wird es mit steigender Temperatur erst rotglühend, dann gelblich und schließlich weißglühend. Zerlegt man das Licht mit einem Prisma in seine Spektralanteile, so erkennt man, daß mit steigender Temperatur die Intensität zum Blauen hin zunimmt. Jedes Material verhält sich so, nicht nur Eisen.

Vor einigen Jahren hatte Wilhelm Wien eine Formel gefunden, die dieses Verhalten recht gut beschreibt. Zu Beginn des

Jahres 1900 sind Heinrich Rubens und Ferdinand Kurlbaum jedoch mit einer verbesserten Meßtechnik bei größeren Wellenlängen auf deutliche Abweichungen von dem Wienschen Gesetz gestoßen. Dies ist für Planck Anlaß gewesen, nach einer neuen Formel zu suchen, die sich bei kurzen Wellenlängen derjenigen von Wien annähert und bei großen die neuen Messungen von Rubens und Kurlbaum wiedergibt.

In der Sitzung vom 19. Oktober 1900 hat Planck den Physikern im großen Hörsaal seine neue Formel bereits vorgetragen. Gefunden hat er sie, indem er das Problem einerseits aus einer für seine Zeit etwas ungewöhnlichen Sichtweise anging und andererseits – durch glückliches Erraten. Damit ist ihm zwar die mathematische Beschreibung, das Auffinden der Formel, gelungen, er ist aber nicht zum Wesen des Phänomens vorgedrungen. Er hat sich deshalb „von dem Tage ihrer Aufstellung an mit der Aufgabe beschäftigt, ihr einen wirklichen physikalischen Sinn zu verschaffen, ... bis sich nach einigen Wochen der angespanntesten Arbeit meines Lebens das Dunkel lichtete und eine neue ungeahnte Fernsicht aufzudämmern begann“. Und in der Ferne hat Planck etwas entdeckt, dessen Tragweite für die weitere Entwicklung der Physik er zunächst überhaupt nicht erkennt.

Es ist also Freitag, der 14. Dezember 1900, gegen halb sieben Uhr abends. Die Zuhörer haben Platz genommen im Hörsaal des Physikalischen Instituts, so daß der Vorsitzende Emil Warburg die Sitzung eröffnen kann. Zunächst erheben sich die Anwesenden von ihren Sitzen, um dem Ableben zweier Kollegen, nämlich der auswärtigen Mitglieder O. Oberbeck und E. Retteler, zu gedenken, dann erteilt Warburg dem angekündigten Redner, Herrn Professor Max Planck, das Wort, der gleich mit zwei Themen vorgesehen ist: „1. Über das sog. Wien'sche Paradoxon, 2. Zur Theorie des Gesetzes der Energievertheilung im Normalspektrum“. Der Mann mit dem hohen Haaransatz, der kleinen Nickelbrille und dem buschigen Schnurrbart steigt auf das Rednerpodest und beginnt mit seinem Vortrag. Doch erst im zweiten Teil wird es interessant:

„Meine Herren!

Als ich vor mehreren Wochen die Ehre hatte, Ihre Aufmerksamkeit auf eine neue Formel zu lenken, welche mir geeignet schien, das Gesetz der Verteilung der strahlenden Energie auf alle Gebiete des Normalspektrums auszudrücken, gründete sich meine Ansicht von der Brauchbarkeit, wie ich schon damals ausführte, nicht allein auf die anscheinend gute Übereinstimmung der wenigen Zahlen, die ich Ihnen damals mitteilen konnte, mit den bisherigen Messungsresultaten, sondern hauptsächlich auf den einfachen Bau der Formel und insbesondere darauf, daß dieselbe für die Abhängigkeit der Entropie eines strahlenden monochromatisch schwingenden Resonators von seiner Schwingungsenergie einen sehr einfachen logarithmischen Ausdruck ergibt".

Planck hat sich nämlich die strahlenden Teilchen als schwingende Oszillatoren oder Resonatoren vorgestellt, ähnlich winzigen Spiralfedern, an deren Enden jeweils eine elektrische Ladung sitzt, die beim Schwingen Strahlung abgibt und aufnimmt. Um zu seiner „glücklich erratenen" Strahlungsformel zu gelangen, hat er vor allem einen gewichtigen Schritt getan: Aus irgendwelchen, noch unerfindlichen Gründen war es nötig anzunehmen, daß ein jeder Resonator nicht beliebige Energien besitzen kann, sondern daß sich die Energie in kleinste „Energieelemente" aufteilen läßt. Die Größe dieser Energiepakete hängt ausschließlich von der Frequenz ab, mit der ein Oszillator schwingt. Schwingt er sehr schnell, ist seine Energie groß, schwingt er langsam, ist sie klein. Die Konstante, mit der sich aus der Frequenz die Größe der Energieelemente berechnen läßt, nennt Planck das Wirkungsquantum h.

Heute wissen wir, daß Licht von Atomen nicht kontinuierlich aufgenommen oder abgegeben werden kann, sondern stets nur in Energiepaketen. Das Plancksche Wirkungsquantum gibt an, wie groß diese Pakete sein müssen. Planck war dies damals noch längst nicht bewußt. Zu seiner Zeit war die Energie eine beliebig teilbare, kontinuierliche Größe. Planck gestand später selbst, was ihn zur Einführung der Energieelemente gebracht hatte: „Das war eine rein formale Annahme, und ich dachte mir eigentlich nicht viel dabei, sondern nur eben das, daß ich unter allen Umständen, koste es, was es wolle, ein positives Resultat herbeiführen wollte".

Es paßte einfach nicht in den Rahmen der damaligen Physik, daß die Natur Sprünge macht. Auch Planck selbst glaubt zunächst nicht daran: „Die Natur der Energieelemente blieb ungeklärt. Durch mehrere Jahre hindurch machte ich immer wieder Versuche, das Wirkungsquantum irgendwie in das System der klassischen Physik einzubauen. Aber es ist mir das nicht gelungen. Vielmehr blieb die Ausgestaltung der Quantenphysik bekanntlich jüngeren Kräften vorbehalten". Und dies sollten Einstein, Bohr und deren Schüler sein. In der Tat war Planck nicht der hierzu nötige revolutionäre Geist gegeben. Er war ein Revolutionär wider Willen.

Als die von ihm in Gang gesetzte Quantenmechanik ihr ganzes Ausmaß für unser Weltbild offenbarte, resümierte er: „... ist es aber höchst bemerkenswert, daß, obwohl der Anstoß zu jeder Verbesserung und Vereinfachung des physikalischen Weltbildes immer durch neuartige Beobachtungen, also durch Vorgänge in der Sinnenwelt, geliefert wird, dennoch das physikalische Weltbild sich in seiner Struktur immer weiter von der Sinnenwelt entfernt, daß es seinen anschaulichen, ursprünglich ganz anthropomorph gefärbten Charakter immer mehr einbüßt, daß die Sinnesempfindungen in steigendem Maße aus ihm ausgeschaltet werden ..., daß damit sein Wesen sich immer weiter ins Abstrakte verliert, wobei rein formale mathematische Operationen eine stets bedeutendere Rolle spielen".

Planck hat an diesem Dezemberabend den ersten, entscheidenden Schritt getan und die Tür zu einer völlig neuen Physik aufgestoßen. Zu einer Physik, die als anfänglich reine Grundlagenforschung unabsehbare Folgen für unser heutiges Leben hatte. Ohne die Quantenphysik gäbe es keine Laser und keine Mikroelektronik, mithin keine moderne Informations- und Computertechnik.

Als Max am 23. April 1858 in Kiel zur Welt kam, begrüßten ihn bereits fünf Geschwister, und ein weiterer Bruder sollte noch folgen. Der Familie mangelte es indes an nichts, der Vater war ein erfolgreicher Rechtsgelehrter, der seine Kinder in preußisch-deutscher Tradition erzog. Als ein Planck war man staatstreu, pflichtbewußt und zuverlässig. Als der kleine Max gerade neun Jahre alt war, nahm der Vater einen Lehrstuhl für Zivilprozeßrecht an der Universität München an. Die Familie siedelte in die bayerische Hauptstadt über und bezog eine geräumige Wohnung in der Briennerstraße 33, von wo aus das Maximilian-Gymnasium in zehn Minuten zu erreichen war.

Max machte sich. Er war „tüchtig und liebenswürdig" und „ein braver, fleißiger und begabter Schüler, ... ein sehr klarer, logischer Kopf. Verspricht etwas Rechtes", also ganz nach dem Gusto des Herrn Vater. Der Junge erhielt hier zwar eine humanistische Ausbildung, aber durch seinen Mathematiklehrer erlebte er das erste Mal eine Faszination für die Physik, die ihn von da an nicht mehr losließ. „So kam es, daß ich als erstes Gesetz, welches unabhängig vom Menschen eine absolute Geltung besitzt, das Prinzip der Erhaltung der Energie, wie eine Heilsbotschaft in mich aufnahm". Lehrer Müller hatte hierfür ein sehr anschauliches Beispiel gewählt: „Unvergeßlich ist mir die Schilderung, die Müller uns als Beispiel der potentiellen und der kinetischen Energie zum besten gab, von einem Maurer, der einen schweren Ziegelstein mühsam auf das Dach eines Hauses hinaufschleppt. Die Arbeit, die er dabei leistet, geht nicht verloren: sie bleibt unversehrt aufgespeichert, jahrelang, bis vielleicht eines Tages der Stein sich löst und einem vorübergehenden Menschen auf den Kopf fällt".

Neben den schulischen Erfolgen zeigte sich Max auch privat ganz als Sohn eines gutbürgerlichen Hauses. „Mit absolutem Gehör begabt, sang er in den Knabenchören der großen Oratorien und spielte Orgel in den Gottesdiensten". Das Klavierspiel sollte für ihn zeit seines Lebens ein Refugium sein, in das er sich bei Bedarf zurückziehen konnte, es bot ihm ein Gegengewicht für die schwere geistige Arbeit. Bis kurz vor seinem Tod spielte er täglich eine Stunde. Wer in der Zeit vor dem Ersten Weltkrieg an Plancks Haus in Berlin-Grunewald, Wangenheimstraße 21, vorbeikam, dem mochten wohl aus dem

Wohnzimmerfenster Chorgesänge entgegenwehen. Alle vierzehn Tage scharte Planck dort eine Anzahl sangesfreudiger jüngerer Damen und Herren um sich und studierte vierstimmige Lieder von Schumann, Brahms und anderen ein. Einmal redete er seinem Schüler Otto Hahn zu, doch Gesangsunterricht zu nehmen, was dieser im Juli 1914 auch tat. Doch einen Monat später kam der Krieg, und aus war's mit der Gesangskarriere. Der zweite Ausgleich zum Theoretisieren war das Bergsteigen. Wie viele andere Physiker auch war er leidenschaftlicher Liebhaber von Hochgebirgstouren. Noch im Alter von 79 Jahren bestieg er den Groß-Venediger, einen über 3 600 Meter hohen Gletscher in Osttirol.

Das Abitur wurde mit Bravour bestanden, jetzt stand die Frage nach dem Studium an. Er selbst sagte später, er hätte genausogut Musik wie auch Altphilologie studieren können. Daß es die Physik wurde, verdankt er seinem Mathematiklehrer und dem „Wunsch, den Naturgesetzen noch etwas näher nachzuforschen". Er nahm sein Studium in München auf, wechselte zum letzten Semester jedoch nach Berlin, wo die Koryphäen Helmholtz und Kirchhoff lehrten. Als er seinem Physikprofessor Philipp von Jolly von dem Entschluß berichtete, sich der theoretischen Physik widmen zu wollen, kommentierte dieser lakonisch: „Theoretische Physik, das ist ja ein ganz schönes Fach, obwohl es gegenwärtig keine Lehrstühle dafür gibt. Aber grundsätzlich Neues werden Sie darin kaum mehr leisten können. Denn mit der Entdeckung des Prinzips der Erhaltung der Energie ist wohl das Gelände der theoretischen Physik ziemlich vollendet. Man kann wohl hier und da in dem einen oder anderen Winkel ein Stäubchen noch auskehren, aber was prinzipiell Neues, das werden Sie nicht finden".

Die Berliner Friedrich-Wilhelm-Universität war das Mekka der modernen Physik, die Studenten drängelten sich in die häufig hoffnungslos überfüllten Hörsäle. Die Größen der Physik enttäuschten ihn jedoch: „Helmholtz hatte sich offenbar nie richtig vorbereitet, er sprach immer nur stockend, ... und wir hatten das Gefühl, daß er sich selber bei diesem Vortrag mindestens ebenso langweilte wie wir ... Im Gegensatz dazu trug Kirchhoff ein sorgfältig ausgearbeitetes Kollegheft vor ... Aber das Ganze wirkte wie auswendig gelernt, trocken und eintönig. Wir bewunderten den Redner, aber nicht das, was er sagte". Gute Forscher sind eben nicht unbedingt auch gute Lehrer.

Dennoch hatte der junge Max Planck viel Neues gelernt, allerdings nicht von Helmholtz und Kirchhoff, sondern aus Büchern. Mit wachsender Begeisterung hatte er sich in die Arbeiten des Bonner Physikers Rudolf Clausius vertieft, der in für ihn einleuchtender Klarheit die beiden Hauptsätze der Wärmetheorie formuliert hatte. Mit diesem Schatz kehrte er nach München zurück, wo er mit 21 Jahren *summa cum laude* promovierte. Bereits ein Jahr darauf habilitierte er sich und wurde Privatdozent.

Diese Anstellung war aber unbesoldet. Um eine Professur zu erlangen, mußte er sich erst in der Wissenschaft einen Namen machen. Damit sah es zunächst allerdings gar nicht gut aus: „Nicht ohne Enttäuschung mußte ich feststellen, daß der Eindruck meiner Doktordissertation wie auch meiner Habilitationsschrift in der damaligen physikalischen Öffentlichkeit gleich Null war ... Helmholtz hat die Schrift wohl überhaupt nicht gelesen, Kirchhoff lehnte ihren Inhalt ausdrücklich ab ... An Clausius gelang es mir nicht heranzukommen". Als er nach fünf Jahren schließlich als außerordentlicher Professor an die Universität Kiel berufen wurde, so nur deswegen, weil der Vater sich bei einem einflußreichen Freund aus alten Kieler Zeiten für seinen Sohn verwandte.

Dem jungen Physiker fiel ein Stein vom Herzen. Jetzt besaß er ein eigenes Einkommen, das es ihm ermöglichte, endlich seine Verlobte, Marie Merck, eine attraktive, hochbegabte Frau, zu heiraten. Bei seinen Forschungen widmete sich Planck ganz der Wärmetheorie, wie er sie aus den Clausiusschen Schriften gelernt hatte. Insbesondere interessierte er sich für den von dem Bonner Physiker eingeführten Begriff der Entropie.

Für Planck war die Entropie stets „eine Größe, welche neben der Energie wohl das Allerwichtigste der ganzen Natur vorstellt". Während der Energiebegriff bei vielen Physikern damals wie heute eine zentrale Stellung einnahm, blieb die Entropie lange Zeit eine Größe, von der Physiker und Chemiker ahnten, daß sie bei natürlichen Abläufen eine entscheidende Rolle spielt, ihre physikalische Natur war indes nicht so recht zu fassen. Immer wenn die Entropie ins Spiel kam, ging es um die Frage, warum manche Vorgänge in der Natur stets nur in einer Richtung ablaufen, nie jedoch in der anderen. Ein Uhrenpendel schwingt ständig hin und her, würde man es filmen und anschließend den Film rückwärts laufen lassen, so würde dies niemand erkennen. Die Pendelschwingung ist ein umkehrbarer, reversibler Vorgang. Die meisten natürlichen Abläufe sind jedoch irreversibel, also unumkehrbar: Der Mensch wird immer älter, nie jünger.

Clausius hatte die Entropie 1865 als rein formale Größe eingeführt (das Wort Entropie war dem griechischen Ausdruck für Umwandlung entlehnt) und in seinem zweiten Hauptsatz der Wärmelehre festgelegt: „Die Entropie der Welt strebt einem Maximum zu". Planck hatte sich schon in seiner Doktorarbeit intensiv mit dem Entropiesatz beschäftigt und formulierte ihn so: „Die Entscheidung darüber, ob ein Naturvorgang irreversibel oder reversibel ist, [hängt] nur von der Beschaffenheit des Anfangszustandes und des Endzustandes [ab]. Über die Art und über den Verlauf des Vorgangs braucht man gar nichts zu wissen ... Im ersten Falle, dem der irreversiblen Prozesse, ist der Endzustand in einem gewissen Sinne vor dem Anfangszustand ausgezeichnet, die Natur besitzt sozusagen eine größere ‚Vorliebe' für ihn. Im zweiten Falle, dem der reversiblen Prozesse, sind die beiden Zustände gleichberechtigt. Als ein Maß für die Größe dieser Vorliebe ergab sich die Clausiussche Entropie". Bei unumkehrbaren Vorgängen nimmt die Entropie stets zu.

Warum die Natur aber eine Vorliebe dafür besitzt, die Entropie zu erhöhen, klärten der schottische Physiker James Clerk Maxwell und der Wiener Ludwig Boltzmann. Das Ringen um die Klärung dieses Problems war verknüpft mit der Frage, ob die Materie aus Atomen besteht oder nicht. Ein schon legendärer Streit um diese Frage hatte sich insbesondere zwischen Boltzmann und dem Energetiker Wilhelm Ostwald entzündet, der auf der Versammlung der Naturforscher und Ärzte in Lübeck im Jahre 1895 seinen Höhepunkt erreichte. Über zwei Vormittage hinweg zog sich eine erbitterte Redeschlacht, aus der Boltzmann in den Augen der meisten Wissenschaftler als Sieger hervorging.

Boltzmann verfolgte das Ziel, alle Wärmephänomene auf die mechanische Bewegung mikroskopisch kleiner Teilchen, der Atome und Moleküle, zurückzuführen. Die Idee war nicht neu, sie findet sich schon um 1600 bei Francis Bacon und Johannes Kepler. Sie geisterte durch alle Jahrhunderte und mußte stets in Konkurrenz zur Energetik stehen, nach der Wärme eine eigene Substanz ist. Lange Zeit war es hoffnungslos kompliziert, die Bahnen einer großen Zahl von Kügelchen, die willkürlich durch den Raum schwirren, miteinander zusammenstoßen und dadurch ihre Richtung ändern, mathematisch in den Griff zu bekommen. Im 19. Jahrhundert änderte sich dies, indem vor allem Maxwell ein solches Teilchenensemble als statistische Größe auffaßte. Hierbei verfolgt man nicht die Bahnen einzelner Teilchen, sondern man fragt sich, wie groß die *durchschnittliche* Geschwindigkeit der Partikel oder wie groß die *mittlere* Weglänge zwischen zwei Zusammenstößen ist.

Bei diesen Rechnungen stießen Maxwell und Boltzmann auf überraschende Lösungen. Bei einer bestimmten Temperatur besitzen nicht alle Teilchen dieselbe Geschwindigkeit, sondern sie nehmen eine mathematisch definierbare Verteilung ein. Bei niedrigen Temperaturen ist der überwiegende Anteil langsam, nur wenige Teilchen sind schnell. Bei hohen Temperaturen besitzen die meisten Teilchen große Geschwindigkeiten, nur wenige niedrige. Überraschend war die Erkenntnis, daß ein Teilchengemisch nach einer gewissen Zeit einen Gleichgewichtszustand erreicht, in dem die Teilchen eben jene universelle Geschwindigkeitsverteilung besitzen, die ausschließlich von der Temperatur abhängt. Diesen Zustand wird ein Partikel-Ensemble immer einnehmen, gleichgültig wie die Partikel anfänglich verteilt sind und welchen Bewegungszustand sie besaßen.

Die physikalische Ursache hierfür sind die unzähligen Zusammenstöße zwischen den Teilchen. Jedes Molekül in der Luft stößt in jeder Sekunde rund zehnmilliardenmal mit einem anderen zusammen. Bei jeder Kollision tauschen die beiden Partner Energie aus, dabei wird der eine etwas langsamer, der andere etwas schneller. Ständig ändert ein einzelnes Teilchen seine Geschwindigkeit. Da aber die Zahl der Atome in einem Gas oder auch in festem Material unglaublich groß ist, lassen sich auf statistischem Wege Durchschnittswerte ermitteln, ähnlich wie man bei sechs Millionen Würfen eines Würfels mit großer Wahrscheinlichkeit berechnen kann, daß jede Zahl von eins bis sechs jeweils eine Million Male fällt. Die enorm vielen Kollisionen zwischen den Atomen treiben das System nach einer gewissen Zeit in die Gleichgewichtsverteilung.

Damit war Boltzmann dem physikalischen Sinn der Entropie bereits ganz nahe. Bei dem letzten, entscheidenden Schritt mußte er eine Brücke schlagen zwischen einem phänomenologischen Naturvorgang und einer abstrakten, statistischen Argumentation. Ein physikalisches System strebt aufgrund der Zusammenstöße seinem Gleichgewichtszustand entgegen. Das war 1872. Fünf Jahre später hatte er die physikalische Bedeutung der Entropie gefunden. Durch statistische Überlegungen fand er heraus, daß der Gleichgewichtszustand immer auch der wahrscheinlichste ist. Die Zahl der Möglichkeiten, ihn zu realisieren, ist von allen denkbaren Zuständen am größten. Denkt man sich etwa tausend Kugeln in einem Karton, so gibt es nur eine begrenzte Zahl an Möglichkeiten, sie so anzuordnen, daß sie alle genau in einer Reihe liegen. Es gibt aber nahezu unbegrenzt viele Möglichkeiten, ein regelloses Muster einzunehmen.

Boltzmann selbst veranschaulichte seine Theorie mit Lottokugeln: „In der Trommel, aus welcher beim Lottospiel die Nummern gezogen und in welcher dieselben gemischt werden, sollen zweierlei Kugeln (weiße und schwarze) ursprünglich geordnet liegen, z.B. oben die weißen, unten die schwarzen.

Nun soll durch irgendeine Maschine die Trommel beliebig lange gedreht werden. Niemand wird zweifeln, daß wir es im Verlaufe dieser Drehung mit einem lediglich mechanischen Vorgang zu tun haben, und doch werden dabei die Kugeln immer mehr gemischt werden, d.h., es wird immer die Tendenz bestehen, daß ihre Verteilung sich in einem bestimmten Sinne (der vollständigen Mischung zueilend) ändert. Gerade so wird die Welt, wenn sie von einem Zustande ausging, in welchem die Anordnung der Atome und ihrer Geschwindigkeiten gewisse Regelmäßigkeiten zeigte, durch die mechanischen Kräfte mit Vorliebe solche Veränderungen erfahren, wobei diese Regelmäßigkeiten zerstört werden".

Ein natürliches System strebt demnach zu größerer Unordnung, weil dieser Zustand rein statistisch gesehen ungleich häufiger realisierbar ist als ein geordneter. Läßt man in eine Tasse Kaffee einen Tropfen Milch fallen, so werden sich die Milchteilchen nach einiger Zeit vollständig mit denen des Kaffees vermischt haben. Selbst wenn man noch so lange warten würde, würde man nicht den Moment erleben, in dem sich alle Milchteilchen zufällig wieder in einem Tropfen zusammengefunden haben, obwohl dies prinzipiell keinem Naturgesetz widersprechen würde. Aber diese Anordnung der Milchteilchen ist neben den vielen anderen möglichen so unwahrscheinlich, daß sie selbst in Milliarden von Jahren nicht eintreten wird. Und dieses Streben nach dem wahrscheinlichsten Zustand, der Unordnung, ist die Entropie. Boltzmann fand einen einfachen mathematischen Zusammenhang zwischen der Wahrscheinlichkeit eines Zustandes und dem zugehörigen Wert der Entropie und verknüpfte so eine experimentell zugängliche Größe, die Entropie, mit einer statistischen, der Wahrscheinlichkeit.

Was dem Wiener Physiker schließlich so klar vor Augen stand, blieb vielen seiner Kollegen lange Zeit unverständlich. Dies lag nicht nur an der ungewohnten Sichtweise der Naturvorgänge, sondern auch an Boltzmanns übermäßig langen, schwer lesbaren Arbeiten. Maxwell schrieb einem Freund: „Er konnte mich nicht wegen meiner Kürze verstehen, und seine

Länge war und ist ein Stein des Anstoßes für mich". Interessanterweise stand auch Planck der Boltzmannschen Physik zunächst skeptisch gegenüber. Einer seiner Schüler, der Mathematiker Ernst Zermelo, zog mit ungewohnt scharfen Worten gegen sie ins Feld. Das sollte sich bald ändern.

Plancks Kieler Arbeiten zur Wärmetheorie waren sehr fruchtbar, und mit eigenen Gedanken hob er sich von denen mancher Kollegen wohltuend ab. Auch als Lehrer machte er eine gute Figur, und so kam es, daß er 1888 von Helmholtz als Nachfolger des verstorbenen Kirchhoff nach Berlin berufen wurde. Hier nun, im Dunstkreis des von ihm hochverehrten Hermann von Helmholtz, begann seine ganz große Zeit, obwohl er anfänglich unter einer starken Isolierung litt. Er hatte das Gefühl, daß ihn einige Kollegen für überflüssig hielten und ihm mit Zurückhaltung begegneten. „Ich war damals weit und breit der einzige Theoretiker", mußte er feststellen.

Das gab ihm Gelegenheit, sich völlig einem Problem zu widmen, dem etwas Absolutes anhing, dem Kirchhoffschen Strahlungsgesetz. Um dieses zu ermitteln, untersuchte man nicht die ausgesandte Strahlung erhitzter Körper, sondern man baute sogenannte Hohlraumstrahler. Das waren Öfen, deren Wände auf eine bestimmte Temperatur gebracht wurden. Diese erwärmten die Luft im Innern, die nach einiger Zeit dieselbe Temperatur besaß wie die Wände. Die von den Luftteilchen ausgesandte Wärmestrahlung ließ sich nun durch ein kleines Loch in einer der Wände auffangen. Ein sehr schwieriges Unterfangen, weil ein Großteil der Strahlung im Infrarotbereich lag, der kaum meßbar war.

Wie man mit Spektralapparaten festgestellt hatte, erstreckte sich die abgegebene Strahlung über den gesamten Wellenlängenbereich, wobei sich das Intensitätsmaximum zu kürzeren Wellenlängen hin, also zum blauen Teil des sichtbaren Lichts, verschob, wenn man den Ofen immer stärker aufheizte. Wie aber sah die Energieverteilungskurve genau aus? Weder experimentell noch theoretisch bekam man sie in den Griff. Das Problem beschäftigte die Physiker damals so sehr, daß einer der Experimentalphysiker, Friedrich Paschen, meinte: „Ich glaube, daß die Bestimmung der Funktion J [des Strahlungsgesetzes] wichtig genug ist, um ihrethalben ein Ordinariat auszuschlagen". Planck hatte bereits ein Ordinariat inne und konnte so das brennende Problem etwas entspannter angehen.

Hierfür dachte er sich die Teilchen in den Ofenwänden und der Luft als atomar kleine Spiralfedern, an deren Enden elektrische Ladungsteilchen befestigt waren. Diese Oszillatoren sandten Strahlung aus und empfingen sie. Die Strahlung selbst dachte sich Planck als elektromagnetische Wellen, wie es die Maxwellsche Theorie lehrte. Die Resonatoren tauschten also untereinander Energie aus. Planck glaubte nun, daß dieser Vorgang schließlich zu einem Gleichgewichtszustand führt, in dem alle Oszillatoren ebensoviel Energie von der Hohlraumstrahlung aufnehmen, wie sie abgeben. Das Unterfangen erwies sich jedoch als wesentlich komplizierter als erhofft. Planck hatte ursprünglich angenommen, daß sich die vom Oszillator ausgesandte Strahlung in irgendeiner charakteristischen Weise von der empfangenen Strahlung unterscheiden würde. Es stellte sich aber überraschenderweise heraus, daß ein Oszillator nur auf Strahlen mit jener Frequenz reagierte, die er auch aussandte.

Außerdem ging er davon aus, daß eine kugelförmige Welle von einem Oszillator nur ausgesandt werden könne. Seiner Meinung nach käme es hingegen nie vor, daß sich eine solche zusammenzöge, wie ein Luftballon, aus dem man die Luft herausläßt, und bis auf einen Punkt schrumpfe, wo sie gerade ein Oszillator verschlucken könne. Als er Boltzmann diese Überlegungen „mit seiner reiferen Erfahrung in diesen Fragen" mitteilte, widersprach dieser ihm heftig. Dennoch gelang es Planck, mit einer speziellen Hypothese solche „singulären Vorgänge" auszuschließen. Dadurch bekam sein Verfahren etwas Irreversibles: Eine Kugelwelle konnte nur ausgestrahlt, aber nicht empfangen werden. Und es stellte sich heraus, daß sich „alle anfangs vorhandenen räumlichen und zeitlichen Schwankungen der Strahlungsintensität mit der Zeit ausgleichen".

Dieses Verhalten erinnerte Planck in gewisser Weise an Boltzmanns statistische Betrachtungsweise eines Teilchengemisches. Dennoch „zeigte sich bei allen diesen Analysen immer deutlicher, daß zur vollständigen Erfassung des Kernpunkts der ganzen Frage noch ein wesentliches Bindeglied fehlen müsse". So blieb ihm nichts anderes übrig, als das Problem von einer anderen Seite in Angriff zu nehmen. Der entscheidende Schritt bestand darin, daß er sich nicht länger mit der Energie der Oszillatoren beschäftigte, sondern mit der für ihn ebenso wichtigen Größe, der Entropie.

Rund vier Jahrzehnte später erzählte Planck, daß sich die Boltzmannsche Theorie nur dann auf das Problem der Hohlraumstrahlung anwenden ließ, wenn man auch die Strahlung als atomistisch konstruiert betrachtete. Dann nämlich entsprechen die Oszillatoren und die Strahlungspartikel genau einem Gas, in dem die Teilchen unablässig miteinander zusammenstoßen. Als Planck um 1899 mit diesen Überlegungen begann, sah man die Strahlung jedoch als elektromagnetische Welle und nicht als Partikel an. Um so erstaunlicher ist es, daß er die Boltzmannschen Überlegungen auf sein Problem übertrug.

In dieser heißen Phase seiner Forschung hatte er gegenüber Konkurrenten insofern einen wichtigen Vorteil, als „ein früher von mir als unliebsam empfundener Umstand: der Mangel an Interesse der Fachgenossen für die von mir eingeschlagene Forschungsrichtung, jetzt gerade umgekehrt meiner Arbeit als eine gewisse Erleichterung zugute kam. Da die Bedeutung des Entropiebegriffes damals noch nicht die ihr zukommende Würdigung gefunden hatte, so kümmerte sich niemand um die von mir benützte Methode, und ich konnte in aller Muße und Gründlichkeit meine Berechnungen anstellen, ohne von irgendeiner Seite eine Störung oder Überholung befürchten zu müssen".

Da erreichte ihn eine überraschende Nachricht: Die Experimentatoren Ferdinand Kurlbaum und Heinrich Rubens von der Technischen Hochschule in Berlin-Charlottenburg hatten bei größeren Wellenlängen Abweichungen von dem bisher als gültig angesehenen Strahlungsgesetz von Wilhelm Wien entdeckt. Mit neuem Elan machte sich Planck an die Arbeit. Er vermutete, daß das richtige Strahlungsgesetz die beiden bisherigen Teile, nämlich das von Wien auf der einen und das von Kurlbaum und Rubens auf der anderen, beinhalten und den Bereich dazwischen ergänzen mußte. Tatsächlich gelang ihm dies, indem er für die Entropie der Oszillatoren einen neuen mathematischen Ansatz machte.

Als Rubens und Kurlbaum am Abend des 19. Oktober ihre neuen Ergebnisse den Mitgliedern der Physikalischen Gesellschaft vorstellten, hatte Planck bereits die Erklärung in der Tasche. Der Protokolleur notierte Plancks Bemerkungen zwar als Diskussionsbeitrag, tatsächlich handelte es sich aber um eine vollständig ausgearbeitete Rede.

Rubens eilte noch nach der Sitzung in sein Laboratorium, um seine Meßergebnisse mit der Planckschen Strahlungsformel zu vergleichen. Und tatsächlich stimmten die Werte überein. Gleich am nächsten Morgen suchte er Planck auf, um ihm davon zu berichten. Lummer und Pringsheim meinten anfänglich, Abweichungen zwischen der neuen Formel und ihren Messungen gefunden zu haben. Wenig später zogen sie aber ihren Einwand zurück. Er hatte schlicht auf einem Rechenfehler beruht.

Um den physikalischen Sinn seiner Formel zu verstehen, mußte Planck noch einmal tief in die Boltzmannschen Gedankengänge einsteigen. Es erscheint uns heute als Ironie der Geschichte, daß ausgerechnet die atomistische Lehre, der Planck lange Zeit ablehnend gegenübergestanden hatte – die Angriffe seines Schülers Zermelo lagen erst wenige Jahre zurück –, jetzt den Schlüssel zum Verständnis seines Strahlungsgesetzes lieferte. Später kommentierte er diese Vorgehensweise als „ein Opfer an den physikalischen Überzeugungen“ und „Akt der Verzweiflung“.

Planck hatte zwar das Wirkungsquantum entdeckt, eine Größe, die die von einem Oszillator aufgenommene oder abgegebene Energie in winzige Pakete zerhackte. Lange Zeit blieb ihre Anwendung aber auf das Problem der Hohlraumstrahlung beschränkt, und Planck selbst mochte sich mit der Vorstellung einer sprunghaften Natur nicht abfinden. Erst Einstein erkannte 1905 die wahre Bedeutung der Planckschen

Konstante. Er interpretierte neue Experimente auf folgende Weise: Wenn ein Lichtstrahl auf Materie, zum Beispiel ein Metall, trifft, kann er dort Elektronen herausschlagen. Dabei verhält er sich nicht wie eine Welle, sondern wie ein Teilchen, das Einstein Photon oder Lichtquant nannte. Jedes Photon besitzt dabei eine Energie, die sich einfach aus dem Produkt seiner Wellenlänge bzw. Frequenz mit dem Planckschen Wirkungsquantum errechnet. Dieser Photoeffekt liegt der Umwandlung von Licht in Strom in Solarzellen zugrunde.

In seinem Nobelvortrag formulierte Planck seine Zweifel an der Realbedeutung seiner Konstante so: „Entweder war das Wirkungsquantum nur eine fiktive Größe; dann war die ganze Deduktion des Strahlungsgesetzes prinzipiell illusorisch und stellte weiter nichts vor als eine inhaltsleere Formelspielerei, oder aber der Ableitung des Strahlungsgesetzes lag ein wirklich physikalischer Gedanke zugrunde; dann mußte das Wirkungsquantum eine fundamentale Rolle spielen, dann kündigte sich mit ihm etwas ganz Neues, bis dahin Unerhörtes an, das berufen schien, unser physikalisches Denken, welches seit der Begründung der Infinitesimalrechnung durch Leibniz und Newton sich auf der Annahme der Stetigkeit aller ursächlichen Zusammenhänge aufbaut, von Grund aus umzugestalten". Es gestaltete unser physikalisches Denken um.

Es kam nun die „Ära Planck". Der honorige Mann amtierte als Vorsitzender der Deutschen Physikalischen Gesellschaft, wurde 1930 Präsident der Kaiser-Wilhelm-Gesellschaft, und als Deutschland begann, sich aus den Trümmern des Zweiten Weltkrieges zu erheben, lebte die alte Kaiser-Wilhelm-Gesellschaft als Max-Planck-Gesellschaft wieder auf. Planck war zum Gewissen der deutschen Physik geworden. Und als die Royal Society in London 1946 einen Festakt anläßlich des 300. Geburtstages von Isaac Newton plante, war der Achtundachtzigjährige der einzige Deutsche, den sie dazu einlud. Eine britische Militärmaschine brachte ihn nach England, und auf der Veranstaltung stellte ihn der Zeremonienmeister als „Prof. Planck, Vertreter of ‚No country'" vor. Deutschland gab es noch nicht wieder.

Max Planck hat an wissenschaftlichem Ruhm und an Ehrungen alles erreicht, was sich ein Physiker nur erträumen kann, wobei der Nobelpreis für Physik 1918 einen Höhepunkt darstellte. Dennoch blieb er bescheiden, lebte nach dem Grundsatz, die Aufgabe des Menschen sei „reine Gesinnung, die ihren Ausdruck findet in gewissenhafter Pflichterfüllung". Seine Vorstellungen von Pflichterfüllung und Staatstreue waren es wohl auch, die es ihm 1933 unmöglich machten, Einsteins öffentliche Äußerungen gegen die Nationalsozialisten zu billigen. Als der im Preußischen Kulturamt eingesetzte Reichskommissar von der Akademie der Wissenschaften die Einleitung eines Disziplinarverfahrens gegen Einstein verlangte, war es Planck unmöglich, zu vermitteln. Am 13. April schrieb er dem Freigeist: „Denn es sind hier zwei Weltanschauungen aufeinander geplatzt, die sich miteinander nicht vertragen. Ich habe weder für die eine noch für die andere volles Verständnis. Auch die Ihrige ist mir fern, wie Sie sich erinnern werden von unseren Gesprächen über die von Ihnen propagierte Kriegsdienstverweigerung". Daß es sich bei der „Weltanschauung" der Nazis um die Vertreibung und Ausrottung des jüdischen Volkes handelte, lag für Planck außerhalb jeder Denkkategorie. Wie schwer mögen Planck diese Worte gefallen sein, wie oft mag er sie später bereut haben. Er hatte als erster die wahre Bedeutung der Relativitätstheorie erkannt und zu ihrer Verbreitung beigetragen wie kein anderer, er hatte Einstein zwanzig Jahre zuvor an die Akademie nach Berlin geholt.

Planck war aber dennoch kein Duckmäuser. Er war einfach durchdrungen von einem humanistischen Ideal und einem festen Glauben an die Vernunft im Menschen. Am 11. Mai verkündete er vor der Akademie, daß „Herr Einstein selber durch sein politisches Verhalten sein Verbleiben in der Akademie unmöglich gemacht hat". Aber gleichzeitig betonte er: „Herr Einstein ist der Physiker, durch dessen in unserer Akademie veröffentlichte Arbeiten die physikalische Erkenntnis in unserem Jahrhundert eine Vertiefung erfahren hat, deren Bedeutung nur an den Leistungen Johannes Keplers und Isaac

Newtons gemessen werden kann". Auch in späteren Vorträgen ließ er sich nicht von den Nationalsozialisten dazu zwingen, die Relativitätstheorie zu verschweigen oder gar zu diffamieren. Sie gehörte zu seinem physikalischen Weltbild, und er lehrte sie weiter.

Als der jüdische Chemiker Fritz Haber von der NS-Regierung im Mai 1933 gezwungen wurde, sein Institut zu verlassen, entschloß sich Planck, bei Hitler persönlich zu intervenieren. Nach seinen eigenen Angaben stieß er mit seinen Bedenken, daß es doch „verschiedenartige Juden gäbe" und daß es „geradezu eine Selbstverstümmelung wäre, wenn man wertvolle Juden nötigen würde auszuwandern", auf eine Mauer. „Jud ist Jud!" donnerte ihm Hitler entgegen und steigerte sich in einen solchen Redefluß, daß Planck unverrichteter Dinge gehen mußte. Als die Akademie zwei Jahre später eine Gedächtnisfeier für den mittlerweile in Basel verstorbenen Haber veranstalten wollte, erhielten sämtliche Vortragende von Minister Rust Redeverbot. Planck scherte sich nicht darum. Zu Lise Meitner sagte er am Abend vor der Veranstaltung: „Diese Feier werde ich machen, außer man holt mich mit der Polizei heraus". Und die Feier fand statt. Planck schloß sie mit den Worten: „Haber hat uns die Treue gehalten, wir werden ihm die Treue halten".

Planck war den Nazis stets ein Dorn im Auge. Als seine Amtszeit als Präsident der Kaiser-Wilhelm-Gesellschaft am 1. April 1936 endete, drängte die Reichsregierung darauf, daß er nicht noch einmal kandidiere. Sein Amt übernahm Carl Bosch. Und als ihm die Stadt Frankfurt 1943 den Goethe-Preis verleihen wollte, verbot dies das Reichsministerium für Volksaufklärung und Propaganda. Er bekam ihn im August 1945, nach der Kapitulation.

Im Januar 1945 erlitt er aber den schwersten Schicksalsschlag. Die Nazis hatten seinen Sohn Erwin ermordet. Als Grund nannten sie dessen angebliche Beteiligung am Attentat auf Hitler. „Er [Erwin] war mein Sonnenschein, mein Stolz, meine Hoffnung. Was ich mit ihm verloren habe, können keine Worte schildern", klagte Planck. Bereits dreißig Jahre zuvor hatte er seinen Sohn Karl verloren. Er war vor Verdun umgekommen.

Heimatlos – sein Haus im Grunewald war durch einen Bombenangriff vollständig zerstört worden – an Leib und Seele gebrochen, gelangte er schließlich im Jeep des amerikanischen Offiziers Gerard Kuiper, eines bekannten Astronomen, nach Göttingen, dem Zufluchtsort vieler Physiker. Hier starb er am 4. Oktober 1947.

Wissenschaftliche Ehren und private Freuden nahm er stets mit Bescheidenheit auf, wohl wissend, daß ihn das Schicksal jeden Moment auch in einen Abgrund schleudern kann. Er wußte: „Ein rechtlicher Anspruch auf Glück, Erfolg und Wohlergehen besteht nicht“.

„Ich werde sie Uranstrahlen nennen."

Henri Becquerel (1852–1908)

In der Physik ist alles erforscht. Wesentliches gibt es nicht mehr zu entdecken. Alle mechanischen Vorgänge lassen sich mit der Newtonschen Theorie vollständig beschreiben. Schließlich hat man nach ihren Gesetzen einen neuen Planeten, Neptun, entdeckt. Sämtliche elektrische und magnetische Phänomene einschließlich denen des Lichts können mit der Maxwellschen Theorie erklärt und mit ihren „göttlichen" Gleichungen beschrieben werden. Die Theorie der Wärme hat mit dem Energieerhaltungssatz ihren krönenden Abschluß gefunden. Die Physik ist an einem Anschlagpunkt angelangt, und grundsätzlich Neues werde man darin nicht mehr leisten können, hatte Max Planck zu hören bekommen, als dieser sich 1874 nach einem interessanten Studienfach umsah. Das ist der Stand der Dinge bis 1895.

In diesem und dem folgenden Jahr aber sollen zwei Ereignisse die Physiker aus ihren Sesseln reißen: die Entdeckung der geheimnisvollen X-Strahlen durch Wilhelm Conrad Röntgen in Würzburg sowie der Radioaktivität durch Henri Becquerel in Paris. Insbesondere die Radioaktivität sollte nicht nur die Physik, sondern die gesamte Menschheit in eine neue Ära katapultieren. Das Atomzeitalter beginnt mit Becquerel, und es beginnt, wie so viele große Entdeckungen, mit einem Zufall. Dieses Mal spielt ausgerechnet schlechtes Wetter die entscheidende Rolle.

Es ist der 20. Januar des Jahres 1896, ein Montag. Der ehrwürdige Henri Poincaré, Professor für mathematische Physik an der Sorbonne, eröffnet die Sitzung der Pariser Akademie der Wissenschaften. Heute hat er seinen Kollegen eine aufregende Entdeckung mitzuteilen. Ein gewisser Professor Röntgen aus Würzburg hat ihm Kopien einer Arbeit zugeschickt, in der dieser die Entdeckung einer neuen Art von Strahlen ankündigt. Röntgen hat, so erklärt Poincaré, mit einer Röhre experimentiert, in der er eine elektrische Entladung hat laufen lassen. Obwohl der Glaszylinder mit dickem Karton umwikkelt war, entwichen aus seinem Innern seltsame Strahlen. Diese passierten indes nicht nur den Karton, sondern waren sogar in der Lage, größere feste Gegenstände, wie dicke Bücher, Holz, ja sogar manche metallische Körper, zu durchdringen. Auf einem Foto erkennt die staunende Gelehrtengesellschaft die Knochen einer Hand, deren einer Finger einen Ring trägt. Es ist die durchleuchtete Hand von Frau Röntgen. So etwas haben die Forscher der Akademie der Wissenschaften allerdings noch nie gesehen.

Poincaré fährt indessen fort, Röntgens Arbeit zu beschreiben, und erklärt, daß sich an einer Stelle das Glas der Entladungsröhre grün verfärbt habe. Das bringt eines der Mitglieder, Antoine-Henri Becquerel, auf eine Idee. Könnte es nicht sein, so fragt er Poincaré, daß die geheimnisvollen X-Strahlen, wie sie vorerst genannt werden, von diesem phosphoreszierenden Fleck ausgehen? Der Vortragende weiß zwar auch nicht mehr über die Experimente des Deutschen, bejaht aber die Frage. Damit ist Becquerels Interesse geweckt, und schon wenige Wochen später wird er selbst eine der größten Entdekkungen des Jahrhunderts machen.

Henri Becquerel – ein Mann von Anfang Vierzig, korrektes Äußeres, gepflegter kräftiger Bart – ist schon seit längerem in Amt und Würden. Er ist Professor an der École Polytechnique und am Musée d'Histoire Naturelle. Die zweite Professur hat er von seinem Vater übernommen, und dieser hat ihn auch in das Studium der Kristalle eingeführt. Das besondere Interesse Henris wie auch schon seines Vaters gilt den optischen Eigenschaften der durchsichtigen Mineralien. Ausführlich hat sich Henri mit ihrer Phosphoreszenz beschäftigt. Einige dieser Körper leuchten eine Zeitlang nach, wenn man sie bestrahlt. Für Becquerel liegt es nach Poincarés Bericht nahe, bei seinen Kristallen nachzuprüfen, ob auch sie, ähnlich wie der grüne

Henri Becquerel

Fleck auf Röntgens Glasröhre, X-Strahlen aussenden. Würde sich dies bewahrheiten, so ließen sich erste Aufschlüsse über die Natur der Strahlen erhalten. Gleichzeitig hätte man dann auch eine einfachere Methode zur Verfügung, die Strahlen zu erzeugen. Eine Entladungsröhre, wie sie Röntgen betrieb, war nicht ganz einfach zu handhaben. In der *Revue Générale des Sciences* kann man es zehn Tage später noch einmal nachlesen: „Also ist es das Glas, das die Strahlen aussendet, und es sendet sie aus, indem es fluoreszierend wird. Sollten wir uns deshalb nicht fragen, ob nicht alle Körper, deren Fluoreszenz ausreichend stark ist, neben ihren leuchtenden Strahlen auch Röntgens X-Strahlen aussenden, ungeachtet der Frage, was ihre Fluoreszenz bewirkt?"

Becquerel begibt sich gleich am Tag nach Poincarés Vortrag ins Laboratorium, um seine Idee zu überprüfen. Mit welcher Art von Kristall soll er anfangen? Schließlich ist er nach den jahrelangen Versuchen, auch seines Vaters, im Besitz einer stolzen Sammlung. Er beginnt mit verschiedenen Salzen, wie Flußspat, zu experimentieren. Zuerst regt er sie in einer Entladungsröhre zur Fluoreszenz an und legt sie anschließend auf eine Photoplatte. Damit diese nicht durch das Tageslicht geschwärzt wird, wickelt er sie in dickes schwarzes Papier ein. Wenn die Kristalle tatsächlich X-Strahlen aussenden sollten, so würden diese mühelos das Papier durchdringen und die Platte belichten. Doch keines seiner Salze zeigt die gewünschte Wirkung, selbst wenn er sie stundenlang auf der Platte liegen läßt.

Schließlich erinnert er sich an zwei Mineralien aus Urankaliumsulfat, die sein Vater bereits fünfzehn Jahre zuvor präpariert hat und die stets eine besonders schöne Phosphoreszenz gezeigt haben. Diese scheinen ihm gut geeignet für weitere Versuche, doch leider sind sie an seinen Kollegen Lippmann verliehen. Es gibt jedoch keine Probleme, die guten Stücke wiederzubekommen, und so macht er sich erneut an die Arbeit.

Am 24. Februar kann er den Mitgliedern der Akademie der Wissenschaften folgendes berichten: „Man umwickelt eine photographische Platte aus Bromgelatine mit zwei schwarzen, sehr dicken Blättern Papier, so daß die Platte nicht belichtet wird, während sie einen Tag lang der Sonne ausgesetzt ist. Man legt nun außen auf das Papier ein Stück der phosphoreszierenden Substanz und setzt es über mehrere Stunden hinweg der Sonne aus. Nachdem man die Platte entwickelt hat, erkennt man sofort die schwarzen Umrisse der phosphoreszierenden Substanz. Legt man zwischen die phosphoreszierende Substanz und das Papier eine Geldmünze oder ein mit einem Lochmuster durchstoßenes Metallstück, so erkennt man das Bild dieser Objekte auf der Platte". Die Uransalze müssen demnach Strahlen aussenden, die das Papier durchdringen, von den metallischen Gegenständen jedoch zumindest teilweise verschluckt werden.

Um ganz sicher zu gehen, daß nicht irgendwelche chemischen Reaktionen zwischen den Salzen und der Photoplatte das Phänomen hervorgerufen haben, hat er den Versuch wiederholt. Dieses Mal hat er aber eine Glasplatte zwischen die Kristalle und die Fotoplatte gelegt. Die Wirkung zeigt sich unvermindert. „Wir können daher aus diesen Experimenten folgern, daß die fragliche phosphoreszierende Substanz Strahlung aussendet, die lichtundurchlässiges Papier durchdringt", schließt er seinen Bericht.

Doch noch ist unklar, welche Art von Strahlung für die Schwärzung der lichtempfindlichen Platten verantwortlich ist. Sind es die X-Strahlen? Becquerel ist entschlossen weiterzuforschen. Die folgenden Tage, der 26. und 27. Februar, sollten entscheidend sein. Er bereitet wieder eine neue ‚Belichtung' mit den Urankristallen vor, muß aber den Versuch zurückstellen, weil sich das Wetter verschlechtert hat und die Sonne nicht mehr scheint. Diese Art von Kristallen haben nämlich die Eigenschaft, nur so lange zu fluoreszieren, wie sie in der Sonne liegen. Nimmt man sie aus dem Licht heraus, hören sie binnen Bruchteilen von Sekunden auf zu leuchten.

Becquerel bleibt nichts anderes übrig, als besseres Wetter abzuwarten. Also legt er die Platte mit den Kristallen darauf in die Schublade eines Schranks. Sehr zu seinem Verdruß zeigt sich die Sonne jedoch nicht wieder, und so entschließt er sich am 1. März, einem Sonntag, die Platte zu entwickeln, ohne großartige Schwärzungsspuren zu erwarten. Als er die Glasplatte nach dem Entwickeln aus dem Fixierer holt, traut er seinen Augen nicht: Die dunklen Schatten auf der Photoemulsion sind genauso dunkel wie bei den vorherigen Versuchen! Die durchdringenden Strahlen können demnach gar nichts mit der Lichterscheinung zu tun haben.

Am 2. März trägt er einem staunenden Auditorium seine Schlußfolgerung vor: „Es ist eine bedeutende Beobachtung, daß dieses Phänomen nicht den leuchtenden Strahlen der Phosphoreszenz zugeordnet werden kann, da diese Strahlung bereits nach einer hundertstel Sekunde so schwach wird, daß sie nicht mehr wahrnehmbar ist". Er weist seine Kollegen auch „auf eine große Ähnlichkeit der Wirkungen jener Strahlen [hin], die die Herren Lenard und Röntgen studiert haben".

Die Uransalze geben also Strahlung ohne irgendeine äußere Anregung ab. Dieses Phänomen gibt den Forschern zu denken, denn es erhebt sich die Frage, woher der Kristall die Energie für die durchdringende Strahlung nimmt. Entweder hat er diese zuvor eingefangen und gespeichert, oder es handelt sich um ein völlig neuartiges Phänomen. Im ersten Fall, so überlegt sich Becquerel, müßte die Intensität der Strahlung mit der Zeit abnehmen, weil die gespeicherte Energie langsam aufgebraucht wird. Seine Versuche zeigen indes eine unverminderte Intensität. Am 9. März berichtet er: „Es ist äußerst bemerkenswert festzustellen, daß seit dem 3. März, also seit mehr als einhundertsechzig Stunden, die in der Dunkelheit abgegebene Strahlung nicht nachweislich abgenommen hat". Am Ende des Jahres wird er feststellen, daß die Intensität über viele Monate hinweg unvermindert erhalten bleibt.

Um zu diesem Ergebnis zu gelangen, muß er andere Methoden als bisher anwenden, da ihm die Schwärzung der Gelatineplatten lediglich qualitative Hinweise liefert. So plaziert er beispielsweise neben den Kristallen elektrisch geladene Materialien und mißt mit einem Elektroskop, wie diese unter der Einwirkung der neuentdeckten Strahlung entladen werden. Oder aber er untersucht, wie die Strahlung Gase elektrisch leitend macht. Auch diesen Effekt kann er quantitativ belegen.

Immer noch unklar ist indes, welcher Anteil in den Uransalzen die Strahlung eigentlich aussendet. Also wiederholt er die Experimente mit anderen Uranverbindungen und stellt dabei einige überraschende Eigenschaften fest. Er findet heraus, daß alle Uransalze die durchdringenden Strahlen aussenden, auch jene, die gar keine Phosphoreszenz zeigen. Andererseits kann er bei anderen Kristallen, wie Calciumsulfat, die herrlich leuchten, die neuartige Strahlung nicht nachweisen. Damit ist völlig klar, daß die beiden Phänomene nichts miteinander zu tun haben können. Einen besonders beeindruckenden Beweis hierfür schildert er am 30. März: Urannitrat zeigt deutlich Phosphoreszenz. Löst man es in Wasser auf, so verliert es diese Eigenschaft. Die durchdringenden Strahlen sendet es aber nach wie vor aus.

Langsam verdichtet sich bei Becquerel der Verdacht, daß das Uran selbst in den Kristallen für das geheimnisvolle Phänomen verantwortlich ist. Am 18. Mai ist er sich ganz sicher. Stolz berichtet er den Kollegen: „Das Experiment habe ich bereits vor mehreren Wochen durchgeführt. Um meine Vermutung zu bestätigen, verwendete ich kommerziell erhältliches Uranpulver, das sich schon längere Zeit in meinem Laboratorium befand. Der photographische Effekt ist bedeutend stärker als der durch eines der Uransalze hervorgerufene Eindruck ... Die vom Uran hervorgerufene Emission ist, so glaube ich, das erste Beispiel eines bekannten Metalls für ein Phänomen von der Art einer unsichtbaren Phosphoreszenz“, schließt er seinen Vortrag.

Im Laufe des Jahres 1896 veröffentlicht Henri Becquerel insgesamt acht Arbeiten, in denen er seine Experimente beschreibt. Es ist klar, daß der französische Forscher etwas Ungewöhnliches, bislang in der Natur Unbeobachtetes entdeckt hat. Er erkennt Ähnlichkeiten mit den X-Strahlen, weiß aber, daß sie sich in manchen Eigenschaften, wie der Brechung und Reflexion, deutlich von ihnen unterscheiden. Im November 1896 nennt er sie erstmals „Uranstrahlen“. Dennoch ist sich

Becquerel der vollen Tragweite der Ereignisse noch nicht bewußt.

Zunächst gibt er sich mit den erhaltenen Versuchsergebnissen zufrieden und wendet sich anderen Aufgaben zu. Auch andere Forscher greifen das Phänomen im Jahr der Entdekkung noch nicht auf. Das sollte sich jedoch ändern, als Marie und Pierre Curie in Paris zwei weitere aktive Elemente, Polonium und Radium, entdecken. Marie Curie nennt die wunderliche Erscheinung *Radioaktivität* und widmet ihr ihr Leben.

Es hat in der Geschichte immer wieder Familien gegeben, die über Generationen hinweg brillante Wissenschaftler oder Künstler hervorgebracht haben. Da ist zum Beispiel die Schweizer Dynastie der Bernoullis, die im 17. und 18. Jahrhundert die bedeutendsten Mathematiker ihrer Zeit stellte. Dann die Familie Bach, die etwa im selben Zeitraum teils begnadete Komponisten hervorbrachte. Auch Marie Curie und ihre Tochter Irène oder die Manns reihen sich in diese Tradition ein. Die Becquerels stellten in Paris ebenso über vier Generationen hinweg ausgezeichnete Naturwissenschaftler.

Als am 15. Dezember des Jahres 1852 im Wohnhaus des Musée d'Histoire Naturelle der kleine Antoine-Henri zur Welt kam, war auch sein Lebensweg vorgezeichnet. Der Großvater, Antoine-César, war Absolvent der Eliteschule École Polytechnique gewesen, die seit jeher als Sprungbrett für eine glänzende Karriere galt. Er war ein geehrter Professor, der zahlreiche Veröffentlichungen vorzuweisen hatte, darunter einige, die er gemeinsam mit Größen wie Ampère oder Biot verfaßt hatte. Insgesamt sollten es 529 wissenschaftliche Aufsätze und sechs Lehrbücher werden. Einige Berühmtheit hatte er mit dem Bau eines Voltaschen Elements erlangt, das erstmals über einen längeren Zeitraum eine konstante Spannung hielt. Er war 1838 als erster auf den damals gegründeten Physiklehrstuhl am Musée berufen worden.

Henris Vater, Alexandre-Edmond, hatte ebenfalls eine Akademikerlaufbahn eingeschlagen und war just im Jahr von Henris Geburt Professor für Physik am Conservatoire des

Arts et Métiers geworden. Es sei gleich vorweggenommen: Die Professur am Musée ging von Antoine auf dessen Sohn über, anschließend trat Henri das wissenschaftliche Erbe an, und als dieser starb, übernahm dessen Sohn Jean das Amt. Vier Generationen Becquerel lebten „im selben Haus, im selben Garten, im selben Labor", wie es Jean einmal ausdrückte.

Henri wuchs also in einer geistig anregenden Atmosphäre und in der Ruhe des Musée auf. Für die denkbar beste Erziehung war selbstverständlich gesorgt. Nachdem er das Lycée Louis-le-Grand absolviert hatte, kam er mit 19 Jahren an die École Polytechnique. Es war die Zeit der Technisierung, und Ingenieure wurden immer gefragter. Also schickte man Henri bereits zwei Jahre später auf die École des Ponts et Chaussées, die Schule für Brücken- und Straßenbau, wo er seinen Ingénieur machte. Während dieser Zeit interessierte er sich jedoch zunehmend für Physik. Mit eigenen Experimenten begann er, als er erstmals von dem magnetooptischen Effekt hörte, den Michael Faraday dreißig Jahre zuvor in London entdeckt hatte. Faraday hatte einen polarisierten Lichtstrahl, dessen Wellen also alle in einer Ebene schwingen, durch einen Glaszylinder geleitet und diesen einem starken Magnetfeld ausgesetzt. Hierbei hatte er festgestellt, daß die Wellen nach dem Austritt aus dem Glas in einer anderen Ebene schwangen. Zwanzig Jahre später fand der schottische Physiker James Clerk Maxwell die Erklärung für dieses Phänomen, als er erkannte, daß Licht eine elektromagnetische Welle ist.

Becquerel war fasziniert von diesem Phänomen und ging der Frage nach, inwiefern die Drehung der Schwingungsebene von dem Material abhing, durch das das Licht hindurchlief. Bei seinen Versuchen konnte er auf die Erfahrung seines Vaters und dessen gut ausgestattetes Laboratorium zurückgreifen. Edmond Becquerel, der zunächst bei seinem Vater, Antoine, Assistent gewesen war, hatte sich ebenfalls für Faradays magnetooptische Rotation interessiert und war später zu der Untersuchung der Phosphoreszenz und Fluoreszenz von Kristallen übergegangen (man unterschied damals noch nicht streng zwischen der Fluoreszenz, die unmittelbar nach der Anregung erlischt, und der Phosphoreszenz, dem länger anhaltenden Leuchten einer Substanz nach der Anregung). Henri eiferte seinem Vater nach und beobachtete, wie sich die Polarisationsebene von Licht beim Durchgang durch verschiedene Kristalle verändert. Einige Jahre später gelang es ihm sogar nachzuweisen, daß der Faraday-Effekt auch dann auftritt, wenn das Licht nicht durch einen festen Körper, sondern durch Gas hindurchläuft.

Becquerel beschäftigte sich nie lange nur mit einem einzigen Thema. Auch war er kein analytischer Geist, der zum theoretischen Durchdringen eines Problems neigt. Seine Gedanken kreisten fast immer nur um zwei Phänomene: Licht und Magnetismus. Dies hatte er mit vielen großen Geistern seiner Zeit, insbesondere mit Faraday und Maxwell, gemeinsam.

Nicht eben viel ist über das Privatleben des Henri Becquerel bekannt. 1874 – er verließ gerade die École Polytechnique – heiratete er Lucie-Zoé-Marie Jamin, die Tochter eines Physikprofessors. Doch das Glück währte nicht lange. Schon im März 1878 starb seine Frau – nur wenige Wochen nach der Geburt des Sohnes Jean. Zwölf Jahre später heiratete Henri ein zweites Mal. Seine wissenschaftliche Karriere indes verlief weiterhin geradlinig nach oben. Mit seinen Untersuchungen an Kristallen promovierte er 1888 an der Fakultät der Wissenschaften in Paris, was ihm ein Jahr darauf die Mitgliedschaft in der Akademie der Wissenschaften ermöglichte. Als sein Vater zwei Jahre später starb, übernahm Henri dessen zwei Lehrstühle am Conservatoire des Arts et Métiers und am Musée. Nur wenig später erhielt er auch noch einen Lehrauftrag an der Ecole Polytechnique und drei Jahre darauf, 1895, ernannte ihn die École des Ponts et Chaussées zum Chefingenieur. Derart vereinnahmt von Ämtern, blieb ihm nun für eigene Forschung keine Zeit mehr.

Henri Becquerel hatte somit alles erreicht, was er sich nur hätte wünschen können. Die Familientradition war mehr als gewahrt. Genau in diese Zeit fiel die Ankündigung Poincarés von Röntgens X-Strahlen. Sie brachte ihn zurück ins Laboratorium, zurück an seine Kristalle, mit denen er sich schon so oft und lange beschäftigt hatte. Ein Jahr lang untersuchte er die neuen, durchdringenden Strahlen. Zwar war ihm klar, daß er ein bis dahin unbekanntes Phänomen entdeckt hatte, die große Bedeutung erkannte er aber nicht. Anfänglich standen seine Ergebnisse noch im Schatten der X-Strahlen, von denen man sich vor allem in der Medizin große Fortschritte erhoffte.

Fünf Jahre vor seiner Entdeckung traf eine gerade erst 24jährige junge Dame in Paris ein: Marie Sklodowska. Sie kam vierter Klasse mit dem Zug aus Warschau, in der Tasche vierzig Rubel, was damals etwa zwanzig Dollar entsprach. Polen war geteilt und das Herzogtum Warschau in Personalunion mit Rußland vereinigt. Marie und ihre Schwester Bronya hatten eine schwere Kindheit und Jugend in einem unterdrückten Land hinter sich, und nun war Marie aufgebrochen, um in Paris Physik zu studieren. Mit eiserner Selbstdisziplin kämpfte sie sich durch und erhielt schon zwei Jahre nach ihrer Ankunft die Lehrerlaubnis für Physik an der Sorbonne. Wenig später lernte sie Pierre Curie kennen, einen Physiker, der sich mit den Eigenschaften von Kristallen beschäftigt hatte. Curie verliebte sich sofort in die acht Jahre jüngere Marie, und im Juli 1895 heirateten die beiden.

Als Marie ihren Mann zwei Jahre danach um ein Thema für eine Doktorarbeit bat, machte er sie auf die jüngst entdeckten Uranstrahlen aufmerksam. Sie zeigte Interesse und wiederholte zunächst mit einem von Pierre entwickelten Elektrometer, das empfindlicher war als dasjenige Becquerels, einige Versuche des honorigen Kollegen. Sie bestätigte, daß „die Emission der Strahlen eine Eigenschaft des Uranatoms“ ist. Hierbei beließ sie es natürlich nicht. Statt dessen entschloß sie sich, alle weiteren Elemente zu untersuchen, und wurde tatsächlich beim Thorium fündig. Jetzt war sie noch neugieriger geworden und erbat von Becquerel zahlreiche Mineralien, die im Musée lagerten waren. Als sie diese untersuchte, bemerkte sie, daß einige von ihnen neben Uran und Thorium noch ein weiteres, bislang unbekanntes Element enthalten mußten. Um dieses zu extrahieren, entwickelte sie eine grundlegende radiochemische Methode, die später zum Erfolg führte. Im Juli 1898 berichteten

Marie und Pierre Curie in den *Comptes Rendus* von der Entdeckung des neuen Elements, das Marie nach ihrem Heimatland Polonium taufte.

Bei diesen Untersuchungen waren die beiden Forscher auf eine weitere, stark radioaktive Substanz gestoßen, der sie den Namen Radium gaben. Es sollte sich jedoch als gnadenlos harte Arbeit erweisen, dieses Element rein zu extrahieren. Hierfür beschafften sich Marie und Pierre aus dem Uranbergwerk Joachimsthal eine Tonne Pechblendenreste. Für jeden anderen war das Erz nutzlos, weil das wichtige Uran bereits herausgelöst war. Den Curies aber ging es um das Radium. Unter primitiven Bedingungen begannen sie in einem zugigen Laboratorium, das eher an einen Lagerschuppen als an eine wissenschaftliche Einrichtung erinnerte, das Erz zentnerweise zu schmelzen. Zwei Jahre brauchten sie, um ein zehntel Gramm Radiumchlorid zu isolieren. Das ermöglichte es ihnen, das Atomgewicht des neuen Elements zu bestimmen. Erst 1910 gelang es Marie, reines Radium herzustellen. Hierfür erhielt sie ein Jahr später den Nobelpreis. Es war der zweite. Bereits 1903 war sie zusammen mit ihrem Mann und Henri Becquerel für die Entdeckung der Radioaktivität mit dieser höchsten wissenschaftlichen Auszeichnung geehrt worden.

Becquerel war, angeregt durch die Erfolge der beiden Curies, auch wieder zu seinen Versuchen zurückgekehrt. Ja, die beiden jungen Kollegen liehen ihm sogar Radium- und Poloniumproben. Er stellte fest, daß die von den Stoffen ausgesandten Strahlen unterschiedlicher Natur waren. In der Zwischenzeit hatten aber auch andere Forscher in aller Welt begonnen, das neuartige Phänomen zu studieren: J. J. Thomson in Cambridge, Ernest Rutherford und Frederick Soddy in Montreal, Paul Villard in Paris und viele andere. Sie fanden heraus, daß die radioaktiven Substanzen drei verschiedene Strahlenarten aussenden können, die mit *alpha*, *beta* und *gamma* bezeichnet wurden. Schließlich enträtselte man deren Natur: Bei den Alpha- und Beta-Strahlen handelt es sich um Partikel, und zwar um Helium-Atomkerne, die beim radioaktiven Zerfall eines Kerns aus diesem herausfliegen, und um

Elektronen. Die Gamma-Strahlen sind elektromagnetische Wellen, genauso wie Licht oder Röntgenstrahlen, allerdings wesentlich energiereicher.

Die Gefährlichkeit der radioaktiven Strahlung verspürten die damaligen Pioniere am eigenen Leib. Becquerel verbrannte sich die Haut, als er eine Radiumprobe achtlos in der Westentasche mit sich herumtrug, Marie Curie hatte in späteren Jahren verbrannte Hände und starb an Leukämie, wahrscheinlich als Folge ihres Umgangs mit den radioaktiven Substanzen. Aufgrund dieser physiologischen Wirkungen tauchte schon früh die Idee auf, Tumore mit radioaktiver Strahlung zu behandeln, was dazu beitrug, daß dieses Phänomen auch in der breiteren Öffentlichkeit auf wachsendes Interesse stieß. Als Becquerel 1905 eine Konferenz über „Radioaktivität und Materie" veranstaltete, hatten sich zur Eröffnung über dreitausend Neugierige vor den Toren des großen Amphitheaters des Musée versammelt. Ganz unerwartet erschien sogar der Staatschef.

Wissenschaftlich eröffnete die Entdeckung der Radioaktivität den Physikern völlig neue Erkenntnisse. Rutherford beschäftigte sich intensiv mit ihr. Er entschlüsselte schließlich nicht nur die Struktur des Atoms, sondern konnte auch das Zerfallsgesetz mathematisch formulieren. Hierdurch kam er auf die Idee, aus der Häufigkeit radioaktiver Substanzen im Gestein das Alter der Erde abzuschätzen. Damit wurde es um die Jahrhundertwende bereits klar, daß unser Planet seit rund einer Milliarde Jahren existiert. Heute gehören radiochemische Analysen in vielen Bereichen zur Standardmethode, wenn es um Altersbestimmungen sowohl organischer als auch anorganischer Substanzen geht. Nur deshalb wissen wir, daß die Erde zusammen mit den anderen Körpern im Sonnensystem vor 4,56 Milliarden Jahren entstanden ist.

Becquerels Entdeckung an einem trüben Tag führte ebenso zur medizinischen Anwendung wie zur Kernenergie, von der sich viele Physiker kurz nach dem Zweiten Weltkrieg die Lösung aller Energieprobleme versprachen. Und sie führte zur Atombombe. Es mutet insofern fast schon wie eine Prophezeiung für die Neuzeit an, was Pierre Curie anläßlich der Verleihung des Nobelpreises 1903 zu bedenken gab: „Es ist nicht auszuschließen, daß Radium in den Händen von Verbrechern zu einer großen Gefahr werden kann, und so darf man wohl die Frage aufwerfen, ob es für den Menschen vorteilhaft ist, die Geheimnisse der Natur aufzudecken, ob er imstande ist, Nutzen daraus zu ziehen, oder ob er mit diesen Erkenntnissen Schaden anrichtet ... Dennoch gehöre ich zu jenen, die mit Nobel glauben, daß neue Entdeckungen der Menschheit mehr Gutes als Böses bringen".

Henri Becquerel starb am 25. August 1908 in Le Croisic in der Bretagne auf dem Stammsitz der Familie seiner zweiten Frau.

„Ich weiß jetzt, wie ein Atom aussieht!“

Ernest Rutherford (1871–1937)

1909 ist ein wichtiges Jahr: Robert Peary und Matthew Hensen erreichen nach unsäglichen Mühen am 6. April den Nordpol, und General Electric beginnt – nicht ganz so abenteuerlich und weniger bekannt – mit der Vermarktung des ersten elektrischen Toasters. Für die Physik aber wahrhaft Revolutionäres ereignet sich in Manchester, der Industriestadt im Norden Englands. Sie ist um die Jahrhundertwende ein sehr lebendiger Ort mit einem regen Kulturbetrieb und der liberalsten Zeitung des Königreichs, dem *Manchester Guardian*. Auch eine Universität hat die Stadt vorzuweisen und ein physikalisches Institut, dessen Ruhm sich in den letzten Jahren in der ganzen Welt verbreitet hat. Er leitet sich von einem einzigen Mann her: Ernest Rutherford.

Geboren in einer Blockhütte, aufgewachsen am Rande des Maori-Landes, ist es ihm gelungen, bis in die größten Höhen der Forschung aufzusteigen. Erst im vergangenen Jahr hat man ihn mit dem Chemie-Nobelpreis für seine bahnbrechenden Untersuchungen des radioaktiven Zerfalls ausgezeichnet. Kann der 37jährige noch mehr erreichen, oder wird er sich jetzt in der Ruhmeshalle der Gelehrten entspannender Muße hingeben? Nein, dieser Typ Mensch ist er nicht.

Groß von Statur, strotzend vor Gesundheit, nie ohne qualmende Pfeife oder Zigarre im Mund, ist er voller Tatendrang und kümmert sich um seine Schüler wie ein Vater. Und so nennen ihn die meisten auch: Papa. Im Institut ist er zu Hause. Direkt unter dem Dach befindet sich sein Forschungszimmer, in dem er auch das Radium für seine Versuche aufbewahrt. Im ersten Stock findet er sich an jedem Nachmittag mit seinen Studenten und Assistenten zum Tee zusammen, um über neue

Forschungsergebnisse oder geplante Versuche zu diskutieren. Nicht selten passiert es, daß der Meister ins Plaudern gerät, wobei es ihm fast immer um seine geliebten Alpha-Teilchen geht. Er selbst hat sie vor über zehn Jahren entdeckt, die Partikel, die mit großer Geschwindigkeit aus radioaktivem Material herausschießen.

Rutherford besitzt ein untrügliches Gespür für die wirklich aufregenden Wege in ein neues physikalisches Land. Anders als viele seiner Kollegen ist er nie darauf verfallen, ständig nach neuen Elementen zu suchen, die bei der Radioaktivität entstehen. Nein, er ahnt, daß diese winzigen Alpha-Teilchen den Schlüssel zum Verständnis des Atomaufbaus bergen.

Atome, die geheimnisvollen Bausteine der Materie, sind eines der größten Mysterien der Naturforschung. Demokrit und Leukipp hatten sie vor weit über zweitausend Jahren erahnt, Platon sah sie als geometrische Körper. Ihre Existenz blieb jedoch stets Spekulation. Noch im ausgehenden 19. Jahrhundert fochten Philosophen und Physiker der romantischen Schule erbittert gegen den Atomismus. Erst um die Jahrhundertwende herum, mit der Entdeckung der Radioaktivität und der Alpha-Teilchen, hat sich die Idee, daß die Materie aus kleinsten, unteilbaren Bausteinen aufgebaut ist, durchgesetzt. Im ersten Jahrzehnt des neuen Jahrhunderts, tauchen verschiedene Hypothesen über den Aufbau der Atome auf, aber keine von ihnen läßt sich bislang beweisen. Das soll sich nun ändern.

Die entscheidenden Experimente hierzu finden in einem schummrigen Kellerraum des Physikalischen Instituts statt. Steigt man die zwei Treppen hinunter, so tönt aus dem Dunkel des Raumes Rutherfords Stimme, die vor einem Stromkabel in Kopfhöhe und zwei Wasserleitungen auf dem Fußboden warnt. Hat sich das Auge der spärlichen Beleuchtung angepaßt, erahnt man ihn, an seiner Maschine sitzend, die die Alpha-Teilchen sichtbar macht.

Heute, es ist ein Tag im Frühjahr 1909, sind seine vielleicht begabtesten Schüler in diesem Laboratorium, der Deutsche Hans Geiger und Ernest Marsden, ein zwanzigjähriger Student, der gerade aus Neuseeland an das Institut in Manchester

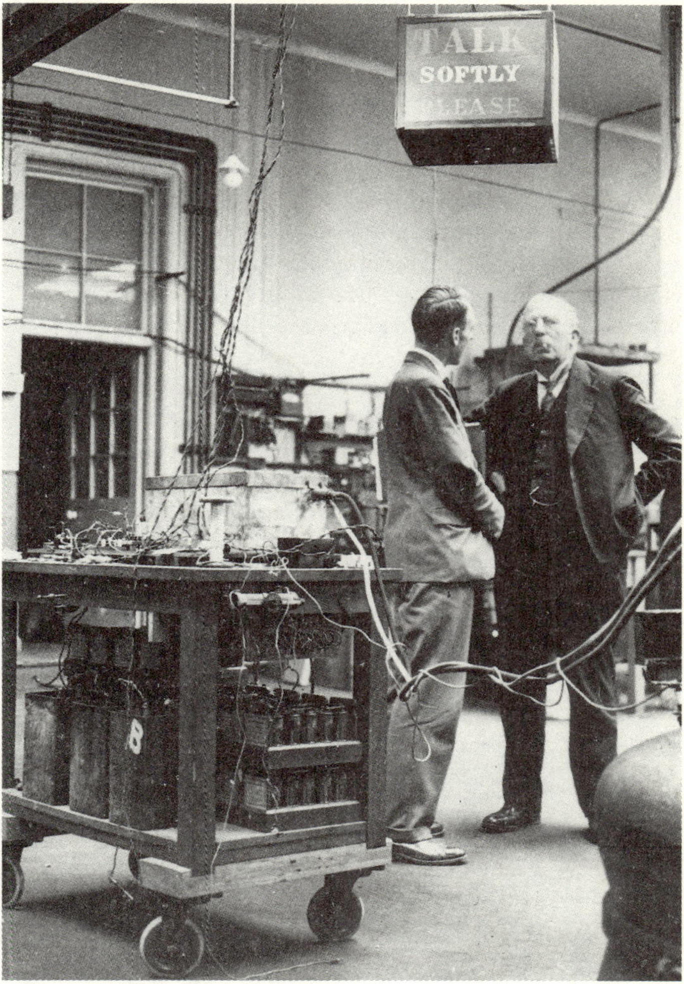

Ernest Rutherford (rechts) mit J. Ratcliffe im Labor, 1935

gekommen ist. Rutherford geht schon seit längerem ein Effekt durch den Kopf, der sich bei den letzten Versuchen störend ausgewirkt hat. Geiger und er haben ein Instrument gebaut, das im wesentlichen aus einer über vier Meter langen Röhre besteht, in die die Alpha-Teilchen hineinfliegen. Hiermit ist es möglich, die Partikel sichtbar zu machen und zu zählen. Als hinderlich hat es sich jedoch erwiesen, daß die Teilchen in der Röhre von ihrer geraden Flugbahn stets etwas abgelenkt werden: Der scharfe Strahl wird diffus. Um genau diesen Streueffekt, den jeder andere vielleicht durch apparative Maßnahmen zu unterdrücken versucht hätte, geht es Rutherford, ihn will er genauer untersuchen.

Marsden schilderte das nun Folgende vierzig Jahre später so: „Eines Tages, als ich von meinem Privileg Gebrauch machte, mit Geiger zu arbeiten, kam Rutherford herein, und es entspann sich zwischen ihnen eine Diskussion über die Natur der ungeheuerlichen elektrischen und magnetischen Kräfte, die einen Strahl von Alpha-Teilchen beim Durchgang durch eine dünne Goldfolie ablenken oder streuen könnten". Geiger regt nun an, dem jungen, von ihm angelernten Studenten eine erste eigene Forschungsaufgabe zu übertragen. „Rutherford wandte sich an mich", fuhr Marsden in seiner Erinnerung fort, „und sagte: ‚Wie wäre es, wenn Sie versuchten, ob Sie Alpha-Teilchen von einer festen Metallfläche reflektieren können?'"

Rutherford ist wohl in diesem Augenblick selbst sehr skeptisch, daß sich seine Partikel, die mit enormen Geschwindigkeiten aus dem Radium herausfliegen, von einer dünnen Materieschicht ablenken lassen würden. „Aber es war eine von jenen Vorahnungen, daß vielleicht ein Effekt beobachtet werden könnte". Auf jeden Fall ist es klar, daß er, falls überhaupt nachweisbar, sehr klein sein würde. Marsden präpariert deshalb für sein erstes Experiment eine besonders starke Radiumquelle. Und weil der Meister kein Freund halber Sachen ist, legen sich die beiden Schüler ins Zeug.

Sie verwenden dünne Folien verschiedenen Materials, wie Blei, Gold und Aluminium, und beschießen diese mit Alpha-Teilchen. Wie erwartet, fliegen die allermeisten durch die

Schichten nahezu ungehindert hindurch. Aber in einem von 8 000 Fällen wird eine Partikel im rechten Winkel von ihrer Flugbahn abgelenkt oder schießt sogar in die Richtung, aus der sie gekommen ist, zurück. Und dies bei einer Goldfolie, die nicht einmal einen tausendstel Millimeter dick ist. Überrascht von diesem Phänomen, wiederholen Geiger und Marsden den Versuch, indem sie immer mehr Folien übereinanderlegen. Bei einer Lage beobachten sie etwa alle sechs Sekunden ein zurückgeworfenes Teilchen, bei dreißig Lagen sind es schon fünfmal mehr. Dies ist ein eindeutiger Beweis dafür, daß die Partikel nicht an der Oberfläche reflektiert werden, sondern im Innern des Materials. Und einen weiteren interessanten Befund stellen sie fest: Der Effekt hängt von dem spezifischen Gewicht, also der Atomzahl des verwendeten Materials ab. Bei dem schwersten Element, Blei, registrieren sie zwanzigmal mehr reflektierte Alpha-Teilchen als bei dem wesentlich leichteren Aluminium.

Eine Woche nach diesen Versuchen trifft Marsden Rutherford auf der Treppe und berichtet ihm kurz von dem Ergebnis. Der ist völlig verblüfft. Viel später wird er seinen damaligen Eindruck mit den Worten schildern: „Es war bestimmt das unglaublichste Ergebnis, das mir je in meinem Leben unterkam. Es war fast so unglaublich, als hätte einer eine 15-Zoll-Granate auf ein Stück Seidenpapier abgefeuert, diese wäre zurückgekommen und hätte ihn getroffen“. In den folgenden Wochen und Monaten geht Rutherford dieses Meßergebnis immer wieder durch den Kopf, aber, erinnerte sich Geiger: „Wir verstanden es überhaupt nicht“.

In der Tat sollte es etwa eineinhalb Jahre dauern, bis Rutherford des Rätsels Lösung fand. Es ist für ihn vielleicht das schönste Weihnachtsgeschenk. Rutherford und seine Frau haben an einem Sonntag kurz vor dem Fest im Jahre 1910 einige Kollegen und Schüler zum Abendessen eingeladen. Charles Darwin, ein Enkel des berühmten Evolutionsforschers und selbst ein talentierter Wissenschaftler, erinnerte sich an diesen historischen Moment: „Ich betrachte es als eines der großen Ereignisse meines Lebens, daß ich eine halbe Stunde, nachdem der Kern geboren wurde, wahrhaftig zugegen war ... Das grundlegende Prinzip bestand darin, daß die Ablenkung [der Alpha-Teilchen] in einem einzigen Schritt erfolgen mußte ... Rutherford vermutete eine elektrische Ladung im Mittelpunkt des Atoms – erst ein oder zwei Jahre später führte er den Begriff Kern ein –, die ein Alpha-Teilchen entsprechend den Gesetzen der Elektrizität zurückwirft, wobei sich die Partikel auf einer Hyperbelbahn [um die zentrale Ladung] herumbewegt ... Ich erinnere mich auch daran, daß Rutherford bereits spekulierte, wie klein der Kern sein müsse".

An diesem Sonntag hatte Rutherford wohl bereits rechnerisch die Größe des Atomkerns abgeschätzt und bemerkt, daß dieser im Vergleich zum gesamten Atom, dem zusätzlich die Elektronen angehören, geradezu winzig sein muß. Dies ergibt sich schon aus einer einfachen logischen Überlegung. Die allermeisten Alpha-Teilchen sausten ungehindert durch die Metallfolien hindurch oder wurden nur unwesentlich von ihrer geraden Flugbahn abgelenkt. Sie mußten also das Atom durchqueren, ohne auf Widerstand zu stoßen. Die Grundbausteine der Materie mußten also weitgehend leer sein. Nur wenn eine Partikel in die Nähe eines Kerns kam, wurde sie dort in dessen starkem Feld umgelenkt. Da dies nur mit wenigen Teilchen passierte, mußte der Kern extrem klein sein.

Es ist dies die Geburtsstunde des Bildes vom Atom, das wir noch heute von ihm haben. Demnach ähnelt es dem Planetensystem, in dem ein kompakter Kern von Elektronen umkreist wird, ähnlich wie die Planeten die Sonne umrunden. Am Morgen danach betritt Rutherford in bester Laune Geigers Zimmer und ruft: „Ich weiß jetzt, wie ein Atom aussieht!"

Wer sich an Tombstone oder Gun City in einem klassischen Western erinnert, der hat eine recht genaue Vorstellung von Spring Grove, einem Flecken unweit der Hafenstadt Nelson, auf der südlichen Insel Neuseelands. Eine alte Aufnahme zeigt an der staubigen Straße ein kleines, einfaches Blockhaus mit einem Holzschindeldach und einer Veranda vor der Haustür. In ihm wurde Ernest Rutherford als Abkömmling schottischer

Einwanderer am 30. August 1871 geboren. Drei Geschwister waren schon auf der Welt, sieben weitere sollten noch folgen. Die Mutter, eine ehemalige Lehrerin, gab im Hause den Ton an, der Vater, ein aufrechter und ehrlicher Mann, sorgte für das Auskommen. Das war nicht immer leicht, insbesondere während der Depression, die Neuseeland kurz nach Ernests Geburt erfaßte. Mehrmals wechselte der Vater das Metier, arbeitete als Farmer, richtete eine kleine Firma ein und betrieb schließlich eine Flachsmühle. Das brachte auch zwei Umzüge der Familie mit sich, zuerst nach Foxhill, dann nach Havelock, einem kleinen Ort an der Nordostküste, wo der junge Ernest in die Grundschule kam, ein kleines Gebäude mit zwei Klassen.

Sein älterer Bruder, George, hatte ein Stipendium für das Nelson-College erhalten, die anderen Kinder mußten arbeiten, um Geld zu verdienen. Auch der neunjährige Ernest machte hierbei keine Ausnahme und half für 1 Pfund 50 bei der Hopfenernte mit. Obwohl seine Mutter als ehemalige Lehrerin wohl für geistige Anregungen sorgte, zeigte „Ern“ keine besonderen intellektuellen Neigungen. Nur eine Leidenschaft bewahrte er sein Leben lang: Er verschlang Groschenromane.

In der Schule glänzte er jedoch mit einer überdurchschnittlichen Lernfähigkeit. „Ernest hatte es nie nötig zu lernen. Hatte er einmal ein Schulbuch gelesen, kannte er es“, berichtete eine Freundin des Hauses später. Ein hervorragender Schulabschluß brachte ihm ein Stipendium ein, so daß er mit 15 Jahren zusammen mit seinem Vater quer durch die Berge nach Nelson ritt, um in das dortige College einzutreten.

Auch hier zeigte sich seine außerordentliche Konzentrationsfähigkeit und Begabung. In jedem Jahr gewann er Preise, wobei seine Stärke die Mathematik war. Schließlich schloß er nach zwei Jahren das College als bester in seiner Stufe ab, was ihm ein weiteres Stipendium einbrachte, dieses Mal für das Canterbury College in Christchurch. Hier setzte sich seine Erfolgssträhne fort: Er gewann mehrere Wettkämpfe in Mathematik und Experimentalwissenschaften. Alexander William Bickerton, der fast fünfzigjährige Professor für Chemie, war es, der Rutherford auf den Weg der Naturwissenschaften brachte. Ein nicht unbedingt genialer Mann seines Faches, aber gesegnet mit einer Leidenschaft für die Forschung, die er auf den jungen Rutherford zu übertragen vermochte. Bickerton ermunterte ihn gar zu eigener Forschung.

Nach seinem Examen im Jahre 1893 begann Rutherford, sich mit einer Frage zu beschäftigen, die mit den wenige Jahre zuvor von Heinrich Hertz entdeckten elektromagnetischen Wellen zusammenhing. In verschiedenen Experimenten untersuchte Ernest, wie sich magnetische Metalle in elektromagnetischen Feldern sehr hoher Frequenz verhielten. Es gelang ihm, eine Apparatur aufzubauen, mit der er zeigen konnte, daß sich Stahlnadeln in einem solchen Feld magnetisieren ließen. Mehr noch. Indem er eine einmal magnetisierte Nadel nach und nach in Säure auflöste, fand er heraus, daß das Metall nur im äußeren Bereich, nicht jedoch tief im Innern, durch das Feld magnetisch geworden war. Eine bemerkenswerte Leistung, insbesondere, wenn man bedenkt, daß das Canterbury College mit seinen 150 Studenten als Forschungsstätte nicht eben Weltruhm besaß.

Die Ergebnisse seiner Experimente faßte er schließlich in seiner ersten Veröffentlichung zusammen, die Ende 1894 in den *Transactions of the New Zealand Institute* erschien. Im darauffolgenden Jahr bewarb er sich für ein Stipendium. Dies hatte Prinzgemahl Albert anläßlich der Weltausstellung von 1851 eingerichtet, um den Angehörigen des British Empire einen Studienaufenthalt im Mutterland zu ermöglichen. 1895 sollte das Stipendium an einen einzigen Neuseeländer vergeben werden. Rutherford bewarb sich darauf und wurde – Zweiter. Statt dessen erhielt der Chemiker Maclaurin die Auszeichnung, der bereits drei Jahre zuvor seinen Abschluß gemacht hatte und auf mehrere wissenschaftliche Veröffentlichungen verweisen konnte.

Enttäuscht fuhr Ernest zurück zu seinen Eltern, wo er bei der alltäglichen Arbeit half. Er strich das Haus, baute einen Tennisplatz, half bei der Feldarbeit. Es waren erst wenige Wochen, als der Postbote ein Telegramm überbrachte. Schnell lief die Mutter zum Acker und gab es ihrem Sohn. Die Nachricht überwältigte ihn: Maclaurin hatte aus privaten Gründen das Stipendium abgelehnt, so daß nun doch Rutherford nach England reisen durfte. Voller Freude warf er den Spaten fort und rief: „Das war die letzte Kartoffel, die ich ausgebuddelt habe!“

Rutherford hatte sich für das Cavendish-Laboratorium in Cambridge entschieden. Das Geld für die Überfahrt mußte er sich leihen, aber schließlich traf er Ende September dort ein. Und es war kein schlechtes Omen, daß er unmittelbar nach seiner Ankunft in London auf einer Bananenschale ausrutschte und sich das Knie verletzte.

Mitgenommen hatte er seinen Radiowellenapparat, mit dem er seine in Neuseeland begonnenen Studien fortsetzen wollte. Zurücklassen mußte er allerdings seine Verlobte, Mary Newton. Er hatte sie schon 1894 kennengelernt, doch mußten sie sechs Jahre auf ihre Hochzeit warten, bis der junge Forscher endlich sein eigenes Geld verdiente. Ihr schrieb er kurz nach seiner Ankunft: „Ich ging zum Labor, sah dort Thomson und unterhielt mich lange mit ihm. Er ist äußerst umgänglich und alles andere als ein altes Fossil“. Unter J. J. Thomson, der späterhin nur noch J. J. genannt wurde, hatte das Cavendish-Laboratorium seit seinem ersten Direktor James Clerk Maxwell einen großen Aufschwung erlebt. Mittlerweile wurde dort „pro Quadratzentimeter mehr Physik gemacht als in jedem anderen Laboratorium auf der Welt“. Doch nicht alle Kollegen traten Rutherford so offenherzig und aufgeschlossen gegenüber wie Thomson. Insbesondere die Assistenten blickten gern abschätzig auf den Mann aus dem Maori-Land herab, zumindest anfänglich. Das sollte sich jedoch bald ändern.

Rutherford experimentierte weiter mit seinem Radiowellenempfänger und verbesserte ihn so weit, daß es ihm gelang, die Hertzschen Wellen über größere Entfernungen hinweg nachzuweisen. Was ihn hierbei besonders beeindruckte, war die Tatsache, daß er die Wellen auch dann noch registrieren konnte, wenn Sender und Empfänger in verschiedenen Zimmern standen, die Wellen also offenbar mühelos dicke Mauern zu durchdringen vermochten. Der Empfänger bestand im wesentlichen aus einer Magnetnadel, die ihre Ausrichtung leicht änderte, wenn eine Welle eintraf. Schon ein halbes Jahr nach seiner Ankunft konnte er stolz berichten: „Am folgenden Tag versuchte ich es erneut und sah eine Wirkung über eine Entfernung von über einer Meile hinweg, wobei feste Steinhäuser dazwischen lagen". Das war damals Weltrekord.

Schon im Januar sah Rutherford durchaus zukünftige praktische Anwendungen für seine Apparatur und auch die Möglichkeit, mit ihr Geld zu verdienen. „Wenn es mir gelänge, eine spürbare Wirkung über eine Entfernung von zehn Meilen zu erzielen, so könnte ich damit wohl eine erhebliche Menge Geld verdienen. Es wäre sicher sehr nützlich, Leuchttürme und Feuerschiffe zu verbinden, so daß man ihnen jederzeit Signale übermitteln könnte". Doch es sollte alles ganz anders kommen. Nicht er wurde der Pionier der drahtlosen Telegraphie, sondern der pragmatische Erfinder Giulielmo Marconi.

Thomson hatte in der kurzen Zeit seit seiner Ankunft bereits Rutherfords „ungewöhnliche Fähigkeiten und Energie" bemerkt. Als dieser im Juni seine erste Arbeit über die bemerkenswerten Radiowellenexperimente bei der Royal Society einreichte, hatte er dieses Arbeitsgebiet bereits aufgegeben, um sich einem gänzlich anderen Thema zu widmen, den Röntgen-Strahlen. Es zeugt von großem Selbstvertrauen und einem untrüglichen Gespür für das Wesentliche, wenn jemand einen erfolgversprechenden Weg verläßt, um im Dickicht des Unbekannten nach verborgenen Schätzen zu graben. Rutherford besaß dieses Selbstvertrauen und das Gespür und gab damit seinem Leben eine entscheidende Wendung.

Röntgens Entdeckung der alles durchdringenden Strahlen hatte die Physiker in aller Welt aufgerüttelt. Ein völlig neues Phänomen war entdeckt worden, das ein Tor in unerforschtes Neuland aufgestoßen hatte. In fast jedem physikalischen Labor auf der Welt begann man mit den X-Strahlen zu experimentieren, so auch in Thomsons. Er untersuchte, wie sich die elektrische Leitfähigkeit eines Gases ändert, wenn man Röntgen-Strahlen in es hineinschoß. Zugegeben: Aufnahmen, die die

Knochen einer menschlichen Hand oder eines Frosches zeigten, waren aufregender als die mühsamen Messungen. Aber „der Professor versucht natürlich, die wahre Ursache und die Natur der Wellen herauszufinden. Die große Aufgabe besteht darin, eine Theorie dieser Sache zu finden, bevor es jemand anderes tut. Zur Zeit ist fast jeder Professor auf dem Kriegspfad", schrieb Rutherford nach Neuseeland.

Mit der ersten Veröffentlichung Ende 1896 wurde Rutherfords Name auch international beachtet. Er hatte für die schwierigen Messungen ein empfindliches Elektrometer gebaut, das entscheidend zum Gelingen der Experimente beigetragen hatte. In diesem Jahr erreichte die Meldung über eine weitere überraschende Entdeckung das Cavendish-Laboratorium. Sie kam dieses Mal aus Frankreich. Henri Becquerel hatte durch Zufall bemerkt, daß Uransalze ebenfalls Strahlen aussenden, die ähnliche Eigenschaften besitzen wie die Röntgen-Strahlen. Tatsächlich handelte es sich um das Phänomen der Radioaktivität.

Die Radioaktivität versprach, sich ähnlich belebend auf die Forschung in der ganzen Welt auszuwirken wie die Röntgen-Strahlen. Experimente mit ihr waren allerdings mit größeren Schwierigkeiten verbunden. Während jeder Experimentalphysiker mit nur etwas Geschick eine Apparatur aufbauen konnte, die Röntgen-Strahlen aussandte, waren radioaktive Mineralien nicht so leicht zu bekommen – eine Erschwernis, die auch Rutherford später noch zu spüren bekommen sollte. Zunächst aber hatte man uranhaltige Pechblende, mit der man der Sache nachgehen konnte.

Wenige Jahre vor seinem Tod äußerte Rutherford einmal, daß es der wichtigste Moment in seinem Leben war, als er sich für die Untersuchung der Uranstrahlung und damit der Radioaktivität entschied. Während sich die meisten Forscher seiner Zeit mit den radioaktiven Substanzen selbst befaßten, konzentrierte er sich bald auf die radioaktive Strahlung. Zunächst stellte er fest, daß ein Gas, das man dieser Strahlung aussetzte, elektrisch leitend wurde. Hierbei ließ er es selbstredend nicht bewenden, er wollte diesem geheimnisvollen Phänomen auf den Grund gehen. Das entscheidende neue Ergebnis war: Es gibt zwei Arten von Strahlung. Eine, die von Materialien stark absorbiert wird, und eine weitere, die sie leicht durchdringt. Er bezeichnete sie mit alpha und beta.

Seine Arbeiten beanspruchten ihn nun zunehmend. Seiner Verlobten schrieb er: „Wenn ich von der Forschung nach Hause komme, kann ich kaum eine Minute ruhig bleiben und werde normalerweise nervös und ganz zappelig. Wenn ich nun hin und wieder rauchen würde, könnte mich dies allgemein ein wenig beruhigen. Du brauchst Dich deswegen keineswegs zu beunruhigen, denn ich glaube nicht, daß ich jemals ein überzeugter Raucher werde“. Wenn Rutherford jemals in einem Punkt Unrecht hatte, dann in diesem. Man traf ihn später so gut wie nie ohne Zigarre oder Pfeife an, und ständig war er auf der Suche nach Streichhölzern. Und dabei hatte seine Karriere noch gar nicht recht begonnen.

Rutherford war gerade drei Jahre in Cambridge, als eine Professur für Physik an der McGill-Universität in Montreal, Kanada, ausgeschrieben wurde. Er bewarb sich und wurde prompt berufen. Durch seine Veröffentlichungen zusammen mit Thomson hatte er einerseits internationale Beachtung gefunden, andererseits war der Andrang auf die Stelle nicht überwältigend, denn Kanada lag doch recht abseits von den berühmten Forschungsstätten. Der Wechsel auf den Lehrstuhl hatte jedoch als angenehme Begleiterscheinung ein ordentliches Gehalt, so daß er und seine Verlobte Mary endlich heiraten konnten.

Genoß auch die Universität selbst keinen Ruhm, so waren die Laboratorien dank der Unterstützung durch den spendablen Millionär Sir William Macdonald bestens ausgestattet. Als der frischgebackene, gerade erst 27jährige Professor mit seiner in Cambridge begonnenen Forschung fortfahren wollte, war zwar radioaktives Material vorhanden, nicht jedoch das wissenschaftliche Know-how. Er fing bei Null an und baute nach und nach seine eigene Arbeitsgruppe auf.

Schon kurz nach seiner Ankunft kam Rutherford zu einem bemerkenswerten Schluß. Er schätzte ab, wieviel Energie ein

Gramm Radium abstrahlt, und fand es „schwer vorstellbar, daß eine solche Energiemenge durch Umordnung der Atome oder Rekombinationen der Moleküle entsprechend der normalen chemischen Theorie entstehen könne". Damit berührte Rutherford erstmals ein Thema, daß wir heute als Kernenergie bezeichnen. Es sollte nicht das letzte Mal gewesen sein, daß er sich hierüber Gedanken machte.

Mit großem Elan machte sich Rutherford an die Arbeit. Noch in Cambridge hatte er festgestellt, daß die radioaktive Substanz Thorium „ein Gas oder einen Dampf" abgab. Er nannte dieses Phänomen „Emanation". Um diese Ausgasungen genauer untersuchen zu können, war die Unterstützung eines Chemikers unerläßlich. Im Oktober 1901 fragte er Frederick Soddy, einen jungen Mann, der in England studiert und in Montreal eine Anstellung bekommen hatte. Soddy sagte zu, und so begann das kleine Team mit der Arbeit. Schon bald sollten sie Ergebnisse vorstellen, die ihnen unter den Chemikern den Ruf als Alchemisten einbrachten.

Sie untersuchten die gasförmigen „Ausdünstungen" von Thorium und testeten dessen Reaktionsfähigkeit nach allen Regeln der chemischen Kunst. Allein, das Gas schien mit nichts zu reagieren, ganz so wie das erst kürzlich entdeckte Edelgas Argon. Das aber konnte es doch nicht sein, denn Thorium war ein Element, und Argon war ein Element. Das eine Element konnte sich wohl schlecht in ein anderes umgewandelt haben. „Wie angewurzelt standen wir angesichts der enormen Wichtigkeit dieser Sache. ‚Rutherford, das ist eine Umwandlung. Thorium zerfällt und verwandelt sich in ein Argon-Gas'", erzählte Soddy später. Die Ergebnisse waren jedoch verwirrend und die Behauptung der Elementumwandlung zu ungeheuerlich, erinnerte sie doch unangenehm an die vergeblichen Versuche, aus Blei Gold zu machen. Mehr noch brach diese Hypothese mit dem alten Dogma von der Unteilbarkeit der Atome. Aber es blieb dabei: Thorium verwandelte sich in Thorium X, wie sie die unbekannte ‚Emanation' nannten, und dieser Vorgang ließ sich auch nicht mit irgendwelchen chemischen oder physikalischen Mitteln beeinflussen.

Die zweite bahnbrechende Entdeckung war das Gesetz, nach dem die radioaktiven Substanzen zerfielen. Rutherford fand eine einfache Formel, nach der die Aktivität einer Thorium-Probe im Laufe eines Monats abnahm. Es war das Exponentialgesetz, mit dem wir seitdem den Zerfall eines radioaktiven Elements und dessen Halbwertszeit darstellen. Diese mathematische Kurve gab gleichzeitig an, mit welcher Rate die Menge an Thorium ab- und die an Thorium X zunahm, denn das eine entstand aus dem anderen: genial einfach und ebenso revolutionär. Die grundlegenden Gedanken, die Ende des Jahres 1902 in zwei Arbeiten mit dem Titel *Cause and Nature of Radioactivity* erschienen, wurden großenteils mit Skepsis aufgenommen. Insbesondere die Chemiker mochten die Sache nicht glauben und spotteten über den „Hang zum Selbstmord" der radioaktiven Atome.

Doch zog es Rutherford bald zu den ebenfalls bei der Radioaktivität freiwerdenden Alpha- und Beta-Strahlen, die er bereits in Cambridge entdeckt hatte. Innerhalb weniger Wochen baute er eine Apparatur auf, mit der es ihm gelang nachzuweisen, daß die beiden Strahlensorten in elektrischen und magnetischen Feldern abgelenkt wurden. Nach seinen Rechnungen bestanden die Alpha-Strahlen aus elektrisch geladenen Teilchen atomarer Größe. Im Laufe der Jahre, bis etwa 1904, verfestigte sich bei Rutherford die Vorstellung, daß es sich bei den Alpha-Teilchen um positiv geladene Helium-Atome handeln mußte, auch wenn der letztendliche Beweis noch weitere vier Jahre auf sich warten ließ. Demnach mußte also ein Thorium-Atom in ein Helium- und ein Thorium-X-Atom zerfallen.

Die äußerst fruchtbare Zusammenarbeit mit Soddy währte gut ein Jahr, als dieser Anfang des Jahres 1903 an das University College in London zu William Ramsey ging. Aber Rutherford zog immer mehr junge Forscher aus aller Welt an, darunter auch Otto Hahn, der 1905 als 26jähriger in seine Gruppe kam. Lebhaft erinnerte sich dieser an die „Begeisterung und die überschäumende Arbeitskraft Rutherfords", die sich auf alle übertrug, „und das Weiterarbeiten im

Institut nach dem Abendbrot war eher die Regel als eine Ausnahme, wenigstens für uns Deutsche, die wir ja nicht beliebig lange in Montreal bleiben konnten ... Rutherford konnte so herzlich lachen, daß es durch das ganze Institut schallte ... Im Rauchen war Rutherford ganz groß. Pfeife und Zigarette lösten sich ohne längere Unterbrechung ab. Das Rauchen mußte nur einmal unterbleiben, nämlich als der sehr vermögende Tabakgroßhändler Macdonald, der Donator der ‚Macdonald Physics Buildings', seinen Besuch im Institut ankündigte. Niemand durfte da rauchen, auch Rutherford nicht". Diese Inspektion muß wohl alle im Institut sehr beeindruckt haben, denn auch sein Mitarbeiter Eve erinnerte sich, daß „der junge Professor in sein Zimmer rannte und uns atemlos ermahnte, seine Fenster zu öffnen, seine Pfeife weglegte und jede Spur von Tabak vernichtete. Auf die Frage, was das denn solle, antwortete er: ‚Beeilt euch, Macdonald kommt ins Institut!'"

Rutherford war sehr produktiv, hatte fleißige Mitarbeiter, an Geld mangelte es nicht. Mit den Jahren bekam er aber doch die intellektuelle Isolierung zu spüren. Die Kommunikation war langwierig, Manuskripte waren oft wochenlang auf See unterwegs. Da erreichte ihn im September 1906 aus Manchester ein überraschendes Angebot. Der Physiker Arthur Schuster hatte sich entschlossen, seinen Lehrstuhl zu verlassen, allerdings nur unter der Bedingung, daß seine Stelle jemand ausfüllte, der „ihren Ruf erhält und vermehrt. Es gibt niemanden", so schrieb Schuster an Rutherford im Oktober 1906, „dem ich sie bedenkenloser überließe als Ihnen". Rutherford hätte vermutlich sofort zugesagt, wenn er nicht gleichzeitig weitere Angebote aus London und den USA erhalten hätte. So nutzte er seine Position, um gute Bedingungen auszuhandeln. Hierbei ging es ihm vor allem darum, nicht übermäßig in den Lehr- und Verwaltungsbetrieb eingespannt zu werden. Man wurde handelseinig, und im Mai 1907 fand er sich in seiner alten Forschungsstätte ein. Neun Jahre lang hatte er in Montreal gewirkt. Sein Weggang bedeutete den Niedergang des Instituts.

In Manchester indes schien er noch einmal einen Gang zuzulegen. Hier sollte er seine zwölf erfolgreichsten und glücklichsten Jahre verleben, wenngleich er zunächst auch auf Schwierigkeiten stieß: Es gab für seine Experimente kein Radium. Diese Substanz wurde fast ausschließlich im böhmischen Joachimsthal gewonnen und vom Radium-Institut in Wien verwaltet. Er fragte dort um ein halbes Gramm an, bekam schließlich auch 350 Milligramm angeboten, allerdings sollte er sie sich mit Ramsay in London teilen. Ein inakzeptables Angebot, zumal Ramsay die kostbare Substanz zunächst über ein Jahr lang für seine eigenen Versuche behalten wollte. Schließlich hatten die Verantwortlichen in Wien ein Einsehen und ließen Rutherford im Januar 1908 ein halbes Gramm Radiumbromid zukommen. Es war dieses Radium, mit dem er in den folgenden Jahren seine entscheidenden Versuche ausführen sollte.

Ende November des Jahres überraschte ihn ein Telegramm aus Stockholm: Er war für den Nobelpreis für Chemie ausgewählt worden. Daß er diesen höchsten aller Preise früher oder später für seine Arbeiten zur Radioaktivität erhalten würde, hatten die Kollegen zwar geahnt, daß er ihn aber für die Chemie bekommen würde, erstaunte sie nicht schlecht. Schließlich waren es die Chemiker, die jahrelang die Elementumwandlung vehement bestritten hatten. Nun zogen die Gratulanten Rutherford mit seiner ‚instantanen Wandlung vom Physiker zum Chemiker' auf, und in der Tat hätte er wesentlich stimmiger die Reihe der Vorgänger der Physik-Nobelpreisträger fortgesetzt: 1901: Röntgen, 1903: Becquerel und die beiden Curies sowie 1906: J. J. Thomson.

Die Honorierung von 7000 Pfund entsprach etwa fünf Jahresgehältern, womit Rutherford erstmals wohlhabend war. Einen Teil des Geldes schickte er an seine Eltern und Geschwister, danach erfüllte er sich jedoch einen ganz persönlichen Wunsch: Er kaufte sich ein Auto. In seinem *Wolseley Siddeley* ließ er sich gern den Fahrtwind um die Ohren wehen, und nach 500 Meilen unfallfreien Fahrens fand er, Autofahren sei einfacher als Reiten: „Über Land fahren wir im Schnitt 17 Meilen pro Stunde und auf einer guten Straße auch einmal

25. Wir könnten sogar 35 oder 40 fahren, wenn wir wollten, aber ich bin nicht scharf auf hohe Geschwindigkeiten bei den Autokontrollen am Straßenrand. Wenn man mich erwischt, kostet es eine Geldbuße von zehn Guinee. Das sind die Sorgen der Autofahrer, die ich vermeiden möchte".

Wissenschaftlich war der Nobelpreis für ihn das Empfehlungsschreiben an alle berühmten Forscher der Welt. In Berlin, einer der Physikmetropolen der damaligen Zeit, traf er seinen ehemaligen Schüler Hahn wieder, aber auch Planck und Einstein, und in Leiden besuchte er Lorentz, den großen Theoretiker, sowie Kammerlingh Onnes, den Pionier der Tieftemperaturphysik und Entdecker der Supraleitung. Während Einstein Rutherfords Arbeiten stets bewunderte, hatte Rutherford der Relativitätstheorie gegenüber lange Zeit ein gespaltenes Verhältnis. Zwar war er von ihrer Richtigkeit überzeugt, sah in ihr aber nicht die revolutionäre Neuerung, sondern lediglich eine Erweiterung der Newtonschen Mechanik, und zwar auf Verhältnisse, wie sie ausschließlich für Astronomen interessant sein konnten. Als der deutsche Physiker Wilhelm Wien auf einer Tagung einen Vortrag über die Spezielle Relativitätstheorie hielt, schloß er mit den Worten: „Aber die Angelsachsen können die Relativität nicht verstehen", woraufhin Rutherford konterte: „Nein! Dafür haben sie zuviel Verstand". Rutherford vertrat hier ganz die englische Tradition, die stark experimentell ausgerichtet war, während in Deutschland seit der Jahrhundertwende die theoretische Physik enormen Auftrieb erhalten hatte. Nur ein Jahr nach diesem kurzen Disput wurde der große Neuseeländer eines Besseren belehrt.

Er stellte eine Theorie für die Beta-Strahlung auf, die allerdings die Meßergebnisse nicht ausreichend genau erklären konnte. Sie wies einen gravierenden Fehler auf, den sein Schüler Moseley aufdeckte. Die Beta-Teilchen bewegen sich nämlich nahezu mit Lichtgeschwindigkeit, so daß hier die Newtonsche Physik versagt und Einsteins Relativitätstheorie herangezogen werden muß. Es war das erste und einzige Mal, daß Rutherford eine Veröffentlichung widerrufen mußte. Es spricht für seine Ehrlichkeit, daß er in seinem Brief an das

Philosophical Magazine Moseley gebührend erwähnt. Harry Moseley war vielleicht der hoffnungsvollste junge Physiker in Rutherfords Team. Als der Erste Weltkrieg ausbrach, meldete er sich Anfang 1915 freiwillig zur Armee. Ein halbes Jahr später war er tot, erschossen in den Dardanellen im Krieg gegen die Türken.

Trotz der höchsten Auszeichnung, die ein Naturwissenschaftler erlangen kann, blieb Rutherford ein einfacher, umgänglicher Mensch. Es gab für ihn keine Klassenunterschiede, Frauen begrüßte er in der Forschung – keineswegs eine Selbstverständlichkeit damals. Einer seiner ersten Schüler, R. B. Robertson, prägte das vielzitierte Wort: „Nur wenige Menschen hatten mehr Freunde oder verloren weniger als er". Auch auf Äußerlichkeiten legte er keinen Wert. Vier Jahre nach der Verleihung des Nobelpreises nahm er an der 250-Jahr-Feier der Royal Society teil, in deren Rat er kurz zuvor gewählt worden war. Das Königspaar war anwesend, so daß in diesem Fall auch Rutherford um korrekte Kleidung nicht herumkam. An seine Mutter schrieb er: „Es war eine ziemlich ermüdende Angelegenheit, und es wird das letzte Mal gewesen sein, daß ich an einer Gartenparty der Windsors teilgenommen habe. Ich mußte mir einen Seidenhut kaufen und konnte mich kaum an das Tragen dieses Monstrums gewöhnen".

Anders als bei manch anderem Geehrten ließ Rutherfords Arbeitseifer in keiner Weise nach. Im Gegenteil: Zu Beginn eines jeden Jahres erstellte er eine Liste, auf der er alle dringlichsten Probleme notierte, die er gelöst haben wollte. Innerhalb von drei Jahren wuchs seine kleine Gruppe auf rund 25 Mitarbeiter an. Ein Mann der ersten Stunde war Hans Geiger, der mit seinem experimentellen Geschick wesentlichen Anteil an Rutherfords späteren Erfolgen hatte. Nach seiner Rückkehr nach Deutschland war Geiger entscheidend am Aufschwung der Kernforschung beteiligt. Sein Name lebt in dem berühmten Geiger-Zähler fort.

Als Rutherford den Nobelpreis erhielt, hatte er sein Augenmerk schon längst von den radioaktiven Substanzen weg auf eines der Zerfallsprodukte gelenkt, die Alpha-Teilchen. Im

Januar 1908 sagte er: „Die Ergründung der wahren Natur der Alpha-Teilchen ist eines der dringendsten ungelösten Probleme der Radioaktivität, aus dessen Lösung sich wichtige Konsequenzen ergeben". Rutherfords Ahnung, daß es sich um zweifach geladene Helium-Atome handelt, bewahrheitete sich einige Jahre später. Zunächst wollte er untersuchen, was mit den Teilchen passiert, wenn sie durch ein Gas fliegen. Hierbei stoßen sie mit den Molekülen zusammen und verlieren dabei Energie, soviel war klar. Was fehlte, waren Meßwerte.

Zusammen mit Geiger konstruierte er einen Apparat, der die Partikel sichtbar machte. Nach ersten Versuchen gingen sie jedoch zu einem Meßverfahren über, das Otto Hahn kurz zuvor entwickelt hatte. Dessen Szintillations-Methode beruhte darauf, daß Alpha-Teilchen beim Auftreffen auf einen Schirm aus Zinksulfid einen winzigen Lichtblitz erzeugen. Die Experimente liefen nun so ab, daß die Alpha-Teilchen aus dem Radiumpräparat heraus in eine mit Gas gefüllte Röhre schossen und am anderen Ende auf dem Leuchtschirm auftrafen. Geigers und Rutherfords Aufgabe bestand darin, die hierbei entstehenden Lichtblitze zu zählen, wozu sie sich in dem völlig verdunkelten Laboratorium im Keller einschlossen. „Geiger ist ein guter Mann und arbeitet wie ein Sklave", schrieb Rutherford einmal einem Freund.

Der Aufwand wurde belohnt. Rutherford konnte aus seinen Untersuchungen den Wert der Elementarladung ableiten. Der war aber überraschenderweise fast um die Hälfte größer als der bis dahin allgemein akzeptierte Wert. Es gab nur eine einzige Berechnung der Elementarladung, die ebenfalls diesen hohen Zahlenwert ergab. Max Planck hatte sie im Rahmen seiner Theorie erhalten, in der er das später nach ihm benannte Wirkungsquantum entdeckt hatte. Plancks Arbeit wurde später als Beginn der Quantenmechanik angesehen. Rutherfords Ergebnis schien nun die Theorie des deutschen Forschers zu unterstützen, was schließlich dazu beitrug, die Quantentheorie auch den britischen Physikern etwas näherzubringen.

Noch aber war die größte Entdeckung in den Versuchen verborgen. Immer wieder stolperte Rutherford über Hinweise.

So erwähnte er in einem Brief auch die Streuung: „Wir hatten eine Reihe von Schwierigkeiten, im wesentlichen natürliche Störungen, aber auch einen Streueffekt, dessen Unterdrückung uns einige Zeit kostete ... Die Streuung ist teuflisch". Gemeint war hiermit ein Auseinanderlaufen des Alpha-Strahls, das die Messungen erschwerte. Rutherford beschloß, der Sache auf den Grund zu gehen, und entdeckte: das Atom.

Seine Streuversuche bilden noch heute die Grundlage für die Untersuchung der inneren Struktur von Teilchen in großen Beschleunigern. Das Prinzip läßt sich etwa so veranschaulichen: Angenommen, man steht vor einer völlig durchsichtigen Glasscheibe, die von einigen unsichtbaren Löchern durchbrochen ist. Um herauszufinden, wie groß die Löcher sind und welchen Anteil an der Gesamtfläche sie ausmachen, schießt man von einer Seite Erbsen darauf. Je größer der Flächenanteil der Löcher ist, desto mehr Erbsen werden diese durchqueren und auf die andere Seite gelangen. Mit einem systematischen Experiment dieser Art wird man schließlich die gesamte Struktur der löcherigen Scheibe ermitteln können. Und das war Rutherfords Idee.

Anstelle von Erbsen benutzte er Alpha-Teilchen, und der löcherigen Scheibe entsprachen dünne Metallfolien. Aus den Streuversuchen seines Schülers Marsden zog er den Schluß, daß die Atome im wesentlichen leer sind. Der überwiegende Teil ihrer Masse ist in einem winzigen Kern komprimiert, den die Elektronen in großem Abstand umkreisen. Damit hatte man erstmals experimentell die Struktur der Atome nachgewiesen.

Eine kurze Notiz dieser Versuche erschien im März 1911, eine ausführliche Darstellung zwei Monate später. Heute erkennen wir die Größe dieser Arbeit, damals wurde sie kaum beachtet. Selbst auf dem ersten Solvay-Kongreß, einer Art Gipfeltreffen der Physiker, an dem Rutherford teilnahm, diskutierten die Forscher hierüber nicht. In der Tat wies dieses Planetenmodell des Atoms einen schwerwiegenden Schönheitsfehler auf: Wenn die Elektronen um den Kern kreisen, so müssen sie dabei Energie abstrahlen. Dies hätte zur Folge, daß sie sich auf einer Spiralbahn dem Kern nähern und schließlich in ihn hineinstürzen. Kurzum: Stabile Atome dürfte es gar nicht geben. Rutherford war dies klar. Zeitweilig vermutete er, daß die „abstürzenden" Elektronen den radioaktiven Zerfall bewirken. Die richtige Lösung dieses Problems fand indes ein anderer: Niels Bohr, der im Frühjahr 1912 für einige Monate an Rutherfords Institut kam. Er erklärte, die klassische Theorie müsse in der Mikrowelt versagen, und setzte an ihre Stelle neue Gesetze, die der Quantenmechanik.

Rutherford hätte für diese Arbeit ohne Frage ein weiterer Nobelpreis gebührt, dieses Mal für Physik. Aber er bekam ihn nicht, und er brauchte ihn auch nicht. Er wurde 1919 nach Cambridge berufen, wo er die Nachfolge seines Lehrers Thomson antrat. Dreizehn Jahre danach sollte sich erneut ein Erfolg einstellen, an dem er selbst wesentlichen Anteil hatte: Sein Schüler, James Chadwick, entdeckte das Neutron, dessen Existenz Rutherford schon 1920 vorausgesagt hatte. Es bildet neben dem Proton den zweiten Baustein des Atomkerns.

Aus aller Welt empfing Rutherford die höchsten wissenschaftlichen Ehrungen, 1931 wurde er sogar geadelt, doch auch als Lord Rutherford of Nelson blieb er bescheiden. Er, der nie ernsthaft krank gewesen war, starb überraschend 1937, im Alter von 66 Jahren, an einem Nabelbruch. Beigesetzt wurde er in der Westminster Abbey, nahe dem Grab Newtons.

Rutherford hatte immer wieder in verschiedenen Zusammenhängen auf die enorme Energie hingewiesen, die im Innern des Atomkerns steckt. Kurz nach dem Ersten Weltkrieg hatte er die Hoffnung ausgesprochen, der Menschheit möge es nie gelingen, diese Kräfte freizusetzen, bevor sie den allgemeinen Frieden gefunden hat. Dieser Wunsch erfüllte sich nicht.

„Im ersten Augenblick eine ungeheuerliche und für das Vorstellungsvermögen fast unerträgliche Zumutung.“

Niels Bohr (1885–1962)

Das Physikalische Institut der Universität Kopenhagen zählt nicht gerade zu den geistigen Metropolen in Europa, doch arbeitet hier seit September letzten Jahres bei Professor Knudsen ein junger Mann, der schon wenige Jahre später zu *der* Autorität der modernen Atomphysik und Quantenmechanik aufsteigen wird. Dieser Niels Bohr wird mit den Gesetzen der klassischen Physik brechen und den Menschen vor Augen führen, wie beschränkt ihre Vorstellungswelt ist. Die Welt im Kleinsten gehorcht nicht den bekannten Regeln der Logik, sie folgt ihren eigenen Gesetzen. Bis an sein Lebensende werden Bohr die unglaublichen Phänomene der verrückten Mikrowelt beschäftigen.

Bohr, ein großer, schlanker Mann mit auffällig buschigen Augenbrauen und hart zurückgebürstetem Haar hat ein aufregendes Jahr hinter sich. In Manchester hat ihn Ernest Rutherford in seine Versuche mit Alpha-Strahlen eingeweiht, die zu einem ersten Modell der Atome geführt hatten. Aber dieses Modell erklärt noch längst nicht alle experimentellen Ergebnisse und weist noch eine Reihe von inneren Widersprüchen auf. Rutherford stellte sich ein Atom wie ein Planetensystem im Kleinen vor. Im Zentrum ruht ein positiv geladener Kern, der in unterschiedlichen Abständen von den negativ geladenen Elektronen umkreist wird. Die gegenseitigen Abstände müssen so groß und die Teilchen so klein sein, daß ein Atom fast ausschließlich aus leerem Raum besteht.

Bohr hat die Vorstellung entwickelt, daß sich die Elektronen auf „Ringen“ bewegen, wobei auf jedem Ring nur jeweils

Niels Bohr in der Princeton University, 1956

sieben Elektronen Platz haben. Sieben deswegen, weil er damit die sieben chemischen Wertigkeiten der Elemente erklären kann. Vieles bleibt indes noch unklar, vor allem eines ist absolut rätselhaft: Warum stürzen die Elektronen nicht in den Kern hinein? Nach der klassischen Theorie müßten sie nämlich ständig Strahlung abgeben und dadurch Bewegungsenergie verlieren. Bohr spürt, daß die Lösung in dem 1900 von Max Planck entdeckten Wirkungsquantum liegen muß, einer Naturkonstante, die symbolisiert, daß Atome Licht in kleinen Paketen aufnehmen und abgeben.

Es ist um den 4. Februar des Jahres 1913 herum, als ihn sein ehemaliger Studienfreund Hans Marius Hansen im Institut besucht. Hansen, erst vor kurzem von einem eineinhalbjährigen Forschungsaufenthalt in Göttingen zurückgekehrt, arbeitet seitdem als Assistent an der Polytechnischen Lehranstalt. In Deutschland hat er sich intensiv mit der Spektroskopie von Gasen beschäftigt, worüber er sich jetzt mit Bohr unterhalten will. Was ihn besonders beschäftigt, sind die Spektrallinien des Wasserstoffs.

Zerlegt man Sonnenlicht in einem Glasprisma, so spaltet sich der weiße Strahl in seine Spektralfarben auf. Anders Wasserstoffgas. Regt man es zum Leuchten an und beobachtet sein Licht durch ein Prisma, so erkennt man nur einzelne Linien verschiedener Farben. Ob Bohr mit seinem Modell die Wellenlängen dieser Linien erklären könne, fragt Hansen.

Bohr kennt zwar das Phänomen, hat es aber bislang bei seinen Überlegungen wegen der verwirrenden Vielzahl der Spektrallinien immer ausgespart. So kompliziert sei dieses System bei genauerem Hinsehen gar nicht, erklärt ihm Hansen und berichtet von dem Zahlengesetz, das der Schweizer Schullehrer Johann Jakob Balmer bereits vor fast 30 Jahren gefunden habe. Balmer hatte die Abstände zwischen den Linien ausgemessen und dabei zunächst gefunden, daß der gegenseitige Abstand abnimmt, wenn man von der roten über die gelbe zu den blauen Linien fortfährt. Und nun kommt der Trick: Gibt man der ersten, roten Linie willkürlich die Zahl $n = 2$ und numeriert die weiteren Linien durch, so nehmen die Abstände genau quadratisch mit zunehmenden *n* ab.

„In dem Moment, in dem ich Balmers Formel sah, wurde mir alles klar", erinnerte sich Bohr später einmal. Wie die letzten Teile in einem komplizierten Puzzle fügt sich in diesem Augenblick das gesamte Bild in seinem Kopf zusammen: Die Linien entstehen immer dann, wenn ein Elektron von einem Ring auf den nächstniedrigeren hinunterspringt, und da alle Wasserstoffatome Licht immer bei denselben Wellenlängen, sprich Farben, aussenden, müssen die Abstände der Ringe vom Kern durch die Natur festgelegt sein. Es konnte nicht so einfach sein wie im Planetensystem. Hier konnten die Körper auf beliebigen Bahnen laufen, und diese Bahnen änderten sich durch äußere Einflüsse, wie die Schwerkraft der anderen Planeten, geringfügig. Die Elektronen hingegen springen hin und her, und stets werden ihnen nur ganz bestimmte Bahnen zugewiesen. Es spielt hierbei keine Rolle, ob das Gas tausend Grad heiß ist und die Teilchen unablässig mit hohen Geschwindigkeiten zusammenstoßen oder ob man es unter den Gefrierpunkt abkühlt, so daß die Atome weniger Bewegungsenergie besitzen und nicht so heftig miteinander kollidieren: Die Elektronenringe bleiben davon unbeeinflußt, das Spektrum zeigt immer die bekannte Balmer-Sequenz.

Wie besessen macht Bohr sich nun an die Arbeit. Sechs Wochen lang hört und sieht man ihn nicht, kein Brief verläßt die Wohnung des sonst so Schreibfreudigen. Dann ist der erste Teil einer drei Arbeiten umfassenden Veröffentlichung fertig. Diese „Trilogie", wie man das Werk später nennen wird, bildet einen der bedeutsamsten Wendepunkte in der Geschichte der Physik, im heutigen Jahrhundert in ihrer Wirkung nur noch mit Einsteins Relativitätstheorie vergleichbar.

Damit sein Atommodell alle experimentellen Ergebnisse erklären kann, muß Bohr mit bislang anerkannten Prinzipien der klassischen Physik brechen. Er legt fest, daß sich ein Atom in einem „stationären Zustand" befindet, wenn es keine Strahlung aufnimmt oder abgibt. Dann läuft das Elektron auf einer bestimmten Bahn, wobei die Energie eines Elektrons um so größer ist, je weiter es vom Kern entfernt ist. Nun kann ein Atom von einem solchen stationären Zustand in einen anderen übergehen. Springt ein Elektron von einer äußeren Schale auf eine weiter innen liegende, so verliert es Energie, die es in Form eines Lichtteilchens abstrahlt. Der Abstand der Bahnen und damit die Energie des ausgesandten Lichtpaketes ist eindeutig und ausschließlich durch das Plancksche Wirkungsquantum sowie die Wellenlänge des Lichts festgelegt. Diese Quantensprünge sind im Lichte der klassischen Physik völlig unerklärlich.

Die Trilogie erscheint schließlich nach langen Diskussionen mit Rutherford im Juli, September und November des Jahres 1913 im *Philosophical Magazine*. Nicht anders als anderen bahnbrechenden Arbeiten geht es auch dieser: Sie stößt zunächst nur auf wenig Reaktion. Arnold Sommerfeld in München ist sehr angetan und gesteht Bohr im September in einem Brief, daß er selbst schon darüber nachgedacht habe, wie sich die Plancksche Konstante auf den Atombau anwenden ließe. Und als Einstein von dem Rutherford-Schüler George Hevesy erfährt, wie gut Bohrs Modell die Spektren von Wasserstoff und Helium erklärt, ist er begeistert: „Einsteins große Augen wurden noch größer, und er sagte mir: ‚Dann ist es eine der größten Entdeckungen'", schreibt Hevesy seinem Lehrer.

„Ich, *Niels Henrik David Bohr*, wurde am 7. Oktober 1885 in Kopenhagen geboren, als Sohn des Professors für Physiologie an der Universität Kopenhagen, Christian Bohr, und seiner Ehefrau Ellen, geborene Adler". Ein Schwesterchen, Jenny, wartete schon, und ein Bruder, Harald, sollte eineinhalb Jahre später folgen. Die Kinder wuchsen in einem gutbürgerlichen Elternhaus mit liberaler Geisteshaltung und in einer äußerst anregenden Atmosphäre auf. Oft kamen gelehrte Freunde zu Besuch, bei deren Diskussionen die beiden Jungs dabeisein durften. Niels sollte es später einmal genauso machen: Sein Haus wurde zur Begegnungsstätte für junge Physiker aus aller Welt, zum Mekka der Atomphysik.

Die Kinder erfuhren eine ungewöhnlich umfassende Bildung. Im Hause Bohr sprach man über Physiologie, Physik und Philosophie ebenso wie über Shakespeare und Dickens oder Fußball. Ja, Christian Bohr gründete den „Akademisk Boldklub“ und trug wesentlich zur Popularität des Fußballsports in seinem Lande bei. Und auch in dieser Wesensart eiferten ihm die beiden Söhne nach. Harald, der ein glänzender Mathematiker wurde, war einer der populärsten Fußballer Dänemarks und trug maßgeblich zum Gewinn der Silbermedaille der Nationalmannschaft 1908 in London bei. Dies war auch der Grund, weswegen die Presse zwei Jahre darauf ausführlich über seine Doktorarbeit berichtete. Sie handelte von den sogenannten „Dirichletschen Folgen“ – im allgemeinen kein Thema ersten Ranges für eine Zeitung. Nur eines spielte keine Rolle bei den Bohrs: Religion.

Jenny litt an einer psychischen Krankheit, lebte sehr zurückgezogen und war auf die Fürsorge der Mutter angewiesen. Die beiden Brüder blieben zeitlebens ein unzertrennliches Paar. Sie teilten alles miteinander, und stets wußte der eine, was der andere tat. Während Niels seinem Bruder im Sport nachstand, war er ihm handwerklich überlegen. Im Hause war er für Reparaturen zuständig, wobei er auch vor komplizierteren Geräten, wie Uhren, nicht zurückschreckte. Später ging auch der größte Wunsch der beiden Brüder in Erfüllung, nämlich in benachbarten Instituten zu arbeiten.

Am Gammelholm-Gymnasium stellte sich Niels recht ordentlich an, eine besondere Begabung konnten die Lehrer indes nicht feststellen. Dies sollte sich an der Universität ändern. Hier blühte Niels plötzlich auf. Er hatte sich für Physik eingeschrieben, ein Fach ohne regen Zulauf. Wie intensiv Niels die Vorlesungen besuchte, ist nicht bekannt, mit Sicherheit aber eignete er sich eine Vielzahl seiner Kenntnisse im Eigenstudium an. Schon hier muß sich seine ungewohnt schnelle Auffassungsgabe gezeigt haben. So schrieb eine Kommilitonin, die in einer Vorlesung über Wahrscheinlichkeitsrechnung miterlebt hatte, wie Niels mit dem Professor diskutierte, einem Verwandten: „Apropos Genie. Es ist wundervoll, ein Genie zu kennen; ich kenne eines und bin jeden Tag mit ihm zusammen. Sein Name ist Niels Bohr“. Handwerklich begabt, wie er war, zeigte er auch großes Geschick bei Experimenten. Lediglich in der Chemie übertrieb er hin und wieder gern einmal. Immer, wenn im Labor etwas explodierte, soll sein Lehrer Bjerrum zuerst an Niels Bohr gedacht haben.

Aufsehen erregte er erstmals 1907. Die Königlich-Dänische Akademie der Wissenschaften und der Literatur hatte eine Preisaufgabe ausgeschrieben, in der es darum ging, die Oberflächenspannung von Flüssigkeiten zu bestimmen. Mit einer unglaublichen Energie machte sich der junge Physikstudent an die Aufgabe. Er experimentierte im Laboratorium seines Vaters und entdeckte in der Theorie von Lord Rayleigh Unstimmigkeiten – was das Preiskomitee nicht erwartet hatte. Es verlieh Bohr angesichts der experimentellen und theoretischen Brillanz seiner Arbeit die Goldmedaille. Gleichzeitig erhielt auch der – einzige – Mitbewerber den Preis. Es sollte dies nicht das letzte Mal gewesen sein, daß er in den Gedankengängen der großen Kollegen Schwächen oder Fehler aufdeckte. Selbst vor seinem Lehrer und Doktorvater Christian Christiansen machte er in seiner Kritik nicht halt. Als Niels dessen Manuskript zu einem Lehrbuch durchsehen sollte, schrieb er seinem Bruder: „Es [das Manuskript] versucht aber nicht im geringsten, den Forderungen zu entsprechen, die Du (und in diesem Fall auch ich) an eine wohlfundierte Bewegungstheorie richten würdest“.

Christiansen war es auch, der ihm das Forschungsthema ans Herz legte, dem sich Bohr in seiner Examens- und Doktorarbeit widmete. Kritisch setzte er sich hierbei mit der Elektronentheorie der Metalle des holländischen Physikers Hendrik Antoon Lorentz auseinander und fand auch hier, wie konnte es anders sein, Unzulänglichkeiten. Lorentz und auch andere, darunter der berühmte Entdecker des Elektrons, J. J. Thomson, hatten Theorien entwickelt, die auf der Annahme beruhten, daß sich kleinste elektrisch geladene Teilchen, die Elektronen, frei im Material bewegen konnten. Hiermit ließen sich die elektrische Leitfähigkeit und auch einige andere Eigenschaften erklären, aber bestimmte experimentelle Befunde wichen von den Voraussagen der Theorien ab. Nachdem Bohr in seiner Examensarbeit einige Schwächen der bestehenden Ansätze aufgedeckt hatte, hoffte man darauf, daß der begabte Student in seiner Dissertation vielleicht sogar eine ganz neue Elektronentheorie der Metalle aufstellen würde.

Aber die Zeit war noch nicht reif für die Lösung des Problems. Die Doktorarbeit schien bereits gegenüber der Lorentzschen Theorie wesentliche Fortschritte gebracht zu haben, aber der ganz große Wurf war es nicht. Die Dissertation war auf dänisch, weswegen sie kaum gelesen wurde. Schon bei seiner Examensarbeit hatte sich Bohr einen eigenartigen Arbeitsstil angewöhnt. Er konnte seine Manuskripte nicht selbst schreiben, sondern mußte sie jemandem diktieren. Und wenn die erste Fassung eines Textes fertig war, begann die harte Arbeit erst. In nicht enden wollenden Korrekturgängen zog sich die Fertigstellung hin, bis schließlich jede Formulierung saß. Mit den eigenen Arbeiten ging er ebenso kritisch ins Gericht wie mit denen eines anderen.

In Dänemark mochte der Hochbegabte nicht bleiben, und so beschloß er, für ein Jahr zu dem großen Thomson nach Cambridge zu gehen, der dort seit nahezu drei Jahrzehnten das Cavendish-Laboratorium leitete. Voller Elan erschien der 26jährige im Herbst 1911 vor den Toren der altehrwürdigen Stätte, wo er dem berühmten Forscher nahe sein durfte. Entfernt hatte er sich mit diesem Schritt allerdings von seiner Verlobten, Margarete Nørlund, der Schwester eines Studienfreundes. In den ersten Briefen an sie bringt er seine Begeisterung für Thomson zum Ausdruck: „Nach meiner Ankunft machte ich als erstes Thomson meine Aufwartung. Er war äußerst freundlich, und während unseres kurzen Gespräches sagte er, er wäre sehr daran interessiert, meine Dissertation zu sehen“. Und an Harald schrieb er: „Ich habe gerade mit J. J. Thomson gesprochen und ihm so gut ich konnte versucht, meine Ideen zur Strahlung, zum Magnetismus usw. zu erklären ... Wir unterhielten uns über so viele Dinge, und ich glaube sogar, er fand einiges von dem, was ich sagte, ganz vernünftig“.

Bohr sah sich jedoch bald getäuscht. Seine Dissertation, die er mit Freunden in holpriges Englisch übersetzt hatte, versank immer weiter in Thomsons Papierstapel. Auch hatte der große Mann kein rechtes Interesse mehr an Bohrs Arbeitsgebiet, und so schlug die anfängliche Euphorie bald in Enttäuschung um. „Aber er ist mit so vielen Dingen so unheimlich beschäftigt und so in seine eigene Arbeit vertieft, daß es außerordentlich schwer ist, mit ihm ins Gespräch zu kommen. Er hat noch keine Zeit gehabt, meine Arbeit zu lesen, und ich weiß nicht, ob er meine Kritik akzeptieren wird", klagte er seinem Bruder.

Dennoch fühlte er sich nicht unwohl und lernte in den Vorlesungen von Thomson und dessen Kollegen so viel Neues über die Struktur der Materie und die Theorie der Elektrizität, daß er Margarete gestand: „Ich bin so klein und inkompetent". Die entscheidende Wende, die Bohr aus dieser Lethargie riß und auf den Weg zum Ruhm brachte, trat im Oktober 1911 ein. Alljährlich fand in Cambridge eine Jahresfeier zu Thomsons Entdeckung des Elektrons statt. Hierzu eingeladen war auch Ernest Rutherford. Der gebürtige Neuseeländer war von 1895 bis 1898 bei Thomson Doktorand gewesen und hatte 1907 den Lehrstuhl für Physik in Manchester übernommen. Rutherford hatte vor drei Jahren den Nobelpreis für Chemie erhalten, weil es ihm gelungen war, das bis dahin rätselhafte Phänomen der Radioaktivität als Umwandlung der chemischen Elemente zu deuten. Doch der neuseeländische Forscher war bereits einer weiteren, noch bedeutenderen Entdeckung auf der Spur.

Seit Jahren schon beschoß er dünne Metallfolien mit elektrisch geladenen Helium-Atomen, sogenannten Alpha-Teilchen. Diese mußten, so seine Überlegung, hin und wieder auf Atome in der Folie stoßen und würden dabei von ihrer geradlinigen Flugbahn abgelenkt. Er maß deswegen hinter der Folie die Verteilung der eintreffenden Alpha-Teilchen, um daraus auf die Beschaffenheit der Atome zu schließen. Diese Versuche hatten zu einem überraschenden Bild geführt. Demnach waren die Bausteine der Materie nämlich fast leer. In einem sehr kompakten Kern sollte die gesamte positive Ladung und fast die gesamte Materie vereint sein. Weit außerhalb vom Kern bewegten sich die negativ geladenen Elektronen, die aber nur wenig zur Gesamtmasse beitrugen. Der Raum zwischen Kern und Elektronen war leer.

Dieses Modell hatte Rutherford im April 1911 veröffentlicht, aber offenbar war weder den Kollegen noch ihm selbst die wahre Bedeutung dieser Entdeckung klar. Einerseits wußte Rutherford, daß ein solches Atom nicht stabil sein konnte, und andererseits gab es bereits diverse Atommodelle, darunter eines von Thomson. Nach dessen Vorstellung war das gesamte Atom von einer positiv geladenen Wolke ausgefüllt, in der die Elektronen wie Rosinen in einem Hefeteig eingebettet waren. Dieses Modell widersprach jedoch den Beobachtungsbefunden, so daß die Frage nach dem richtigen Atommodell ganz offensichtlich ungeklärt war.

Auf der ein halbes Jahr nach dieser Entdeckung stattfindenden Feier in Cambridge wurde denn auch gar nicht über das neue Atommodell diskutiert. Rutherford hatte Charme und Humor und war allem Neuen aufgeschlossen. Zunächst wagte Bohr nicht, sich ihm vorzustellen. Als er aber schon wenige Wochen später in Manchester Freunde seines Vaters besuchte und erfuhr, daß sie zufällig gute Freunde Rutherfords waren, ließ er sich gerne von ihnen bei ihm einführen.

Bohr sah seine Chance in Manchester und griff zu. Offenbar hatte er auf Rutherford einen guten Eindruck gemacht, denn der bot ihm an, zum Frühjahr 1912 in seinem Institut mit der Arbeit zu beginnen, sofern Thomson einverstanden sei. Bohr mußte allerhand diplomatisches Geschick aufbringen, um seinen Mentor nicht zu verstimmen. Wer wollte schon freiwillig aus der historischen Stätte Cambridge, wo keine Geringeren als Newton und Maxwell gewirkt hatten, in die graue, verregnete Industriestadt übersiedeln. Thomson ließ ihn gehen. An seine Verlobte schrieb Niels: „Ich glaube, daß hier alle ihr Vertrauen in mich verloren haben, weil sie nicht verstehen können, warum ich Cambridge verlasse. Aber ich will es unbedingt tun und werde wunderbare Bedingungen in Manchester vorfinden ..." Und damit begann Bohrs große Zeit.

Unter Rutherfords Leitung war das Cavendish-Laboratorium zu einem Zentrum für die Erforschung der Radioaktivität geworden, in dem er hervorragenden jungen Leuten mit einem Stipendium ihren Aufenthalt ermöglichte. So war Hans Geiger sein Assistent bei den Versuchen gewesen, die ihm den Nobelpreis einbrachten. Als Bohr nach Manchester kam, waren neben Geiger vor allem die brillanten Physiker Charles G. Darwin, ein Enkel des berühmten Biologen, und der Ungar George Hevesy für den jungen Dänen die wichtigsten Diskussionspartner.

Der Zufall wollte es, daß Rutherford gerade für einige Zeit abwesend war, als Bohr eintraf. So mußten ihm die Assistenten von den jüngsten Versuchen und dem neuen Atommodell, das wie ein Sonnensystem im Kleinen aussah, berichten. Insbesondere zu den nachmittäglichen Teestunden diskutierten die jungen Physiker viel und gern. Bei einer solchen Sitzung erzählte Hevesy Bohr von einem Problem, für das weder er noch Rutherford eine Lösung hatten. Sie hatten herausgefunden, daß Blei-Atome um drei atomare Masseneinheiten leichter waren als eine bestimmte Variante des Radiums, genannt Radium D. Überraschend war, daß sich die beiden Substanzen trotz ihrer unterschiedlichen Atomgewichte chemisch überhaupt nicht voneinander unterscheiden ließen. Das Problem bestand also darin, daß diese beiden Elemente einerseits aufgrund der unterschiedlichen Masse an verschiedenen Positionen im Mendelejewschen Periodensystem der Elemente saßen, sich aber andererseits wegen derselben chemischen Eigenschaften an derselben Stelle befinden sollten. Hevesy zweifelte deshalb daran, daß das Periodensystem in seiner Form überhaupt beibehalten werden könne.

Bohr, der bis dahin noch nie mit diesem Problem konfrontiert gewesen war, sah sofort, daß es sich im Rahmen des Rutherfordschen Atommodells leicht lösen ließ. Da hiernach fast die gesamte Materie im Kern vereinigt war, konnte dies nur bedeuten, daß die Kerne von Blei leichter als die von Radium D waren. Die chemischen Eigenschaften bestimmte aber offenbar nicht der Kern, sondern die weit außen umlaufenden Elektronen. Und wenn das Atom des Radium D ein, zwei oder drei Elektronen mehr besaß als dasjenige des Bleis, fiel dies nicht weiter ins Gewicht.

Ende Mai übertrug Rutherford seinem dänischen Assistenten eine Laboraufgabe: Er sollte messen, wie stark Alpha-Teilchen in verschiedenen Materialien abgebremst werden. Die hierfür notwendigen Partikel wurden beim Zerfall von Radium ausgesandt. Bohr wollte die Meßergebnisse mit Rutherfords Atommodell vergleichen. Allerdings mußte er hierfür zunächst einmal die Theorie besser ausarbeiten, denn „vor wenigen Tagen hatte ich eine kleine Idee, wie man die Absorption von Alpha-Strahlen verstehen kann (unlängst hat hier ein junger Mathematiker, C. G. Darwin (ein Enkel des richtigen Darwin), eine Theorie zu dieser Frage veröffentlicht. Es scheint mir, daß sie nicht nur mathematische Mängel aufweist (das ist eher unbedeutend), sondern im grundsätzlichen Konzept unbefriedigend ist), und ich habe eine kleine Theorie dazu ausgearbeitet", schrieb er seinem Bruder. Wieder einmal hatte er Schwächen aufgedeckt, und, wie konnte es anders sein, wieder einmal machte er es besser. Jetzt paßten die Meßergebnisse sehr gut zur Theorie, und mit großer Sicherheit konnte er schließen, „daß ein Wasserstoffatom lediglich 1 Elektron außerhalb des positiv geladenen Kerns und ein Heliumatom 2 Elektronen außerhalb des Kerns enthält".

Bohr wurde sich immer sicherer, daß das Modell die Natur richtig beschrieb. Er nahm es deshalb ernster als die meisten seiner Kollegen, vielleicht sogar als Rutherford selbst. Immer tiefer verstrickte er sich in eine theoretische Ausarbeitung des bislang noch unvollständigen Bildes eines Atoms, wobei ihm der Umstand zu Hilfe kam, daß er einige Zeit auf eine neue Sendung Radium warten mußte. Bohr hatte das Gefühl, einer völlig neuen Erkenntnis auf der Spur zu sein, und arbeitete nun unablässig an einem „Memorandum", das er Rutherford noch vor seinem Weggang aus Manchester zur Diskussion stellen wollte. Hierfür verblieben ihm nur noch wenige Wochen.

Im Laboratorium ließ er sich überhaupt nicht mehr blicken, nur ab und zu kam er zu den Teerunden, „um zu atmen", wie seine Kollegen meinten. Endlich, am 22. Juli, konnte er das Memorandum seinem Lehrer vorlegen. Der zentrale Punkt hierin betraf ein fundamentales Problem des Rutherfordschen Atommodells, das dessen Erfinder selbst zu der Zeit für unlösbar hielt. Nach Maxwells Theorie der Elektrodynamik, an deren Richtigkeit niemand zweifelte, konnten Rutherfords Atome gar nicht stabil sein. Man wußte nämlich, daß elektrisch geladene Teilchen, die sich auf Kreisbahnen bewegen, ständig Strahlung aussenden. Die um den Atomkern sausenden Elektronen müßten dies demnach auch tun, was aber zur Folge hätte, daß sie unablässig Energie verlieren. Dies würde unweigerlich dazu führen, daß sie sich dem Kern auf einer spiralförmigen Bahn nähern und schließlich in ihn hineinstürzen.

Bohr hatte eine Theorie entwickelt, wonach sich ein Atom in einem „Grundzustand“ befindet, in dem sich die Elektronen auf kreisförmigen Bahnen um den Kern bewegen. Die Frage aber, welches Gesetz die Abstände der Bahnen vom Kern, die bei allen Atomen eines bestimmten Elements gleich waren, festlegte, ließ sich mit den klassischen Gesetzen der Physik nicht klären.

Rutherford hörte ihm geduldig zu und war offenbar erstaunt darüber, mit welchem Tiefsinn dieser junge Mann, von dem er später einmal sagte, er sei der intelligenteste Bursche gewesen, den er je getroffen habe, sein Atommodell geradezu sezierte, die Schwachstellen freilegte und sie zu beheben suchte. Schließlich riet Rutherford ihm, zunächst nichts zu überstürzen und ausschließlich am einfachsten Atom, dem des Wasserstoffs, die Frage der Stabilität eindeutig zu klären.

Bereits zwei Tage später reiste Bohr nach Dänemark, wo ihn eine private Angelegenheit erwartete: Er heiratete Margarete Nørlund. Fünfzig Jahre währte die glückliche Ehe, bis der Tod sie schied. Sie bekamen fünf Söhne. Aage, der vierte, wurde 1922 geboren, just in dem Jahr, in dem sein Vater mit dem Nobelpreis geehrt wurde. Er trat in die Fußstapfen seines Vaters, wurde Kernphysiker an der Kopenhagener Universität und erhielt 1975 ebenfalls den Physiknobelpreis. Einen schweren Schicksalsschlag erlitt die Familie 1934. Niels Bohr war mit drei Freunden und seinem 18jährigen Sohn Christian zu einer Segeltour aufgebrochen und in einen Sturm geraten. Da wurde Christian plötzlich von Bord gerissen. Sein Vater, der das Unglück zu spät bemerkte, wollte ihm nacheilen, doch seine Freunde hielten ihn zurück. Christian wurde nie gefunden.

Die Flitterwochen wollte das junge Paar in Norwegen verbringen. Da Bohr aber seine Veröffentlichung über die Alpha-Strahlen in Manchester nicht hatte zu Ende führen können, entschied man sich kurzfristig für England als Reiseziel. Zuerst in Cambridge, dann aber wieder in Manchester schloß er das Manuskript ab. Hier wurde der persönliche Kontakt mit seinem verehrten Lehrer enger. Rutherford, der sich privat lieber über Kunst oder Fußball unterhielt als über Physik, fand an Bohr und dessen charmanter Gemahlin immer mehr Gefallen, so daß sich zwischen ihnen bald eine innige Freundschaft entspann.

Nachdem die Arbeit mit Margaretes Hilfe als Sekretärin und Übersetzerin ins Englische endlich fertiggestellt war, blieb noch etwas Zeit für Urlaub in Schottland. Im September kehrten sie nach Kopenhagen zurück, wo Bohr eine Assistenstelle an der Universität übernahm. Zwar hatte der junge Forscher hierdurch ein redliches Auskommen, aber die Routinearbeit raubte ihm wertvolle Zeit; Zeit, die er doch so dringend benötigte, um seine Ideen, die er im Memorandum nur angerissen hatte, weiter zu vertiefen. In dieser Phase nun klopfte Anfang Februar sein Kollege Hansen an die Tür und berichtete ihm von dem Balmer-Gesetz der Spektrallinien.

Wie vom Blitz getroffen, griff er zu dem Buch von Johannes Stark über *Prinzipien der Atomdynamik* und studierte darin die Balmersche Zahlenregel. Jetzt sah er das Atom förmlich vor sich. Ein Atom konnte sich in verschiedenen ‚stationären Zuständen‘ befinden, wobei jeder Zustand dadurch ausgezeichnet war, daß sich die Elektronen auf ganz bestimmten Bahnen um den Kern bewegten. Sprang ein Elektron von einer höheren Schale auf eine niedrigere hinunter, wechselte das Atom also von einem energiereichen stationären Zustand zu einem energieärmeren, so sandte es ein Strahlungspaket aus.

Die Energiedifferenz dieser beiden Zustände entsprach dann genau der Energie des Lichtstrahls, und diese berechnete sich ganz einfach aus dessen Wellenlänge und dem Planckschen Wirkungsquantum. Die Wellenlängen der Linien hatte man in den Spektren gemessen, so daß sich die Radien der Elektronenbahnen mit der Planckschen Konstante berechnen ließen.

Max Planck hatte seine Konstante 1900 aus formalen Gründen eingeführt, als er mathematisch beschreiben wollte, wie Materialien strahlen. Hierzu hatte er sich die Strahlungsteilchen als *Resonatoren* vorgestellt, winzige schwingende Partikel, die Licht aussenden und empfangen. Erstaunlicherweise erhielt er nur dann das richtige Strahlungsgesetz, wenn er davon ausging, daß die Resonatoren die Strahlung nicht kontinuierlich abgeben, sondern in kleinen Portionen, deren Größe durch seine Konstante festgelegt wurde. Dies widersprach der klassischen Physik, und zunächst verstanden weder er noch andere Forscher den tieferen Sinn seines mathematischen Tricks.

Bohr meinte hierzu: „Niemand hat einen Planckschen Resonator gesehen, ja nicht einmal dessen Schwingungszeit gemessen; wir beobachten nur die Schwingungszeit [also die Wellenlänge] der ausgesandten Strahlung". Jetzt wußte Bohr, wie die Resonatoren „aussehen". Es waren Mini-Sonnensysteme, in denen die Elektronen-Planeten auf festen Bahnen, die von der Natur vorgegeben waren, um die Kern-Sonne rasten. Diese Hypothese widersprach der klassischen Physik in zweierlei Hinsicht. Die Newtonsche Mechanik war verletzt, weil sich nach ihr die Elektronen auf beliebigen Bahnen hätten bewegen dürfen, und die Elektrodynamik galt auch nicht, weil die Elektronen auf einer festen Bahn nicht kontinuierlich strahlten, sondern erst beim Übergang von einer zur anderen ein Energiepaket abgaben.

Es gab aber noch eine andere Folgerung aus der Bohrschen Theorie, die für die Physiker ein Affront war. In der klassischen Vorstellung war die Frequenz, mit der ein Resonator hin und her pendelte, genau gleich groß wie die Frequenz der hierbei von ihm abgegebenen Strahlung. Schwang er tausendmal pro Sekunde, so sandte er Strahlung mit 1000 Hertz aus. Bei Radiowellen hatte man diesen Zusammenhang sogar experimentell gemessen. Im Bohrschen Modell entsprach die Frequenz des Resonators der Umlauffrequenz der Elektronen um den Kern, und diese war nicht identisch mit derjenigen der ausgesandten Strahlung. Planck kommentierte diese Behauptung 1920 in seinem Nobelvortrag so: „Daß im Atom gewisse ganz bestimmte quantenmäßig ausgezeichnete Bahnen eine besondere Rolle spielen, mochte noch als annehmbar hingenommen werden, weniger leicht schon, daß die in diesen Bahnen mit bestimmter Beschleunigung kreisenden Elektronen gar keine Energie ausstrahlen. Daß aber die ganz scharf ausgeprägte Frequenz eines emittierten Lichtquantums verschieden sein soll von der Frequenz der emittierenden Elektronen, mußte von einem Theoretiker, der in der klassischen Schule aufgewachsen ist, im ersten Augenblick als eine ungeheuerliche und für das Vorstellungsvermögen fast unerträgliche Zumutung empfunden werden. Aber Zahlen entscheiden ..."

Bevor Bohr seine „Trilogie" beim *Philosophical Magazine* einreichen konnte, wollte er sie in allen Punkten mit Rutherford abstimmen. Dieser nahm sich viel Zeit, um die wahrlich gewichtige Arbeit seines Schülers zu begutachten, war aber keineswegs vollkommen von dessen Ideen überzeugt. So war ihm nicht klar, woher ein Elektron denn wisse, wo seine Bahn sei, in die es zu springen habe. „Wie entscheidet ein Elektron, mit welcher Frequenz es schwingen muß, wenn es von einem stationären Zustand in den anderen übergeht? Mir scheint, daß Sie annehmen, daß das Elektron von vornherein weiß, wo es stoppen wird". Dies war in der Tat eine knifflige Frage, auf die Bohr selbst noch keine Antwort hatte. Überdies ging es Rutherford aber vor allem um die Länge der Arbeit.

Bohr schickte den ersten Teil der Arbeit am 6. März nach Manchester. In dem Antwortschreiben bemerkte Rutherford dreimal, daß man das Manuskript doch sicher ein wenig kürzen könne: „Ich gehe davon aus, daß sie nichts dagegen haben, wenn ich alles streiche, was in dieser Arbeit meiner Meinung nach unnötig ist. Bitte um Antwort". Das war allerdings überhaupt nicht nach dem Geschmack seines einstigen Schülers, der in wochenlanger Arbeit um jedes Wort, um jede Formulierung gerungen hatte. Hier gab es nur eins: Er mußte nach Manchester fahren, um die Sache persönlich auszufechten. Und dort zeigte sich seine Hartnäckigkeit in Diskussionen, die er bis an den Rand der Erschöpfung führen konnte. Später sollten dies seine Schüler, insbesondere Heisenberg und Schrödinger, am eigenen Leibe zu spüren bekommen.

Und Bohr setzte sich in allen Punkten durch. Das Manuskript wurde, lediglich von einigen sprachlichen Unschönheiten bereinigt, die auf Bohrs unvollkommenem Englisch beruhten, unverändert gedruckt. Später sagte Rutherford, er habe nie gedacht, daß Bohr so eigensinnig sein könne. „Zuerst dachte ich, daß viele Sätze überflüssig seien. Als er mir aber erklärte, wie eng er die Sache gestrickt hatte, war mir klar, daß unmöglich irgend etwas geändert werden konnte". Am 5. April 1913 reichte Bohr den ersten Teil der späteren Trilogie bei den *Philosophical Magazines* ein, im Juli erschien er.

Gespannt wartete Bohr auf die Reaktionen der Kollegen, doch die blieben zunächst aus. Zu radikal waren die Vorschläge und zu unbekannt der Autor. Am 4. September schrieb ihm Arnold Sommerfeld, einer der führenden deutschen Theoretiker aus München eine Postkarte, auf der er sich für die Übersendung der „außerordentlich interessanten Arbeit" bedankte. Beeindruckt hatte ihn die Tatsache, daß sich in der Bohrschen Theorie eine atomare Konstante, die der schwedische Physiker Johannes Rydberg zur Beschreibung der Linienspektren eingeführt hatte, mit Hilfe des Planckschen Wirkungsquantums plötzlich mit hoher Genauigkeit berechnen ließ. Einsteins begeisterter Ausruf, daß es sich um „eine der größten Entdekkungen" handeln müsse, beruhte auf einem anderen experimentellen Ergebnis.

Bei den Spektralbeobachtungen des Wasserstoffs wurden stets einige Linien beobachtet, die der Bohrschen Theorie widersprachen. Bohr war dies nicht verborgen geblieben, und er hatte herausgefunden, daß diese Ausreißer sehr gut zum Helium passen würden. Er veröffentlichte dieses Ergebnis im

Oktober in der Zeitschrift *Nature*, informierte aber zuvor Rutherford, der seinen Assistenten Evan J. Evans auf das Problem ansetzte. Und tatsächlich konnte dieser bestätigen, daß die fraglichen Linien von Helium und nicht, wie ursprünglich angenommen, von Wasserstoff herrührten. Offenbar hatte sich bei den bis dahin durchgeführten Wasserstoff-Experimenten auch stets etwas Heliumgas eingeschlichen.

Dennoch fiel es den meisten Physikern, insbesondere denjenigen der älteren Generation, schwer, die bewährte klassische Physik fallenzulassen, zumal diese sich in den bisherigen Experimenten und in der Alltagswelt ausgezeichnet bewährt hatte. Immer mehr Wissenschaftler mußten jedoch einsehen, daß ihre alte Physik in der Welt der Atome versagte und diese Welt ganz offensichtlich von anderen Naturgesetzen beherrscht wird, die dem gesunden Menschenverstand widersprechen.

Die Rutherford-Gruppe ahnte zwar, daß Bohr vielleicht den Ansatz zu einer neuartigen Naturbeschreibung entdeckt hatte. Die deutsche Physikerelite in Göttingen aber verhielt sich skeptisch bis ablehnend. Dies berichtete ihm sein Bruder Harald, der bereits kurz nach seiner Promotion in die Hochburg der Mathematik umgezogen war. Der Mathematiker Carl Runge soll gar beklagt haben, daß dieser hochintelligente Bursche den Verstand verloren habe.

Doch es folgten weitere Experimente, die Bohrs Quantenmechanik aufs wunderbarste bestätigten, und der junge Däne versuchte, durch Vorträge in Kopenhagen, Göttingen und München, seine Vorstellungen populär zu machen. Rückendeckung bekam er von Sommerfeld, der 1916 Bohrs Theorie erweitert hatte, indem er für die Elektronen nicht nur Kreisbahnen, sondern auch Ellipsen zuließ. Dadurch konnte er weitere experimentelle Befunde genauer erklären.

Schließlich mußten auch die hartnäckigsten Gegner kapitulieren, zu überzeugend waren die Bestätigungen der Theorie durch das Experiment, so daß die Argumente der Unanschaulichkeit und Radikalität der Quantenmechanik irgendwann nicht mehr zogen. Was Planck 1910 den Gegnern seiner und

Einsteins Arbeiten entgegenhielt, gilt in gleichem Maße auch für Bohrs Naturbeschreibung: „Der Maßstab für die Bewertung einer neuen physikalischen Hypothese liegt nicht in ihrer Anschaulichkeit, sondern in ihrer Leistungsfähigkeit. Hat sie sich einmal als fruchtbar bewährt, so gewöhnt man sich an sie, und dann stellt sich nach und nach eine gewisse Anschaulichkeit von selber ein".

Nicht nur auf die Anerkennung seiner Theorie mußte Bohr warten, auch eine angemessene Stellung fand sich nicht sofort. Zwei Jahre des Ersten Weltkrieges verbrachte er erneut in Manchester, dann, im Herbst 1916, erhielt er endlich die lang ersehnte Professur an der Universität Kopenhagen, die erste für Theoretische Physik in seinem Lande überhaupt. Und im Januar 1921 erfüllte sich sein Traum von einem eigenen Institut, dessen Leitung er im Alter von 35 Jahren übernahm. Anfangs lebte Familie Bohr in diesem Gebäude, 1932 zog sie jedoch in ein von der Carlsberg-Brauerei gestiftetes „Ehrenhaus", einen neoklassizistischen Prachtbau mit einem großen Garten. Dies war zehn Jahre nach der Verleihung des Physik-Nobelpreises. Er hatte ihn gleichzeitig mit Einstein (dieser rückwirkend für 1921) bekommen. In einem Glückwunschbrief an den von ihm verehrten Kollegen wies Bohr bescheiden darauf hin, wie wenig er diese Ehre verdient habe, worauf ihm Einstein antwortete: „Liebster oder vielmehr geliebter Bohr! ... Reizend finde ich Ihre Angst, Sie könnten den Preis vor mir bekommen – das ist ächt bohrisch. Ihre neuen Untersuchungen über das Atom haben mich auf der Reise begleitet und meine Liebe zu Ihrem Geist noch vergrößert".

Und der Bohrsche Geist war es auch, dem alle jungen aufstrebenden Atomphysiker der damaligen Zeit erlagen. Bohr kannte keine Trennung zwischen Arbeit und Freizeit. Sein Haus stand allen offen, ständig waren Freunde zu Gast, mit denen er ausgelassen spaßen und plaudern, aber genauso auch exzessiv diskutieren konnte. Einmal im Jahr hielt er eine Konferenz ab, zu der er nur die Begabtesten einlud. Er begründete eine Schule, aus der die größten Physiker der damaligen Zeit hervorgingen. Sie brachten seine Quantentheorie in den zwanziger und dreißiger Jahren zu einer Blüte, von der Bohr anfänglich wohl selbst nicht zu träumen gewagt hatte. Noch heute spricht man von der Kopenhagener Deutung der Quantenmechanik und meint damit die statistische Beschreibung der Naturvorgänge, wie sie vor allem Heisenberg nahelegte. Damit hatte man endgültig die philosophische Prämisse verdammt, nach der sich alle Vorgänge in der Natur beliebig genau vorhersagen und berechnen lassen.

Paul Dirac bezeichnete Bohr einmal als den tiefsten Denker, der ihm je begegnet sei. Was viele an Bohr neben seiner Tiefgründigkeit aber faszinierte, war dessen umfassende Bildung und sein Humor. So ging man durchaus auch mal ins Kino, um sich beispielsweise einen Wildwestfilm anzusehen. Einmal kommentierte Bohr: „Das ist doch alles zu unwahrscheinlich! Also, daß der Bösewicht mit dem hübschesten Mädchen davonläuft, das ist logisch. Daß die Brücke unter ihrer Last zusammenbricht, ist zwar unwahrscheinlich, kann aber akzeptiert werden. Daß die hübsche Heldin mitten über dem Abgrund hängenbleibt, das ist noch unwahrscheinlicher, aber ich akzeptiere auch das. Ich nehme sogar auch noch hin, daß gerade in diesem Moment Tom Mix auf seinem Pferd daherkommt. Was aber mehr ist, als ich akzeptieren kann, das ist die Tatsache, daß genau in diesem Moment und an dieser Stelle ein Kerl mit einer Filmkamera steht, der das alles aufnimmt".

Bohr besaß ein Ferienhaus, in das er sich gern zurückzog. Über der Eingangstür hing ein Hufeisen, und als ihn einmal ein Besucher fragte, ob er wirklich daran glaube, daß es Glück bringe, antwortete er: „Nein, aber man hat mir erzählt, daß es auch Leuten Glück bringen soll, die nicht daran glauben".

Bohr blieb stets ein aufrechter, ehrlicher Mensch. Als deutsche Truppen im April 1940 Dänemark besetzten und auch sein Institut unter Kontrolle stellten, hielt er zu seinen Landsleuten und beteiligte sich am passiven Widerstand. Er verschaffte gefährdeten Menschen einen Arbeitsplatz in seinem Institut und mußte deshalb hin und wieder auch Kontakt zu Widerstandskämpfern aufnehmen. Die Deutschen ahnten Bohrs Engagement und versuchten sogar, einen Spitzel, der angeblich einen deutschen Soldaten getötet haben sollte, in seinem Institut einzuschleusen. Glücklicherweise wurde der Spion rechtzeitig enttarnt. Schließlich mußte Bohr aber doch fliehen. Im Lande war es 1943 zu Massenstreiks, Sabotageakten und politischen Demonstrationen gekommen. Als es auch zu Zusammenstößen mit deutschen Soldaten kam, rief der deutsche Befehlshaber den Ausnahmezustand aus. Es galten damit die deutschen Kriegsgesetze. Als Bohr erfuhr, daß er und seine Familie im Zuge der einsetzenden Terroraktionen verhaftet werden sollten, bereitete er innerhalb weniger Stunden die Flucht vor. Noch in derselben Nacht gelangte er mit seiner Frau sowie Harald und dessen Familienangehörigen in einer abenteuerlichen Aktion in einem kleinen Boot über den Øresund nach Schweden. Seine Söhne folgten auf demselben Wege nach. In Kopenhagen setzte sich Bohr umgehend beim schwedischen König und bei Regierungsmitgliedern für die Rettung dänischer Juden ein. Damit trug er dazu bei, daß rund siebentausend Menschen das Leben gerettet wurde.

Von Heisenberg hatte er im September mit Entsetzen erfahren, daß die deutschen Physiker an der Kernspaltung arbeiteten. Wie weit sie noch von dem Bau einer Atombombe entfernt waren, wußte er vermutlich nicht. Bei einem Besuch in London erfuhr er 1943 erstmals von dem Atombombenprojekt der Alliierten in den USA. Daraufhin schickte man ihn und seinen als Assistent getarnten Sohn Aage unter den Decknamen Nicholas und James Baker nach Los Alamos. Hier beschäftigten sie sich allerdings nur wenig mit technischen Fragen der Kernspaltung, sondern versuchten vielmehr, politisch wirksam zu werden. Sie wollten Roosevelt und später auch Churchill davon überzeugen, daß man auch die Sowjets in diese Pläne einweihen müsse. Damit stieß er aber insbesondere beim britischen Premier auf heftigsten Widerspruch. Man war sich schon zu dieser Zeit darüber im klaren, daß die aus der Not geborene Zusammenarbeit mit den Kommunisten gegen den gemeinsamen Feind Deutschland nach dessen Niederwerfung beendet sein würde.

Nach Ende des Krieges eilte Bohr umgehend in sein Institut zurück, um seine geliebte Forschung wieder aufzunehmen. Der Schrecken der Bombe war jedoch auch an ihm nicht spurlos vorübergegangen. Angesichts der Zerstörungskraft der Atomwaffen sprach er sich öffentlich gegen jede Form der Geheimhaltung aus. Nach der Gründung der NATO und des Warschauer Paktes verfaßte er einen öffentlichen Brief an die Vereinten Nationen, der mit der Hoffnung endete, daß „mit ständig größerer Klarheit und Stärke in allen Ländern die Forderung einer offenen Welt" erhoben wird. Die Welt ging einen anderen Weg.

Bohr blieb bis ins Alter von schweren Krankheiten verschont und wissenschaftlich aktiv, dreißig Ehrendoktortitel hatte er bis zu seinem Lebensende erhalten. Am 17. November 1962 gab er einem Wissenschaftshistoriker das letzte von fünf Interviews. Als er sich am Nachmittag des kommenden Tages zu einem Schläfchen hinlegte, um am Abend mit Freunden zu feiern, wachte er nicht mehr auf.

„Wenn man beide Augen zugleich aufmachen will, dann wird man irre."

Werner Heisenberg (1901–1976)

Es geht hoch her im Frühstücksraum des Luxushotels Métropole im Herzen Brüssels. In der letzten Oktoberwoche des Jahres 1927 findet sich hier allmorgendlich eine Gruppe von 28 Herren und einer Dame ein. Anders als die sonst üblichen Gäste des Hauses setzen diese sich jedoch nicht schweigend, den neuen Tag geruhsam beginnend, an ihre Tische. Ganz im Gegenteil: Schon nach kurzer Zeit kommen überall Gespräche auf, die alsbald dem gemütlich eingerichteten Zimmer das Flair einer geschäftigen Bahnhofshalle verleihen. An einem der Tische ist es stets besonders unruhig. Hier streiten heftig zwei Männer. Der eine von ihnen ist Anfang 40, hat streng zurückgekämmtes Haar und buschige Augenbrauen, der andere, einige Jahre älter, trägt Oberlippenbart und bereits stark ergraute, aber noch volle Haare, die bisweilen eigenwillig aus der Rolle fallen. Keine Geringeren als Niels Bohr und Albert Einstein sind die beiden Streithähne, die, umringt von einigen Kollegen, darüber diskutieren, ob „Gott würfelt oder nicht". Die Diskussion wird noch durch die internationale Zusammensetzung der Gäste erschwert: „Armer Lorentz als Dolmetscher zwischen den einander absolut nicht begreifenden Engländern und Franzosen ... Bohr mit höflicher Verzweiflung reagierend", berichtet später einer der Teilnehmer, Paul Ehrenfest, seinen Kollegen.

Stein des Anstoßes ist die Arbeit eines gerade erst 25 Jahre jungen Mannes namens Werner Heisenberg. Er hat nur wenige Monate zuvor ein Naturgesetz entdeckt, das die gesamte Physik, ja die bisherige Grundanschauung der Vorgänge in der Natur im Fundament erschüttert. Man nennt es *Unbestimmtheits- oder Unschärferelation.*

Werner Heisenberg, 1927

Hervorgegangen ist dieses revolutionäre Prinzip zunächst ganz abstrakt aus mathematischen Formeln. Eine kleine Ungleichung nur, deren physikalische Bedeutung beileibe noch nicht gänzlich klar ist. Eines zeichnet sich indes deutlich ab: Der alte Determinismus von Laplace, wonach alle Vorgänge in der Natur nach strengen mechanistischen Gesetzen ablaufen, scheint ausgedient zu haben – der Zufall spielt eine entscheidende Rolle. Und genau dies ist der Streitpunkt am Frühstückstisch des Hotels Métropole. Während Niels Bohr, Heisenbergs geistiger Lehrer aus Kopenhagen, die Unschärferelation als die neue Beschreibung aller Vorgänge in der Welt der Atome verteidigt, sucht Einstein nach Gedankenexperimenten, mit denen er glaubt, diese vertrackte Ungleichung ad absurdum führen zu können. Einstein akzeptiert zwar, daß die Quantenmechanik viele Versuchsergebnisse erklären kann, die bis dahin ein Rätsel waren, aber er kann es nicht mit seinem Weltbild vereinbaren, daß diese Theorie die Atome vollständig beschreibt und dennoch dem Zufall in der Natur einen Freiraum läßt.

Die Konferenz wird von Ernest Solvay veranstaltet, einem reichen Industriellen. Vor dem Ersten Weltkrieg haben ihn die Physiker Walther Nernst und Hendrik A. Lorentz dazu überreden können, einen Teil seines Geldes für einen sinnvollen Zweck zu verwenden und eine Tagung auszurichten, auf der eine ausgewählte Gruppe von Physikern über die anstehenden Probleme diskutieren soll. Seit dem ersten Solvay-Kongreß im Jahre 1911 hat sich diese Veranstaltung zu einer Art Gipfelkonferenz der Physiker entwickelt. Für einen Forscher gilt es als große Ehre, zu diesem Treffen eingeladen zu werden. Die diesjährige Teilnehmerliste liest sich wie ein Who's Who der damaligen Physik: Erwin Schrödinger, Max Born, Wolfgang Pauli, Paul Dirac, Max Planck, Louis de Broglie ...

Heisenberg ist bis dahin der zweitjüngste Teilnehmer an einer Solvay-Tagung. Erst vier Jahre zuvor hat er in München seine Doktorprüfung abgelegt, wobei er um ein Haar wegen einer miserablen Vorstellung im Fach Experimentalphysik durchgefallen wäre. Zur Zeit der Konferenz ist er Assistent bei Bohr in dessen Kopenhagener Institut.

Heisenberg erinnerte sich später an dieses Treffen sehr lebhaft: „Wir trafen uns meist schon am Frühstückstisch im Hotel, und Einstein begann ein Gedankenexperiment zu beschreiben, bei dem, wie er glaubte, die inneren Widersprüche der Kopenhagener Deutung sichtbar würden. Einstein, Bohr und ich gingen dann gemeinsam vom Hotel zum Konferenzgebäude, und ich hörte die lebhaften Diskussionen zwischen den beiden, in ihrer philosophischen Haltung so verschiedenen Menschen und warf gelegentlich eine Bemerkung über die Struktur des mathematischen Formalismus dazwischen. Während der Sitzung und noch mehr während der Pausen gingen auch wir Jüngeren, insbesondere Pauli und ich, daran, das Einsteinsche Experiment zu analysieren; und während der Mittagszeit gab es weitere Diskussionen zwischen Bohr und den anderen Kopenhagenern. Meist hatte Bohr am späten Nachmittag die vollständige Analyse des Gedankenexperiments fertig und trug sie Einstein beim Abendessen vor. Einstein konnte zwar sachlich gegen die Analyse nichts einwenden, aber er war in seinem Herzen nicht überzeugt".

Paul Ehrenfest beschrieb seinen Kollegen sichtlich begeistert die Szene so: „Schachspielartig. Einstein immer neue Beispiele. Gewissermaßen ein perpetuum mobile zweiter Art, um die Ungenauigkeitsrelation zu durchbrechen. Bohr stets aus einer dunklen Wolke von philosophischem Rauchgewölke die Werkzeuge heraussuchend, um Beispiel nach Beispiel zu zerbrechen. Einstein wie der Teuferl in der Box: jeden Morgen wieder frisch herausspringend". Niels Bohr hat einmal auf Einsteins provozierenden Einwand, daß Gott nicht würfele, in seiner humorvollen Art mit den Worten gekontert: „Aber es kann doch nicht unsere Aufgabe sein, Gott vorzuschreiben, wie er die Welt regieren soll".

Am Ende der Woche fühlte sich aber offenbar die Bohr-Heisenberg-Fraktion als Sieger, denn am letzten Tag schrieb der junge Physiker nach Hause: „Vom wissenschaft[lichen] Ergebnis bin ich in jeder Hinsicht befriedigt. Bohrs und meine Ansichten sind wohl allgemein angenommen worden, jedenfalls sind ernste Einwände nicht mehr gemacht worden, auch von Einstein oder Schrödinger nicht".

Am Donnerstag, dem 5. Dezember 1901, um 16.45, kam Werner in der Heidingsfelder Straße 10 im vornehmen Würzburger Vorort Sanderau zur Welt. Der glückliche Vater, August Heisenberg, Gymnasiallehrer für alte Sprachen, strebte nach Höherem. Nur wenige Tage vor der Geburt des Sohnes hatte er einen Habilitationsvortrag an der Universität Würzburg gehalten und erhielt dort eine Privatdozentur. Zehn Jahre darauf war er der einzige Ordinarius Deutschlands für mittel- und neugriechische Philologie. In dieser Atmosphäre des gebildeten Bürgertums, wo man Bismarck und dem Reich die Treue schwor, wuchs Werner auf.

Am Maximilian-Gymnasium in München, wohin die Familie umgezogen war, zeigte sich bald seine überdurchschnittliche Begabung für die Mathematik. Bereits mit dreizehn Jahren befaßte er sich, nach seiner eigenen Erinnerung, mit Infinitesimalrechnung, um die Physik seiner Spielsachen zu verstehen. In der mündlichen Abiturprüfung löste er sogar, sehr zur Begeisterung seiner Prüfer, die Newtonschen Bewegungsgleichungen mit diesem mathematischen Handwerkszeug, das heute erst ein Physikstudent im Grundstudium erlernt. Was ihn schließlich dazu brachte, Physik zu studieren, läßt sich nicht mehr genau nachvollziehen. War es der Mathematikunterricht, in dem ihm klarwurde, daß die Geometrie der physikalischen Wirklichkeit entsprechen konnte, war es die Erkenntnis des Galilei, wonach „das Buch der Natur in mathematischer Sprache geschrieben ist", oder war es die Lehre der griechischen Atomisten, auf die er in seinem Selbststudium gestoßen war? Tatsache ist jedenfalls, daß er auf Anraten seines Vaters 1920 zu Arnold Sommerfeld ging, einem angesehenen Atomphysiker, durch dessen Schule bereits eine erste Generation hervorragender Physiker gegangen war. Am Ende des Vorstellungsgesprächs nahm Sommerfeld den jungen Mann probeweise in sein Forschungsseminar auf mit den Worten: „Mag sein, daß Sie etwas können; mag sein, daß Sie nichts können. Wir werden sehen".

Als der junge Werner sich aber für die *theoretische* Physik entschied, war der Vater gar nicht glücklich. Mathematik oder Experimentalphysik, das wäre schon in Ordnung gegangen, da hätte sich später gewiß eine Anstellung in der Schule oder der Industrie gefunden. Aber in der theoretischen Physik waren die Arbeitsplätze auf Hochschullehrstühle begrenzt, von denen es nur sehr wenige gab – und die waren alle besetzt.

Bei Sommerfeld lernte Heisenberg den nur ein Jahr älteren Hilfsassistenten Wolfgang Pauli kennen. Diese beiden sollte trotz ihrer grundverschiedenen Art eine lebenslange Forscherfreundschaft verbinden. Während der tugendhafte Heisenberg ein glühender Verehrer der romantischen Wanderbewegung war, mit seinen Freunden in die Berge zog, auf Strohballen übernachtete und an Lagerfeuern zu zünftigen Gitarrenklängen muntere Lieder sang, zog es Pauli eher ins nächtliche Treiben der Großstadt. Kaum ein Cabaret, eine Kneipe oder ein Kaffeehaus in Schwabing, das er nicht gekannt hätte. Was beide verband, war ihr Feuereifer, wenn es um die Bewältigung physikalischer Probleme ging. Während Heisenberg nach seinen entspannenden Wanderungen wieder wochen- und monatelang verbissen bis zur Erschöpfung arbeiten konnte, setzte sich Pauli nach seinen nächtlichen Streifzügen noch an den Schreibtisch, ackerte fieberhaft bis zum Morgengrauen – und schwänzte natürlich die Vorlesungen am nächsten Morgen. Der ansonsten gestrenge Sommerfeld ließ Pauli gewähren, denn er wußte um dessen Genialität. Schließlich hatte er mit 18 Jahren für die *Enzyklopädie der Mathematischen Wissenschaften* einen Beitrag über die Relativitätstheorie verfaßt, der sogar ihrem Schöpfer, Einstein, größte Bewunderung abgerungen hatte.

Pauli war bald bekannt für seine beißende Kritik und seine Schärfe im Urteil. Schlug man ihm eine neue Idee oder Hypothese vor, so bekam man von ihm fast automatisch zu hören: „Quatsch!" Wenn man ihn aber nach zähen Diskussionen mit stichhaltigen Argumenten von der Richtigkeit des Vorschlages überzeugen konnte, war er bereit, sich zum vehementen Mitstreiter zu entwickeln. Pauli war wegen dieses Wesenszuges später als ‚das Gewissen der Physik' bekannt. Von seiner unerbittlichen Kritik blieb natürlich auch Heisenberg nicht verschont. Später erinnerte sich dieser einmal: „Er [Pauli] war äußerst kritisch. Ich weiß nicht, wie oft er zu mir sagte: ‚Du bist ganz und gar ein Dummkopf' und ähnliches. Das hat mir viel geholfen".

Als Heisenberg in das Sommerfeld-Seminar eintrat, wollte er eigentlich auf dem Gebiet der Relativitätstheorie arbeiten. Pauli riet davon jedoch ab, da hier kein großer Fortschritt zu erwarten war. Tatsächlich galt Einsteins Allgemeine Relativitätstheorie seit 1916 in ihren Grundzügen als abgeschlossen. Wesentlich vielversprechender schien Pauli die Atomtheorie zu sein. Er selbst hatte in seiner Doktorarbeit nachgewiesen, daß es zwischen der theoretischen Beschreibung des Wasserstoffmoleküls und einigen experimentellen Ergebnissen gravierende Diskrepanzen gab. Die bis dahin von Niels Bohr entwickelte Quantentheorie konnte in ihrer damaligen Form nicht stimmen.

Bohr hatte 1913 ein neues Atommodell aufgestellt, in dem er das alte Rutherfordsche Modell mit Plancks Quantenhypothese verbunden hatte. Er ging in seiner Theorie von zwei Postulaten aus. Erstens: Die Elektronen bewegen sich nur auf ganz bestimmten Bahnen um den Kern, die für jedes Element charakteristisch sind. Das sind die ‚stationären Zustände'. Diesen diskreten Bahnen ordnete Bohr verschiedene Energien zu. Je größer der Bahndurchmesser ist, desto energiereicher ist der Zustand, wobei der ‚normale' Zustand der energieärmste ist. Zweitens: Nur bei einem Sprung von einer äußeren, energiereicheren Bahn auf eine weiter innen gelegene, energieärmere Bahn sendet das Atom Licht aus. Und die Wellenlänge dieses Lichtquants (sprich dessen Energie) ist eindeutig durch die Energiedifferenz der beiden Zustände festgelegt, die sich einfach mit der Planck-Konstante ausrechnen ließ. Umgekehrt kann das Elektron von einer inneren Bahn auf eine äußere angehoben werden, wenn es ein Lichtquant der entsprechenden

Energie aufnimmt. Warum sich die Elektronen aber nicht so verhalten, wie man es klassisch erwarten würde, sondern den Bohrschen Regeln gehorchen, und was diesen stationären Zuständen physikalisch zugrunde liegen sollte, blieb ein Rätsel.

Mit diesem neuen Modell, das erstmals mit den klassischen Vorstellungen brach, konnte man nun die Linien in den Spektralaufnahmen leuchtenden Wasserstoffs richtig deuten. Ließ man Licht durch ein Prisma fallen, so wurde es in seine spektralen Komponenten, seine Regenbogenfarben, aufgespalten. Anders als im Sonnenlicht zeigt sich beim Wasserstoff kein Farbband, sondern es erscheinen nur einzelne Linien bei ganz bestimmten Farben, sprich Wellenlängen. Sie entstehen eben genau dann, wenn ein Elektron von einer höheren Bahn auf eine niedrigere herunterfällt.

Zahlreiche Spektren konnte man mit Bohrs Theorie erklären, offenbar war man auf dem richtigen Weg. Aber es blieben immer noch Ungereimtheiten. Ließ sich das einfachste aller Systeme, das Wasserstoffatom, erklären, so versagte das Bohrsche Atommodell bereits beim Helium oder anderen Elementen, bei denen mehrere Elektronen den Kern umgeben. Brachte man die Atome gar in ein Magnetfeld, so spalteten sich die beobachteten Spektrallinien plötzlich in zwei oder drei Linien auf. Die Quantenmechaniker mühten sich nach Kräften, dieses Phänomen zu erklären und zu berechnen, aber „die Quanten sind doch eine hoffnungslose Schweinerei", wie der Göttinger Physiker Max Born an Einstein schrieb.

Und dann blieb vor allem ein schon länger bekanntes, grundlegendes Phänomen völlig rätselhaft: der Welle-Teilchen-Dualismus. Im Jahre 1922 erhielt Einstein (rückwirkend für das Jahr 1921) den Physik-Nobelpreis für eine Arbeit, in der er nachgewiesen hatte, daß sich Licht in bestimmten Experimenten wie ein Teilchen verhält. Genauer stellte er die Hypothese auf, daß Licht immer dann, wenn es mit Materie in Wechselwirkung gerät, korpuskular wirkt. Gleichzeitig waren andere Experimente bekannt, in denen Licht eindeutig als Welle erschien. Hierzu zählte das berühmte Experiment von Thomas Young aus dem Jahre 1807: Leitete man Licht auf eine Wand, in die man zwei parallel angeordnete Spalten geritzt hatte, so erschienen auf einem dahinter befindlichen Schirm nicht die beiden hellen Abbilder dieser Spalten, sondern ein System zahlreicher abwechselnd schwarzer und weißer Streifen. Dies ließ sich nur unter der Annahme erklären, daß Licht aus Wellen bestand. Hinter den beiden Spalten überlagerten sie sich wie Wasserwellen und erzeugten so ein Interferenzmuster.

Wenn eine Lichtwelle auch als Teilchen erscheinen kann, warum sollte dann nicht auch umgekehrt ein materielles Teilchen Wellencharakter aufweisen? Diese konsequente Schlußfolgerung zog ein französischer Prinz mit Namen Louis Victor de Broglie. In seiner Doktorarbeit zeigte er 1924, daß Elektronen tatsächlich ein solches Doppelleben führen. Er schlug deshalb vor, man solle sich das Elektron wie eine Welle vorstellen, die den Atomkern umgibt. Diese Welle müsse stationär sein, das heißt, die Wellenlänge entspräche stets einem ganzen Vielfachen des Bahnumfangs.

Diese Idee griff der 1887 in Wien geborene Erwin Schrödinger auf. An der Universität Zürich machte er sich daran, sie mathematisch auszuarbeiten. Im Januar 1926 gelang ihm der Durchbruch. Die nach ihm benannte Schrödinger-Gleichung für Elektronen im Atom ist wohl eine der meistzitierten physikalischen Formeln unseres Jahrhunderts geworden. In der Schrödinger-Theorie war das Elektron nun zu einer den Atomkern umgebenden Welle geworden, die ähnlich schwingt wie ein mit Wasser gefüllter Ballon, den man anstößt. Es waren nur bestimmte Schwingungsformen möglich, wobei jede Form einer bestimmten Energie des Elektrons entsprach. Beim Übergang von einer Form zur anderen nahm das Elektron ein Lichtquant auf oder gab eines ab. Hiermit konnte man nun nicht nur die Entstehung der Spektrallinien erklären. Auch das Bohrsche Postulat, nach dem ein Elektron nicht in den Atomkern hineinstürzen kann, fand damit eine Deutung.

Schrödingers Arbeit leuchtete vielen Physikern sofort ein. Dennoch blieben Zweifel: Schrödinger hatte das Elektron jetzt als Welle beschrieben, aber manchmal zeigte es sich doch auch als Teilchen. Schließlich kam man darauf, wo sich das Teilchen in der Welle versteckt hält: in der Intensität der Welle. Sie gibt an, mit welcher Wahrscheinlichkeit sich das hiermit beschriebene Teilchen an einem bestimmten Ort aufhält. Diese Theorie war völlig ungewöhnlich und widersprach jedem physikalischen Gesetz. Entweder ein Teilchen ist an einem bestimmten Ort, oder es ist nicht dort. Es war alles andere als klar, warum die Theorie nur Wahrscheinlichkeitsaussagen machte. War dies ein grundsätzlicher Mangel?

Heisenberg, der sich seit Mitte 1924 bei Max Born am Göttinger Institut aufhielt, fand Schrödingers Arbeit vor allem wegen ihrer mathematischen Einfachheit „saumäßig interessant". Allerdings bezweifelte er, daß sie alle Ungereimtheiten beim grundlegenden Verständnis des Atoms würde aufklären können. Nicht nur sachliche Argumente hinderten ihn an der vorbehaltlosen Anerkennung, vielmehr hatte er ein halbes Jahr vor Schrödinger eine konkurrierende Theorie entworfen, die er gegen seinen Kollegen aus Zürich durchsetzen wollte.

Heisenberg war durch Bohrs Schule gegangen und hatte sich den dort herrschenden Positivismus zu eigen gemacht: Wollte man zu einer brauchbaren Quantenmechanik gelangen, so durfte man sich nur auf Größen beziehen, die tatsächlich beobachtbar sind, so meinte Heisenberg. Die Elektronenbahnen im Atom, deren Existenz sowieso in den Jahren zuvor durch die Arbeiten von de Broglie und Schrödinger fragwürdig geworden war, zählten nicht hierzu. Also ignorierte er sie einfach. Messen ließen sich aber beispielsweise die Intensitäten der Spektrallinien, und aus dieser „Strahlung, die von einem Atom bei einem Entladungsvorgang ausgesandt wird, kann man doch unmittelbar auf die Schwingungsfrequenzen und die zugehörigen Amplituden der Elektronen im Atom schließen", erklärte Heisenberg Einstein einmal. Heisenberg faßte dabei das Atom nach Planckscher Manier als einen Oszillator auf, ein schwingendes Gebilde im atomaren Maßstab, dessen Verhalten er mathematisch beschreiben wollte.

Die Arbeiten führten in ein undurchdringliches mathematisches Dickicht, aus dem es keinen Ausweg zu geben schien. Wolfgang Pauli schrieb Ende Mai 1925 an einen Freund: „Die

Physik ist momentan wieder einmal sehr verfahren, für mich ist sie jedenfalls zu schwierig, und ich wollte, ich wäre Filmkomiker oder so etwas und hätte nie etwas von Physik gehört!" Pauli ahnte nicht, daß sein Freund Heisenberg in Göttingen dem Ziel bereits ganz nahe war. Ironischerweise leitete ein heftiger Heuschnupfen diese schöpferische Phase ein. Heisenberg litt so stark darunter, daß er sich im Frühsommer 1925 entschloß, einige Tage nach Helgoland zu fahren. Auf dieser kargen Insel ohne blühende Büsche und Wiesen sollte er Ruhe vor der Pollenplage haben. Hier sollte er „den Schlüssel zu der so lang verschlossenen Pforte finden, die uns von dem Reiche der Atomgesetze trennt", wie Max Born später meinte.

Heisenberg erinnerte sich später: „Bei der Ankunft auf Helgoland [muß ich] mit dem verschwollenen Gesicht einen recht kläglichen Eindruck gemacht haben; denn die Hauswirtin, bei der ich ein Zimmer mietete, meinte, ich hätte mich wohl am Abend vorher mit anderen geprügelt, sie wolle mich aber schon wieder in Ordnung bringen. Mein Zimmer lag im zweiten Stock ihres Hauses, das hoch oben am Südrand der Felsinsel einen herrlichen Blick auf die Unterstadt, die dahinter liegende Düne und das Meer gewährte ... So kam ich schneller voran, als es mir in Göttingen möglich gewesen wäre ... In einigen wenigen Tagen wurde mir klar, was in einer solchen Physik, in der nur die beobachtbaren Größen eine Rolle spielen sollten, an die Stelle der Bohr-Sommerfeldschen Quantenbedingungen zu treten hätte ... [Es gab] in meinen Rechnungen inzwischen auch viele Hinweise darauf, daß die mir vorschwebende Mathematik wirklich widerspruchsfrei und konsistent entwickelt werden könnte, wenn man den Energiesatz in ihr nachweisen könnte ... Eines Abends war ich soweit, daß ich daran gehen konnte, die einzelnen Terme in der Energietabelle zu bestimmen. Als sich bei den ersten Termen wirklich der Energiesatz bestätigte, geriet ich in Erregung ... Daher wurde es fast drei Uhr nachts, bis das endgültige Ergebnis der Rechnung vor mir lag ... Im ersten Augenblick war ich zutiefst erschrocken. Ich hatte das Gefühl, durch die Oberfläche der atomaren Erscheinungen hindurch auf einen tief darunter liegenden Grund von merkwürdiger innerer Schönheit zu schauen“.

Heisenberg hatte hier eine Algebra, eine Art Rechenvorschrift, gefunden, mit der sich plötzlich die experimentell ermittelten Spektrallinien und deren Intensitäten genau berechnen ließen. Es war allerdings eine merkwürdige Algebra, die nicht kommutativ war, wie die Mathematiker sagen. Das bedeutet, daß das Produkt zweier Größen a und b, anders als bei den natürlichen Zahlen, von der Reihenfolge der Multiplikation abhing, also $a \cdot b$ nicht gleich $b \cdot a$ war.

Als er das Ergebnis seinem Göttinger Professor Max Born zeigte, war dieser fasziniert: „Heisenbergs Multiplikationsregeln ließen mir keine Ruhe, und nach acht Tagen intensiven Denkens und Probierens erinnerte ich mich plötzlich an eine algebraische Theorie, die ich von meinem Lehrer, Professor Rosanes, in Breslau gelernt hatte. Den Mathematikern sind solche quadratischen Schemata wohlbekannt und werden in Verbindung mit einer bestimmten Multiplikationsregel Matrizen genannt“. Zusammen mit seinem Schüler Pascual Jordan arbeitete er Heisenbergs Konzept mathematisch sauber aus. Ende Juli sandte er das fertige Manuskript an die *Zeitschrift für Physik*. Diese später als Dreimännerarbeit berühmt gewordene Veröffentlichung war der Startschuß für einen glorreichen Siegeslauf der neuen Quantenmechanik.

Allerdings blieb die Mathematik nach wie vor schwierig und das ganze Konzept physikalisch undurchsichtig. Da kam den Physikern Schrödingers Arbeit ein halbes Jahr später sehr gelegen. Mit Wellen wußte man umzugehen, sie waren anschaulicher, während Heisenbergs Matrizen abstrakt blieben. Heisenberg indes sah in dem Modell seines Kontrahenten keinen Fortschritt. Nun stand man auch noch vor dem Problem der Qual der Wahl. Welches war die ‚richtige‘ Naturbeschreibung, Schrödingers Wellengleichung oder Heisenbergs Quantenmechanik?

Tatsächlich fand Schrödinger selbst kurz nach der Veröffentlichung seiner Arbeit heraus, daß sein Konzept mit dem

Heisenbergschen identisch war. Beide Theorien lieferten, beispielsweise im Falle des Wasserstoffatoms, dieselben Ergebnisse. Die beiden Physiker hatten lediglich unterschiedliche mathematische Beschreibungsweisen gefunden. Man konnte nun also die Physik des Atoms auf zwei gleichberechtigte Weisen formulieren.

Damit war zwar das Problem etwas gemildert, was aber in beiden Modellen noch unklar blieb, war ihr physikalischer Gehalt. Die in den Laboratorien gefundenen Meßwerte konnten jetzt mathematisch-formal dargestellt werden, also mußten sie auf irgendeine Weise die Natur beschreiben. Aber man hatte den Code noch nicht gefunden, um die Geheimschrift zu entschlüsseln. Heisenberg blieb bei seiner Theorie. An Pauli schrieb er: „Je mehr ich über den physikalischen Teil der Schrödingerschen Theorie nachdenke, desto abscheulicher finde ich ihn ... ich finde es Mist ... Aber entschuldigen Sie die Ketzerei und sagen Sie's nicht weiter". Insbesondere konnte sich Heisenberg nicht damit abfinden, daß in Schrödingers Theorie die so schwer verständlichen „Quantensprünge" vollständig verschwinden sollten.

Bohr wollte sich persönlich ein Bild von der Schrödingerschen Physik machen und lud ihn im September 1926 zu sich nach Kopenhagen ein. Die Diskussion begann schon auf dem Bahnhof und wurde jeden Tag in seinem Haus von morgens bis abends fortgesetzt. Bohr war so unerbittlich in seiner Fragerei, so fanatisch von dem Verlangen beseelt, die physikalische Wahrheit zu ergründen, daß er Schrödinger bis an den Bettrand verfolgte. Heisenberg, der als Gast anwesend war, erinnerte sich später: „So ging die Diskussion über viele Stunden des Tages und der Nacht, ohne daß es zu einer Einigung gekommen wäre. Nach einigen Tagen wurde Schrödinger krank, vielleicht als Folge der enormen Anstrengung; er mußte mit einer fiebrigen Erkältung das Bett hüten". Zu einer Einigung in den strittigen Fragen kam es zwischen den beiden nicht.

Es ging also um die Interpretation der Formeln. Und es ging natürlich um die entscheidende Frage, wie der unverstandene

Welle-Teilchen-Dualismus darin enthalten ist. „Die Paradoxa des Dualismus zwischen Wellen- und Partikelbild waren ja nicht gelöst; sie waren nur irgendwie in dem mathematischen Schema verschwunden", erinnerte sich Heisenberg später. Diese Frage mußte geklärt werden, sonst wäre der ganze Aufwand umsonst gewesen. „Ich erinnere mich an viele Diskussionen mit Bohr, die bis spät in die Nacht dauerten und fast in Verzweiflung endeten. Und wenn ich am Ende solcher Diskussionen noch allein einen kurzen Spaziergang im benachbarten Park unternahm, wiederholte ich mir immer und immer wieder die Frage, ob die Natur wirklich so absurd sein könne, wie sie uns in diesen Atomexperimenten erschien".

Auf dem Weg durch die ‚absurde Natur' begleitete ihn Wolfgang Pauli in Hamburg. Ihr Gedankenaustausch ist in einem außergewöhnlich intensiven Briefwechsel dokumentiert. Im Oktober 1926 machte Pauli seinen Kollegen auf einen „unverdauten Knödel" aufmerksam, einen „dunklen Punkt" in Heisenbergs Theorie. Als Folge der Matrizenrechnung zeigte sich nämlich, daß sich bei Betrachtung bestimmter physikalischer Größen ein seltsames Phänomen einstellte. Pauli hatte den Ort und den Impuls eines Teilchens theoretisch betrachtet (der Impuls eines Teilchens ergibt sich aus dem Produkt der Masse und der Geschwindigkeit). Den Ort bezeichnte er mit q und den Impuls mit p. Ratlos fragte er, „warum ... nicht sowohl die p's als auch die q's beide mit beliebiger Genauigkeit vorgeschrieben werden dürfen ... Man kann die Welt mit dem p-Auge und man kann sie mit dem q-Auge ansehen, aber wenn man beide Augen zugleich aufmachen will, dann wird man irre". Was sollte das bedeuten? „Man muß versuchen, die Heisenbergsche Mechanik noch etwas mehr vom Göttinger formalen Gelehrsamkeitsschwall zu befreien und ihren physikalischen Kern noch besser bloßzulegen", mahnte Pauli in seiner gewohnt respektlosen Art.

Heisenberg war seit Mai 1926 Assistent bei Bohr. Die zähe Arbeit und die unablässigen Diskussionen waren derart anstrengend, daß Bohr im Februar 1927 zu einem Skiurlaub nach Norwegen reiste. Vielleicht bewirkte der Wegfall der monatelangen geistigen Anspannung, daß Heisenberg ausgerechnet in dieser Zeit die Lösung des Problems fand. Bei einem nächtlichen Spaziergang im nahegelegenen Park fiel ihm ein Ausspruch Einsteins ein: „Erst die Theorie entscheidet darüber, was man beobachten kann". Könnte es dann nicht sein, daß die Natur nur solche Experimente zuläßt, die auch im mathematischen Schema der Quantenmechanik beschrieben werden? Die logische Schlußfolgerung aus Paulis „dunklem Punkt" wäre dann, daß die Natur offenbar gerade so eingerichtet ist, daß es überhaupt nicht möglich ist, Ort und Impuls (Geschwindigkeit) eines Teilchens *gleichzeitig* exakt zu messen.

Das hieße dann konkret: Man denke sich eine „Kanone", die Elektronen in eine bestimmte Richtung schießt. An einem Punkt der Flugbahn stelle man ein Meßgerät auf. Mißt man nun mit diesem exakt den Ort eines Elektrons, so wird man die Geschwindigkeit zum selben Zeitpunkt nur sehr ungenau bestimmen können. Je genauer die Ortsmessung, desto ungenauer die der Geschwindigkeit. Umgekehrt gilt dasselbe: Je genauer die Geschwindigkeit ermittelt wird, desto ungenauer ist die Positionsmessung. Dies hatte nichts mit einer etwaigen technischen Unzulänglichkeit des Meßgerätes zu tun, sondern beruhte auf einer fundamentalen Eigenschaft der Natur im Mikrokosmos. Es widersprach natürlich vollkommen der klassischen Physik, nach der diese Größen völlig unabhängig voneinander waren und jederzeit gleichzeitig mit beliebiger Genauigkeit meßbar waren.

Als Bohr zurückkehrte und Heisenberg ihm die Idee vortrug, kam es erneut zu langen Diskussionen. Auch Bohr hatte sich nämlich während des Urlaubs eine Interpretation zurechtgelegt, die er *Komplementarität* nannte. Nach langen Diskussionen kamen Lehrer und Schüler zu dem Ergebnis, daß die von Heisenberg postulierte Unbestimmtheit ein Spezialfall der allgemeineren Komplementarität war. Und beide zusammen deuteten den Welle-Teilchen-Dualismus auf eine neue Art und Weise. Damit war die *Kopenhagener Deutung* der Quantenmechanik geboren.

Man wollte nun nicht mehr länger fragen: Ist das Elektron ein Teilchen oder eine Welle, sondern betrachtete beide Aspekte als komplementär, das heißt, sie schlossen sich einerseits gegenseitig aus und bildeten doch andererseits erst im Verbund das Ganze. Bohr sah diese Komplementarität in der Unschärfebeziehung dargestellt. Den Ort verbindet man mit dem Teilchencharakter, denn immer wenn ein Elektron beispielsweise an einer Stelle mit Materie eine Wechselwirkung einging, wirkte es nach Einstein wie ein Teilchen. Der Impuls oder die Geschwindigkeit ist indes eine Bewegungsgröße. Sie besitzt Wellencharakter, wie die bewegten Wellen hinter dem Youngschen Doppelspalt zeigen. Beides gleichzeitig aber läßt sich grundsätzlich nicht erfassen.

Die revolutionäre Kopenhagener Deutung der Quantenmechanik ging noch weiter und führte zu einem radikalen Positivismus. Man fragte sich nämlich, was man unter den gewohnten Begriffen Ort, Geschwindigkeit usw. überhaupt zu verstehen hatte. Will man den Ort eines Elektrons feststellen, so muß man es beleuchten und unter einem Mikroskop betrachten. Dabei wird aber das Elektron von einem Lichtteilchen getroffen und verändert seine Bewegungsrichtung und seinen Impuls, und zwar in unkontrollierbarer Weise. Je genauer man die Ortsmessung vornehmen will, desto kleiner muß die Wellenlänge des Lichts sein, desto größer ist jedoch seine Energie und damit der Impulsübertrag.

Es war somit sinnlos, von Größen wie Ort und Geschwindigkeit zu sprechen, ohne gleichzeitig anzugeben, wie man sie mißt. „Die Bahn [eines Teilchens] entsteht erst dadurch, daß wir sie beobachten“, schrieb Heisenberg. Die alte Frage nach der Bahn des Elektrons im Atom erwies sich ebenfalls als sinnlos, denn um sie „zu messen, müßte nämlich das Atom mit Licht beleuchtet werden, dessen Wellenlänge jedenfalls erheblich kürzer als der Atomdurchmesser ist. Von solchem Licht aber genügt ein einziges Lichtquant, um das Elektron völlig aus seiner Bahn zu werfen (weshalb von einer Bahn immer nur ein einziger Raumpunkt definiert werden kann), das Wort ‚Bahn‘ hat hier also keinen vernünftigen Sinn“. Die Bahn entsteht demnach erst durch die Beobachtung und wird zugleich durch sie gestört. Die Quantenmechanik sagt, daß man bei einem Experiment, wie dem der Elektronenkanone, Ort und Geschwindigkeit eines Teilchens gleichzeitig nur innerhalb gewisser Fehlergrenzen messen kann.

Diese prinzipielle Ungenauigkeit setzte das Kausalitätsprinzip außer Kraft, das Prinzip von Ursache und Wirkung also, das in unserer Alltagswelt stets unangetastet blieb. Bis dahin galt jeder Vorgang in der Natur als vollständig determiniert und berechenbar, sofern alle hierfür nötigen Größen hinreichend genau bekannt waren. Der Philosoph Pierre Simon de Laplace glaubte im 18. Jahrhundert an ein vollständig mechanistisch beschreibbares Universum, was sich in seinem berühmten Zitat ausdrückt: „Ein ‚Geist', der für einen gegebenen Augenblick alle Kräfte kennen würde, von denen die Natur belebt ist, so wie die gegenseitige Lage der Wesen, aus denen sie besteht, und der überdies umfassend genug wäre, um diese Gegebenheiten zu analysieren, könnte mit derselben Formel die Bewegung der größten Weltkörper und des kleinsten Atoms ausdrücken. Nichts wäre für ihn ungewiß, Zukunft, Vergangenheit lägen offen vor seinen Augen".

Damit war es nun seit Heisenberg vorbei. Die Natur hat es offenbar so eingerichtet, daß Lage oder Bewegung von Teilchen eben nicht exakt festlegbar sind, sondern einer natürlichen Unbestimmtheit unterliegen. Damit ist die strenge Kausalität in der Mikrowelt gebrochen, und es sind grundsätzlich nur statistische Aussagen möglich, wie: „Das Teilchen wird sich mit dieser Wahrscheinlichkeit in jene Richtung bewegen". Der Zufall regiert also innerhalb gewisser Grenzen die Geschicke im Universum.

Heisenberg hat diese Revolution im physikalischen Denkbild durch die Quantenmechanik häufig mit derjenigen der Relativitätstheorie verglichen. Beide Theorien wirken abstrakt und scheinen so gar nichts mit unserer Alltagswelt zu tun zu haben. Ursache für dieses Dilemma ist die Tatsache, daß wir Menschen in allem, was wir begreifen wollen, unsere Anschauung zu Rate ziehen müssen. Diese beruht jedoch auf dem

Erfahrungsbereich, der durch unsere Sinne stark eingeschränkt ist. Die Relativitätstheorie beispielsweise macht sich erst bei Geschwindigkeiten nahe der Lichtgeschwindigkeit oder in riesigen Raumdimensionen von Millionen und Milliarden von Lichtjahren bemerkbar. Für beide Bereiche haben wir keine Vergleichswerte. Am anderen Ende der Raumskala erleiden wir erneut Schiffbruch. Dimensionen von einem Millionstel Millimeter und weniger können wir nicht mehr sehen oder uns vorstellen. Wir müssen einfach akzeptieren, daß hier andere Gesetze gelten als auf der Straße. Wir sind allerdings darauf angewiesen, die unbegreiflichen Phänomene mit unseren Begriffen der Alltagswelt zu beschreiben. Und dieser Versuch bleibt stets unzulänglich.

„Wenn es je ein Experiment gäbe", so schrieb Heisenberg einmal an Pauli, „das *p* und *q* gleichzeitig und *genau* zu bestimmen gestattet, müßte die Quantenmechanik notwendig falsch sein". Bis heute hat niemand ein Experiment dieser Art durchführen können. Im Gegenteil: Hunderte von Malen wurde die Unschärferelation bestätigt. In jüngster Zeit gelang es sogar, einige von Einsteins Gedankenexperimenten, die er in Brüssel ersonnen hatte, zu realisieren. Einstein hat sich damals geirrt.

Heisenberg wurde mit 26 Jahren Professor in Leipzig und damit jüngster Ordinarius Deutschlands. Mit 32 Jahren erhielt er den Nobelpreis. Auch seine Mitstreiter wurden mit dieser höchsten Auszeichnung geehrt: Bohr, de Broglie, Schrödinger, Dirac, Pauli und Born.

Heisenbergs Quantenmechanik trat einen imposanten Siegeslauf an: Ungereimtheiten bei Versuchen mit Helium verschwanden, chemische Bindungen ließen sich erklären, was zu einem eigenen Wissenschaftszweig führte, die Theorie der elektrischen Leitung in Metallen kam einen großen Schritt voran, Heisenberg erklärte den Ferromagnetismus. Die Liste ließe sich bis zu den Entdeckungen der heutigen Zeit beliebig lang fortsetzen. Heisenberg selbst sah in den fünf Jahren zwischen 1927 und 1932 „das goldene Zeitalter der Atomphysik". „Es gab eine Zeitspanne von ein paar Jahren, in der man, um echte

Entdeckungen machen zu können, die Quantenmechanik und ihre Technik nicht besser zu beherrschen brauchte als ein guter Diplomand von heute", resümierte Emilio Segrè, ein Wegbegleiter Enrico Fermis, später einmal.

Nach dem geistigen Höhenflug schien Heisenberg eine Pause zu benötigen. „Dagegen habe ich aufgegeben, mich mit prinzipiellen Fragen zu beschäftigen, die sind mir zu schwierig", schrieb er Bohr 1931. Dies sollte sich jedoch ändern, als der britische Physiker James Chadwick im März 1932 die Entdeckung des Neutrons bekanntgab. Das war für Heisenberg der Auslöser zu einer neuen brillanten Arbeit, die in drei Teilen unter dem Titel *Über den Bau der Atomkerne* erschien. Hierin beschrieb er erstmals den Atomkern als Ansammlung von Neutronen und Protonen, wobei er sich die Neutronen aus Protonen und Elektronen zusammengesetzt dachte. Heisenberg hatte hiermit erneut mit dem Althergebrachten gebrochen, denn ein solches Verschmelzen von zwei Teilchen zu einem war bis dahin weder in der klassischen Theorie noch in der Quantenmechanik vorgesehen. Er leitete hiermit eine neue Ära in der Kernphysik ein, arbeitete selbst aber bis zum Zweiten Weltkrieg auf diesem Gebiet nicht weiter.

Als in den dreißiger Jahren die Repressalien gegenüber jüdischen Physikern zunahmen, verhielt sich Heisenberg zurückhaltend. Politik empfand er stets als unter seiner Würde. An öffentlichen Protest war gar nicht zu denken – wenn man etwas erreichen wollte, dann über stille Diplomatie, dachte Heisenberg. Er vertraute, wie auch Max Planck, den er bei schwierigen Entscheidungen gern um Rat fragte, auf sein hohes Ansehen und persönliches Geschick. Diese Fehleinschätzung kann man ihm vielleicht nachsehen. Zum einen war es für die Physiker zur damaligen Zeit unüblich, sich mit Politik auseinanderzusetzen, und zum anderen waren die Grausamkeiten des nationalsozialistischen Regimes in der Geschichte ohne Vorbild. Darüber hinaus war Heisenbergs Handeln stets von Rechtschaffenheit und einer starken Bindung an sein Vaterland geprägt. Nach dem Krieg sagte er einmal zu einem Kritiker: „Ich habe niemals das leiseste Verständnis aufbringen können für Menschen, die sich von aller Verantwortung zurückzogen und einen dann in einer ungefährlichen Tischunterhaltung versicherten: ‚Sie sehen, Deutschland und Europa werden zugrunde gehen, ich habe es ja immer gesagt'." Heisenberg verschloß nicht die Augen vor den politischen Änderungen, aber er blieb Physiker: „Die Welt draußen ist wirklich abscheulich, aber die Arbeit ist schön", schrieb er im Herbst 1935 seiner Mutter.

Es kam jedoch die Zeit, in der die ‚abscheuliche Welt' es auch auf ihn abgesehen hatte. Heisenberg dachte nicht daran, die Früchte der modernen Physik, einschließlich Einsteins Relativitätstheorie, totzuschweigen, wie es die Politiker verlangten. Immer häufiger wurde er deswegen auch von Fanatikern angegriffen. Als bekannt wurde, daß Arnold Sommerfeld Heisenberg als seinen Nachfolger in München vorsah, kam es zu öffentlichen Attacken im *Völkischen Beobachter* und der SS-Wochenzeitung *Schwarzes Korps*. Heisenberg sah schließlich keinen anderen Ausweg, als sich an Heinrich Himmler persönlich zu wenden und diesen um seine Rehabilitierung zu bitten. Er wurde bespitzelt, mußte zahlreiche Verhöre über sich ergehen lassen, bis er tatsächlich im Juli 1938 von Himmler entlastet wurde. Dennoch: Die Partei hatte sich gegen Heisenberg ausgesprochen und verhinderte seine Berufung. Statt dessen sollte er eine Aufgabe übernehmen, die ihn zu einem der umstrittensten Physiker der Neuzeit machte.

Ende 1938 hatten Otto Hahn und Fritz Straßmann die Kernspaltung entdeckt, was sofort das Interesse der Physiker in der ganzen Welt wachrief. Kurt Diebner, Experte für Kernphysik und Sprengstoffe in der Heeresforschung, und dessen Assistent Erich Bagge beriefen eine wissenschaftliche Konferenz ein und schlugen die Gründung eines „Uranvereins" unter der Leitung von Werner Heisenberg vor. Damit war das deutsche Kernspaltungsprojekt geboren. Innerhalb von drei Monaten verfaßte Heisenberg ein theoretisches Gutachten für das Heereswaffenamt über die *Möglichkeiten der technischen Energiegewinnung aus der Uranspaltung*. Hierin stellte er in Aussicht, daß eine kontrollierte Kettenreaktion technisch realisierbar sein müßte und Uran ein gewaltiger Sprengstoff sein könnte. In neun Forschungslaboratorien, verteilt über ganz Deutschland, begann man mit der Untersuchung verschiedener Teilaufgaben des Projekts, die letztendlich in eine „Uranmaschine" einfließen sollten. Tatsächlich sah Heisenberg im Herbst 1941 „eine freie Straße zur Atombombe" vor sich.

Seine Arbeit am Kernforschungsprojekt legten ihm viele Kollegen als Kollaboration mit den Nazis aus. Heisenberg indes sah darin eine Möglichkeit seiner „stillen Diplomatie", denn auf diese Weise konnte er bedrohten Physikern in seiner Forschungsgruppe Unterschlupf gewähren. Tatsächlich erwirkte er in den letzten Kriegsjahren, daß rund 5000 Naturwissenschaftler, Ingenieure und Studenten „für kriegswichtige Forschung" freigestellt wurden. In der Endphase des Krieges, als Hitler zum Volkssturm aufrief, ordnete Himmler an, noch einmal 14 600 Naturwissenschaftler vom aktiven Kriegsdienst freizustellen. Daneben setzte sich Heisenberg einige Male persönlich für bedrohte Wissenschaftler ein – zu wenige Male allerdings, wie ihm später Kritiker vorwarfen.

Heisenberg selbst behauptete überdies nach dem Krieg, er habe die wissenschaftliche Führung in dem Projekt übernommen, um zu verhindern, daß andere, skrupellose Wissenschaftler die Atombombe für Hitler bauten. Dieses Argument wird heute von vielen Historikern angezweifelt. Und auch für ethische Bedenken Heisenbergs gegenüber dem Bau einer Bombe gibt es keine Hinweise. David Cassidy, ein Schüler Heisenbergs und sein späterer Biograph, interpretierte das Verhalten so: „Offenbar gab er sich erneut der Illusion hin, daß er unter den technologischen und materiellen Bedingungen, die Anfang 1940 herrschten, im Verlauf des Krieges auf eine nützliche, energieliefernde Maschine hinarbeiten könne, die für ihn persönlich, für sein Fach und für Deutschland von Nutzen wäre, während er die Möglichkeit, Sprengstoff herzustellen, außer acht lassen könne; sie lag für ihn in weiter Ferne."

Heisenbergs Ansehen litt natürlich bei vielen seiner ehemaligen Freunde. Besonders einschneidend war ein Besuch im besetzten Dänemark bei Niels Bohr im September 1941. Es ist bis heute nicht geklärt, worüber sich die beiden in einem langen Gespräch unterhielten. Nach Heisenbergs eigenen Angaben diskutierten sie nur über den möglichen Bau eines Reaktors. Vielleicht suchte der einstige Schüler bei seinem Lehrer Rat in der schwierigen Frage nach dem Bau der Bombe. Bohr, der zeitlebens ein Mann größter Rechtschaffenheit gewesen ist, war aber offensichtlich sehr erschrocken über das, was ihm Heisenberg berichtete. Die beiden standen sich nach dem Krieg nie wieder so nahe wie im „Goldenen Zeitalter der Atomphysik".

In dieser Zeit erreichte ihn 1942 die Berufung auf den Lehrstuhl für Theoretische Physik in Berlin und als Direktor des Kaiser-Wilhelm-Instituts für Physik. Allerdings zog seine Familie nicht nach Berlin um, das zunehmend bombardiert wurde. Dies hatte auch zur Folge, daß Heisenbergs Forschungsmeiler aus Berlin abtransportiert werden mußte. Man fand einen idealen Standort in einem Weinkeller unter der Kirche des schwäbischen Ortes Haigerloch. Die Institutsbelegschaft richtete sich in einer Tuchfabrik im nahegelegenen Hechingen ein.

Doch der Kernreaktor kam nicht mehr zum Laufen. Zum einen hatte der Reichsminister für Rüstung und Kriegsproduktion, Albert Speer, die Bedeutung des Uranprojekts nie erkannt und es nicht genügend gefördert. Zum anderen konnten sich die Physiker nicht auf ein einheitliches technisches Konzept einigen. Insbesondere war es zwischen Heisenberg und Diebner zu starken Meinungsverschiedenheiten über das Konstruktionsprinzip gekommen. Am 23. April 1945 waren sämtliche Diskussionen hinfällig: Ein amerikanisches Panzerbataillon traf in Haigerloch ein und demontierte umgehend die gesamte Kernforschungsanlage. Außerdem nahm man die Wissenschaftler fest, bis auf Gerlach, Diebner und – Heisenberg. Der hatte sich mit einem Fahrrad abgesetzt. Drei Tage lang radelte er auf abenteuerliche Weise rund 250 Kilometer weit bis nach Urfeld, einem kleinen Ort am Walchensee. Hier besaß Heisenberg ein Ferienhaus, in das seine Familie geflohen war. Doch die Ruhe währte nicht lange. Am 3. Mai spürte ihn dort ein Trupp amerikanischer Soldaten auf und verhaftete ihn. Zusammen mit neun anderen führenden Wissenschaftlern, darunter Otto Hahn, Max von Laue und Carl Friedrich von Weizsäcker, wurde er im Juli nach England in ein kleines Landhaus nahe Cambridge mit dem Namen *Farm Hall* deportiert.

Man entließ die Physiker jedoch bald, und Heisenberg ließ sich im März 1946 in Göttingen nieder. Nach dem Krieg setzte er sich für den Aufbau der Forschung, insbesondere auch der Reaktorforschung, in Deutschland ein. Er wurde Direktor des Kaiser-Wilhelm-Instituts für Physik, das nun in Göttingen angesiedelt wurde. In der Forschung war seine große Zeit indes vorbei. Mitte der 50er Jahre versuchte er sich an einer Theorie, in der er sämtliche Elementarteilchen als Energiezustände eines allgemeinen Materiefeldes darstellen wollte. Es war die berühmte Suche nach der „Weltformel", die er 1958 präsentierte und die als „Grundgleichung des Kosmos" durch die Zeitungen ging. Die Theoretiker zweifelten jedoch an der Richtigkeit der Theorie und berücksichtigten sie nicht länger.

Im selben Jahr siedelte Familie Heisenberg nach München um, wo das neue Max-Planck-Institut für Physik errichtet worden war, dessen Direktor er bis 1970 blieb. Am 1. September 1976 starb Heisenberg nach einem längeren Krebsleiden in seinem Haus in München.

„Was ich brauche, ist ein Stück Paraffin."

Enrico Fermi (1901–1954)

Die Via Panisperna liegt im Herzen Roms, der Ewigen Stadt. Hier führt sie vom römischen Trajan-Forum zur mittelalterlichen Kathedrale Santa Maria Maggiore und verbindet so zwei Bauwerke verschiedener Epochen. Im Oktober 1934 soll hier ein Gebäude der Neuzeit, die Villa Nr. 89A, Ausgangspunkt einer neuen Epoche in der Physik werden. Hier gelingt Enrico Fermi die Kernspaltung mit langsamen Neutronen. Von ihm selbst zunächst unerkannt, bereitet er den Grund für die Nutzung der Kernenergie.

In der Via Panisperna 89A befindet sich das Physikalische Institut der Universität. Das schöne, dreistöckige Haus liegt auf einer kleinen Anhöhe und ist von einem herrlichen kleinen Garten umgeben, in dem Palmen und Bambushaine an heißen Tagen Schatten spenden. Dies ist die Residenz von Professor Orso Mario Corbino, dem Nestor der italienischen Physik. Seine Räume befinden sich im obersten Stockwerk. Im ersten Stock weitet sich von Jahr zu Jahr die Arbeitsgruppe seines Zöglings Enrico Fermi aus. Ihn hat er, als dieser erst 26 Jahre alt war, auf den neugegründeten Lehrstuhl für Theoretische Physik berufen – den ersten in Italien überhaupt. Corbinos Wunschtraum, die italienische Physik zu erneuern, sollte in Erfüllung gehen, und er hätte für diese Aufgabe keinen besseren finden können als eben jenen Fermi.

Dieser hat innerhalb der letzten sieben Jahre bereits internationale Bekanntheit erlangen können und um sich eine kleine Gruppe aufstrebender Physiker geschart, die ihrem „Papst", wie sie ihn nennen, mit Begeisterung folgen. Seine Jungs, Edoardo Amaldi (der „Kardinal"), Franco Rasetti und später Oscar D'Agostino, Emilio Segrè (der „Basilisk") und

Bruno Pontecorvo, bilden nicht einfach eine Forschergruppe. Vielmehr agieren sie wie ein Organismus, in dem alle Teile eng aufeinander abgestimmt sind und sich zu einem Ganzen vereinigen.

Enrico Fermi, der Kopf des Organismus, kann sich für alle Gebiete der Physik begeistern. Für ihn ist das Lösen eines physikalischen Problems eine Art Sport, eine Aufgabe, an der er sich messen muß. Und meistens besteht er die Tests, denn die Natur hat ihn mit zwei beneidenswerten Gaben ausgestattet: Er erfaßt ein Problem ungewöhnlich schnell und besitzt die schon legendäre Fähigkeit, es mathematisch auf dem schnellsten Wege zu lösen. Zwei große Würfe in der Theorie der Kernphysik sind ihm bereits gelungen, doch die Meisterleistung steht ihm noch bevor.

Der Auslöser zu einer neuen Forschungsrichtung ist eine Meldung aus Paris, die ihn im Februar 1934 erreicht: Irène Curie und Frédéric Joliot-Curie haben Bor und Aluminium mit Alpha-Teilchen beschossen. In einigen wenigen Fällen müssen Partikel in die Kerne dieser Elemente eingedrungen sein und diese in Stickstoff- und Phosphoratome umgewandelt haben. Diese sind indes nicht stabil, sondern zerfallen radioaktiv. Damit haben die beiden Forscher erstmals Radioaktivität künstlich herbeigeführt.

Fermi, von dieser Meldung wie elektrisiert, hat sofort eine Idee, wie man experimentell vorgehen müßte, um künstliche radioaktive Elemente effektiver herzustellen. Seine Überlegung ist folgende: Bei den von Curie und Joliot verwendeten Alpha-Teilchen handelt es sich um die Kerne von Heliumatomen. Diese enthalten zwei Protonen und sind demnach doppelt positiv geladen. Fliegt ein solches Teilchen auf einen Atomkern zu, so wird es von diesem abgestoßen, weil auch der Zielkern positiv geladen ist. Je größer der Kern ist, das heißt je schwerer das Element ist, desto mehr Protonen besitzt er, und desto stärker ist infolgedessen die elektrostatische Abstoßung. Aus diesem Grunde konnte es den beiden französischen Forschern nicht gelingen, in schwere Elemente wie Uran Alpha-Teilchen hineinzuschießen. Fermi sieht eine Chance darin, statt Alpha-

Enrico Fermi, um 1950

Teilchen Neutronen zu verwenden. Diese sind elektrisch neutral und spüren deshalb das elektrische Feld der Atomkerne überhaupt nicht. Sie sollten leicht in jeden Zielkern eindringen können, unabhängig von dessen Größe. Einziger Nachteil: Die Neutronenquellen sind sehr schwach. Die Frage lautet also: Kann der Vorteil der elektrischen Neutralität den Nachteil des geringen Teilchenstromes mehr als ausgleichen?

Als erstes bespricht Fermi die Geschichte mit Rasetti. Der hat nämlich einige Monate bei Lise Meitner in Berlin verbracht und von ihr kernphysikalische Techniken erlernt. Mit ihm baut er eine Neutronenquelle für seine Versuche. Hierfür füllen sie in einen fünfzehn Millimeter langen Glaszylinder mit einem Durchmesser von nur sechs Millimetern geringe Mengen Polonium und Beryllium und verschließen das Gefäß. Wenn ein Poloniumatom zerfällt, sendet es ein Alpha-Teilchen aus. Trifft dieses auf einen Berylliumkern, so schießt aus diesem ein Neutron heraus. Um die auf diese Weise erzeugten Neutronen möglichst effektiv zu nutzen, wird die zu bestrahlende Probe röhrenförmig um den Glaszylinder herumgelegt.

Schon im März beginnen die beiden mit den Versuchen – aber die Ergebnisse sind negativ. Sollte sich der ‚Papst' etwa geirrt haben, oder ist die Quelle nur zu schwach? Fermi hofft natürlich auf die zweite Möglichkeit und versucht es mit einer etwas abgeänderten Neutronenquelle, indem er anstelle des Poloniums Radongas verwendet. Bei den Versuchen geht er ganz systematisch vor, indem er die Elemente nach aufsteigendem Atomgewicht bestrahlt. Er beginnt mit Wasserstoff und fährt fort mit Lithium, Beryllium und so weiter. Wieder findet er in den bestrahlten Proben keine Radioaktivität. Dann endlich, als er Fluor dem Neutronenstrom aussetzt, schlägt der Geiger-Zähler an. Das erste positive Ergebnis meldet die *Ricerca Scientifica* am 25. März 1934.

Um die Versuche schnell auf die weiteren Elemente ausdehnen zu können, benötigt Fermi Unterstützung. Als erstes sucht er einen Chemiker, und da kommt ihm Oscar D'Agostino wie gerufen. D'Agostino ist gerade als Gast bei Madame Curie, um dort radiochemische Methoden zu erlernen. Als er zu einem

Kurzaufenthalt nach Rom kommt, erzählt ihm Fermi von seinen ersten Erfolgen und vermag ihn derart zu begeistern, daß dieser seine Rückfahrkarte nach Paris nie mehr einlösen wird. Als weiteren Mitarbeiter gewinnt Fermi Emilio Segrè, der von nun an für die zu bestrahlenden Substanzen zuständig ist.

Glücklicherweise gewährt der italienische Wissenschaftsminister Fermi 20 000 Lire, entsprechend rund 1 000 Dollar, die er völlig frei für seine Versuche ausgeben kann. Segrè wird Schatzmeister des Teams und zieht nun mit einer Einkaufstasche los, um die Materialien zu besorgen. Als erste Adresse erweist sich sehr bald Herr Troccoli, der ganz Rom mit Chemikalien versorgt. Dieser Mann muß von seinem ungewöhnlichen Kunden sehr angetan gewesen sein, denn mit außerordentlichem Elan gelingt es ihm, nahezu alle Substanzen zu besorgen. Als Segrè auf seiner von Fermi hingekritzelten Einkaufsliste bei Cäsium und Rubidium anlangt, steigt Herr Troccoli auf eine Leiter und holt zwei verstaubte Behälter herunter. „Die gebe ich Ihnen umsonst. Seit fünfzehn Jahren stehen sie schon in meinem Laden, ohne daß je ein Mensch danach gefragt hätte", meint Troccoli und stellt die Gläser auf den Ladentisch.

Dank dieser unkomplizierten Vorgehensweise schreiten die Experimente rasch voran. Immer mehr Substanzen werden bestrahlt und radioaktive Folgeprodukte identifiziert. Ernest Rutherford, der große Mann der Kernphysik, hat Fermi schon im April zu dessen Erfolgen und „zu seinem erfolgreichen Ausbruch aus der Sphäre der theoretischen Physik" beglückwünscht. Aber das ist erst der bescheidene Anfang.

Die Ausbeute an radioaktiven Elementen ist immer noch mäßig, obwohl nach Fermis Schätzungen pro Sekunde eine Million Teilchen aus der Neutronenquelle herausschießen. Ändern können die Forscher an ihrem Versuchsaufbau, insbesondere an der Neutronenquelle, allerdings nichts Wesentliches. Und so laufen die Experimente auf dem einmal eingeschlagenen Wege weiter, wobei es sich durchaus als Vorteil erweist, daß das Team noch jung und sportlich ist. Damit nämlich die Neutronenquelle die Messungen am empfindlichen

Geiger-Zähler nicht stört, befinden sich das Bestrahlungszimmer und der Meßraum an den beiden Enden eines langen Korridors. In einigen Fällen läßt die Aktivität bereits innerhalb einer Minute so stark nach, daß sie nicht mehr nachweisbar ist. Amaldi oder Fermi hasten deshalb, die frisch bestrahlte Probe in der Hand, den Flur entlang, um sie im anderen Zimmer vor den Zähler zu halten. „Sie veranstalteten jedesmal ein Wettrennen, und Enrico bestand darauf, daß er schneller laufen könne als Edoardo. Aber er ist kein guter Verlierer", sollte sich Fermis Frau, Laura, später erinnern.

Die Versuche gehen weiter. Immer neue Substanzen bringt Segrè aus Herrn Troccolis Schatzkammer in die Villa Via Panisperna. Im Oktober, Fermi ist gerade von einer Vortragsreise aus Südamerika zurückgekehrt, kommt es zu einer merkwürdigen, geradezu mystischen Beobachtung. Amaldi und Bruno Pontecorvo, ein gerade 21 Jahre alter Neuling in Fermis Team, haben eine Silberfolie um die Neutronenquelle gespannt. Überraschenderweise stellen sie hierbei fest, daß das Metall nach der Bestrahlung stärker radioaktiv ist, wenn die Apparatur auf dem Holztisch steht, als wenn das Experiment auf dem Marmortisch durchgeführt wird. Konnte das Ergebnis von dem umgebenden Material abhängen?

Um diesem Rätsel auf den Grund zu gehen, bauen die jungen Physiker zunächst eine kleine Kiste mit fünf Zentimeter dicken Bleiwänden. Am 18. Oktober stellen sie bei einer Versuchsreihe fest, daß die Aktivität in der Silberfolie größer ist, wenn man sie innerhalb der Kiste bestrahlt als außerhalb. Franco Rasetti glaubt, daß es sich lediglich um eine Ungenauigkeit bei der Messung handelt. Nicht so Fermi. Er will jetzt testen, wie unterschiedliche Materialien die Wirkung der Neutronen beeinflussen. Hierfür trennt er Quelle und zu bestrahlende Substanz voneinander und stellt zwischen die beiden Objekte zunächst einen Bleikeil. Je weiter er ihn in den Neutronenstrahl hineinschiebt, um so dicker ist die zu durchdringende Bleischicht. Tatsächlich scheint sich die Aktivität bei bestimmten Positionen etwas zu erhöhen. Aber die Ergebnisse ergeben keinen rechten Sinn. Warum Fermi am 22. Oktober der Gedankenblitz kommt, der die Welt verändern sollte, weiß er selbst nicht. Später soll er sich erinnern: „Eines Tages sagte ich mir, als ich das Labor betrat, ich sollte die Wirkung von Blei studieren, das man vor die Neutronen hält ... Ich war mit irgend etwas unzufrieden und suchte nach jeder Ausrede, das Stück Blei nicht in seine Position zu stellen. Als ich es schließlich mit einigem Widerwillen doch tat, sagte ich zu mir: ‚Nein, ich möchte dieses Stück Blei hier nicht haben, was ich brauche, ist ein Stück Paraffin‘. Es kam einfach so, ohne Vorwarnung, ohne bewußte Überlegung. Ich nahm sofort irgendein Stück Paraffin und plazierte es an die Stelle des Bleis“.

Und dann passiert das Unglaubliche: Segrè und Fermi führen die Versuche aus, als plötzlich das Silber eine bislang nicht gesehene Aktivität zeigt. „Fantastisch! Unglaublich! Schwarze Magie!“ staunen die Jungs. Segrè glaubt zunächst, daß der Geiger-Zähler kaputt sei, aber hierfür gibt es keine Anzeichen. Auf irgendeine Weise verstärkt die Filterung der Neutronen im Paraffin die Wirkung um das Hundertfache. Aber wie?

Es ist Mittagszeit, und die gewohnte Siesta wird beibehalten, auch trotz der phänomenalen Ergebnisse. Aber Fermi nutzt die Zeit, um eine Theorie auszuarbeiten. Schon wenige Stunden später kann er sie seinen Mitarbeitern vortragen: Bislang sind die Physiker davon ausgegangen, daß die Erzeugungsrate radioaktiver Elemente um so größer ist, je schneller die Neutronen sind. Das ist ein großer Trugschluß, wie sich Fermi überlegt hat. Wenn die Neutronen durch das Paraffin schießen, stoßen sie darin mit Wasserstoffkernen, Protonen, zusammen und verlieren bei jedem Stoß etwas an Geschwindigkeit, ähnlich wie eine Billardkugel durch mehrere Kollisionen und Bandenstöße immer langsamer wird. Aus dem Paraffinblock treten also langsame Neutronen aus, und diese haben eine bessere Chance, in einen anderen Atomkern einzudringen, ähnlich wie ein langsamer Golfball eher ins Loch fällt als ein schneller.

Ist die Überlegung richtig, so müßten auch andere Materialien, die viel Wasserstoff enthalten, wie Paraffin wirken. Was liegt da näher als Wasser. Kurzentschlossen nehmen die Physiker ihre Versuchsapparatur und laufen damit in den Garten.

Dort hat sich Senator Corbino einen kleinen Fischteich mit einem Springbrunnen hübsch angelegt. Die jungen Physiker sehen indes in dieser Idylle ein ideales Laboratorium und tauchen kurzerhand die gesamte Apparatur dort hinein. Ein kurzer Sprint zurück ins Institut zum Geiger-Zähler bringt schließlich die Gewißheit: Fermi hat Recht. *Langsame* Neutronen sind der Schlüssel zur künstlichen Radioaktivität, nicht schnelle. Damit hat er auch die Erklärung für die mysteriöse Wirkung der verschiedenen Tische auf das Experiment. Holz bremst die Neutronen besser als Marmor.

Noch am selben Abend finden sich die Forscher in Amaldis Haus ein, um die Veröffentlichung zu schreiben. Fermi diktiert, Segrè schreibt, und Ginestra, Amaldis Frau, tippt das Manuskript ab. Alle sind sehr aufgeregt, diskutieren laut und rennen aufgeregt den Hausflur auf und ab. Als die Besessenen spät am Abend endlich das Haus verlassen, fragt Amaldis Hausmädchen verschüchtert, ob die ausgelassenen Herren wohl sehr betrunken gewesen seien.

Fermi und seine Mitarbeiter haben damit einen Weg gefunden, in der Natur nicht vorkommende radioaktive Isotope in größeren Mengen herzustellen. Die Frage bleibt indes, welche Elemente jeweils entstehen. Die Antwort scheint einfach: Nimmt beispielsweise ein Eisenatom bei der Bestrahlung ein Neutron in seinem Kern auf, so kann es sich durch die anschließende radioaktive Reaktion in eines derjenigen Elemente verwandeln, die im Periodensystem auf den benachbarten Plätzen ober- oder unterhalb des Eisens stehen. In diesem Falle wären das Mangan oder Cobalt. Um welches Element es sich tatsächlich handelt, läßt sich durch chemische Verfahren gezielt ermitteln.

Was aber passiert im Falle des Urans? Uran ist mit einer Kernladungszahl von 92 das schwerste bekannte Element. Konnte es also auch passieren, daß beim Neutronenbeschuß ein gänzlich neues Element entsteht, das noch schwerer als Uran ist – ein Transuran? Ein Element-93 wäre allerdings chemisch nur schwer nachweisbar, da es auf der Erde nicht existiert und daher auch seine chemischen Eigenschaften nicht bekannt sind. Fermi nimmt an, daß es sich ähnlich wie Rhenium, Osmium, Iridium oder Platin verhalten würde. Diese Vermutung sollte sich später als falsch erweisen.

Und in der Tat: Beim Uran stoßen die Forscher auf eine starke Aktivität. Bestrahlen sie das Metall, so stellen sie anschließend mit dem Geiger-Zähler fest, daß offenbar mehrere Stoffe entstehen, die mit unterschiedlichen Halbwertszeiten von 10 und 40 Sekunden sowie 13 Minuten zerfallen. Die Halbwertszeiten entsprechen der mittleren Lebensdauer der neu entstandenen Atome. Eine nachfolgende chemische Analyse scheint zu bestätigen, daß eine dieser Aktivitäten einem transuranischen Element zugeordnet werden kann. Fermi traut der Sache zwar noch nicht gänzlich, veröffentlicht aber in der Zeitschrift *Nature* einen Beitrag mit dem Titel: „Mögliche Produktion von Elementen mit einer Atomzahl größer 92".

Die Kunde verbreitet sich in der ganzen Welt, Koryphäen wie Ernest Rutherford zeigen sich begeistert. Corbino schürt das Feuer noch, indem er in einem Vortrag auf der Jahresveranstaltung der traditionsreichen italienischen Akademie der Wissenschaften, der Accademia dei Lincei, verkündet: „Der Fall des Urans mit der Atomzahl 92 ist besonders interessant. Es scheint sich nach Absorption eines Neutrons durch Emission eines Elektrons schnell in ein Element umzuwandeln, das im Periodensystem einen Platz weiter oben steht ... Ich glaube, daß die Produktion dieses neuen Elements sicher ist". Fermi ist diese Erklärung, die von der italienischen und der internationalen Presse begierig aufgegriffen wird, gar nicht recht. Sogar die *New York Times* widmet der Neuigkeit einen Zweispalter mit der Überschrift: „Italiener erzeugen durch Bombardement von Uran 93. Element". Fermi bereitet dies schlaflose Nächte, und er verfaßt deshalb zusammen mit Corbino eine Presseerklärung, in der sie Corbinos Worte relativieren. Und Fermis Zweifel sollten sich als berechtigt erweisen.

Was sich tatsächlich im Physikalischen Institut der Via Panisperna 89A abgespielt hat, erfährt Fermi erst vier Jahre später, im Dezember 1938, bei seiner Nobelpreis-Verleihung. Er und seine Jungs haben Urankerne gespalten, ohne es zu merken. Otto Hahn und Fritz Straßmann in Berlin sowie Lise Meitner und Otto Robert Frisch in Schweden liefern nur wenige Tage nach dem Festakt den Beweis. Trotz dieser falschen Interpretation der Versuche gebührte Fermi der Nobelpreis für „die Entdeckung neuer radioaktiver Substanzen ... und der selektiven Wirkung langsamer Neutronen". Es war indes auch die Entdeckung, mit der die Physik ihre Unschuld verlor. Sie ist die Grundlage für die Kernspaltung und damit der Schlüssel zum Bau der Atombombe.

Rom hatte sich seit 1871, als es zur Hauptstadt des neuen Königreichs Italien geworden war, stürmisch entwickelt. Die Einwohnerzahl war bis zur Jahrhundertwende von 180000 auf 400000 hochgeschnellt, so daß die Stadt über die mehr als eineinhalb Jahrtausende alte Stadtmauer des Kaisers Aurelian hinauswuchs. Am 29. September 1901 kam in der nahe des Bahnhofs gelegenen Via Gaeta 19 ein Junge zur Welt. Die Eltern nannten ihn Enrico. Der Vater, Alberto, war aus Norditalien nach Rom gekommen und hatte sich hier zu einem Verwaltungsangestellten bei der Bahn hochgearbeitet. Er galt als ehrlicher und wortkarger Mann, der beim Rasieren gerne Arien aus Verdi-Opern trällerte. Das Sagen hatte zu Hause die Mutter, Ida. Sie arbeitete zeit ihres Lebens als Grundschullehrerin und sorgte so für geistige Anregungen im Hause. Außerdem gab es reichlich Gelegenheit, sich mit den ein und zwei Jahre älteren Geschwistern Giulio und Maria auszutauschen. Von ihnen erlernte Enrico auch schon früh Schreiben und Rechnen.

In der Schule fiel der kleine Enrico vor allem durch zwei Fähigkeiten auf: Zum einen besaß er ein phänomenales Gedächtnis. Einmal gelesene Verse von Ariost oder Dante prägten sich ihm unvergeßlich ein, und nicht selten trug er sie auswendig mit viel Pathos vor. Zum anderen zeigte er eine ungewöhnliche Begabung für Mathematik. Mit Leichtigkeit wurde er am Gymnasium Klassenbester. Da er sich nie lange mit Hausarbeiten herumschlagen mußte, hatte er viel Freizeit. Einen Großteil hiervon verbrachte er mit seinem Bruder. Zusammen bastelten sie Elektromotoren oder mechanische

Spielzeuge und lebten unzertrennlich in einer eigenen Welt. Diese innige Freundschaft fand ein jähes Ende, als Giulio im Alter von 15 Jahren im Mund operiert werden mußte. Eine, wie man meinte, harmlose Angelegenheit. Doch der Junge verstarb unter der Narkose. Enrico zog sich daraufhin lange Zeit in sich zurück, die Mutter war psychisch völlig zerstört.

Zu Enricos Glück freundete er sich bald mit einem ehemaligen Klassenkameraden seines Bruders an, Enrico Persico. Die beiden sollten später die ersten Professoren für theoretische Physik Italiens werden. Persico erinnerte sich später: „Wir hatten uns angewöhnt, Rom von einer Seite zur anderen zu durchstreifen und dabei alle möglichen Themen mit der für Jugendliche üblichen Übermütigkeit zu diskutieren ... Darüber hinaus zeigte er in Mathematik ein Wissen, das weit über das in der Schule Gelehrte hinausging". Diese Kenntnisse hatte Enrico aus Büchern bezogen, die er auf dem Markt des Campo dei Fiori entdeckt hatte. Die wichtigste Quelle waren zwei in Latein verfaßte Bände von 1840, das *Elementorum physicae mathematicae* eines gewissen Andrea Caraffa von der Gesellschaft Jesu.

Eine weitere wichtige Rolle bei Enricos Weiterbildung spielte ein Freund seines Vaters mit Namen Adolfo Amidei. Dieser wurde auf dessen außergewöhnliche Mathematikkenntnisse aufmerksam, als sie gemeinsam nach Hause gingen. Enrico hatte sich angewöhnt, seinen Vater vom Büro abzuholen. Amidei brachte dem dreizehnjährigen Jungen deshalb seine Mathematikbücher mit, die Enrico eifrig studierte, so zum Beispiel ein Werk über projektive Geometrie. „Zwei Monate später brachte er es mir zurück", erinnerte sich Amidei später. „Auf meine Frage, ob er denn irgendwelche Schwierigkeiten gehabt hätte, antwortete er ‚nein' und fügte hinzu, daß er alle Theoreme bewiesen und schnell alle Fragen im Anhang des Buches gelöst habe, und davon gab es mehr als zweihundert". Enrico zeigte ihm die Lösungen später. Einmal bot ihm Amidei an, ein bestimmes Mathematikbuch, das Enrico ihm zurückgeben wollte, zu behalten. Doch der lehnte dankend ab mit den Worten: „Das wird nicht nötig sein, ich bin sicher, daß ich alles behalten habe".

Enrico war es auch schnell klar, daß er sich zukünftig „ausschließlich der Physik widmen" wolle, woraufhin ihm Amidei empfahl, Deutsch zu lernen. Zur damaligen Zeit wurden die wichtigsten Arbeiten in deutscher Sprache veröffentlicht. Und Physik, so riet Amidei weiter, solle er am besten in Pisa studieren. Zwar müsse er hierfür eine Aufnahmeprüfung bestehen, aber dort habe er die besten Möglichkeiten. Also spazierte Enrico jeden Morgen in die öffentliche Bibliothek, um zu lernen. Müßig zu erwähnen, daß er seinen Abschluß am Lyzeum als Bester machte und zuvor auch noch einen Jahrgang übersprungen hatte.

Im November 1918 reichte der junge Prüfling seine Zulassungsarbeit über „Die Eigenschaften des Schalls" für die Scuola Normale Superiore in Pisa ein. Normalerweise entschied der Gutachter, Professor Giuseppe Pittarelli, allein nach den Arbeiten, ohne persönliches Gespräch. Doch bei Fermi war es anders. Der Aufsatz zeichnete sich durch eine außergewöhnliche Brillanz aus. Diesen Jungen mußte er sehen. Nach dem Gespräch gestand er, in seiner gesamten, langen Laufbahn nicht einen einzigen Anwärter mit vergleichbaren Qualitäten kennengelernt zu haben.

Vier Jahre sollte Fermi in Pisa bleiben, wo er seinen späteren Mitstreiter in Rom, Franco Rasetti, kennenlernte. Napoleon hatte die Scuola Normale Superiore 1810 als Pendant zur berühmten Pariser École Normale Supérieure gegründet. Untergebracht war sie im Palazzo dei Cavalieri, wo schon Galilei studiert hatte. Die Innenausstattung schien allerdings seit der Renaissance nicht wesentlich erneuert worden zu sein: Es gab kein fließendes Wasser, und im Winter waren die Kohleöfen kaum in der Lage, die alten Räume zu wärmen. Auch der Physikunterricht war eher dürftig, so daß Fermi fast ausschließlich auf sein Eigenstudium angewiesen war. Zumindest aber, und das war für ihn sehr wichtig, fand er eine gut ausgestattete Bibliothek vor. Jetzt kamen ihm auch seine Deutsch- und Französischkenntnisse zugute: Poincarés *Theorie der*

Wirbel, Appells *Mechanik*, Plancks *Thermodynamik* und Sommerfelds *Atombau und Spektrallinien* waren seine Standardwerke, aber auch die in Italien fast unbeachtet gebliebenen Veröffentlichungen Bohrs über dessen neues Atommodell studierte er eifrig. Bald schon mußte sein Physikprofessor Luigi Puccianti feststellen, daß er von Fermi mehr lernen konnte als dieser von ihm. Im Januar 1920 schrieb der erst 18 Jahre alte Student seinem Freund Persico: „Im Physikdepartment steige ich langsam zur einflußreichsten Autorität auf. Tatsächlich soll ich in diesen Tagen vor einigen Magnaten einen Vortrag über die Quantentheorie halten, von der ich ein großer Verfechter geworden bin".

Daneben konnte Fermi aber auch die Laboratorien benutzen. Dies war unbedingt nötig, da als Dissertationen ausschließlich praktische Arbeiten anerkannt wurden. Die Disziplin theoretische Physik gab es zu jener Zeit in Italien nicht. Im Sommer 1922 schloß Fermi sein Studium mit einer Arbeit über Streuung von Röntgenstrahlen an Kristallen ab. Seine erste Veröffentlichung betraf indes einen theoretischen Aspekt der Allgemeinen Relativitätstheorie. Fermi galt bald als Experte auf diesem Gebiet und wurde sogar 1923 aufgefordert, einen eigenen Beitrag zu einem Lehrbuch über Relativität zu verfassen. Es mutet fast wie eine Weissagung an, daß er hierin ausgerechnet über die Kernenergie spricht und sie als spektakulärste Folge der Relativitätstheorie herausstellt.

Mit einem Empfehlungsschreiben Pucciantis in der Tasche kehrte Fermi nach Rom zurück, wo er sich Corbino vorstellte. Der war nicht nur Professor für Physik, sondern darüber hinaus königlicher Senator und ehemaliger Kulturminister. Der erkannte sofort die außergewöhnlichen Fähigkeiten des jungen Mannes und suchte ihn nach allen Kräften zu fördern. Zunächst war klar, daß er die italienische Wissenschaftsprovinz verlassen und im Ausland Erfahrung sammeln müsse. Ermöglichen konnte dies ein Stipendium des Erziehungsministers, das jährlich an einen promovierten Naturwissenschaftler vergeben wurde. Fermi wurde ausgewählt und ging im Winter 1923 nach Göttingen, wo damals die Crème de la Crème der

Quantentheoretiker versammelt war. Hier, bei Max Born, Werner Heisenberg, Pascual Jordan und den anderen, hätte er viel lernen können. Es gelang ihm jedoch aus unbekannten Gründen nicht, in den Diskussionszirkel vorzustoßen, so daß der Aufenthalt nicht so erfolgreich wurde wie erhofft. Im darauffolgenden Jahr ging er, ausgestattet mit einem Rockefeller-Stipendium, an die Universität Leiden, wo er vor allem mit dem Quantentheoretiker Paul Ehrenfest zusammenarbeitete.

Diese beiden Aufenthalte waren sicher sehr lehrreich für Fermi, aber nun ging es daran, in Italien eine Anstellung zu bekommen. Seine Strategie bestand darin, so viele Veröffentlichungen wie möglich zu schreiben. „Publish or perish" – eine Taktik, die auch heute noch als der sicherste Weg zum Erfolg gilt. Da Arbeiten in italienischer Sprache außerhalb seines Landes so gut wie gar nicht beachtet wurden, schickte er seine wichtigen Manuskripte gleichzeitig in deutscher Sprache an die *Zeitschrift für Physik*. Später gingen die Physiker aus Protest gegen das NS-Regime dazu über, in englischen Zeitschriften zu veröffentlichen.

Zurück aus Leiden, mußte sich Fermi zunächst mit einer Dozentenstelle in Florenz zufriedengeben. Mehr als ein Trost war sicher sein Freund aus Pisa, Franco Rasetti, der hier als Experimentalphysiker arbeitete. Gemeinsam führten sie Experimente in Atomspektroskopie durch, was auch Fermis Veröffentlichungskonto zugute kam. Das Leben war bei einem schmalen Gehalt spartanisch, ebenso wie die Arbeitsbedingungen: Im Winter schwankte die Temperatur im unbeheizten Laboratorium zwischen drei und sechs Grad.

Als 1925 in Cagliari ein Lehrstuhl für mathematische Physik neu besetzt werden sollte, bewarb sich Fermi. Hier sollte er seine erste Niederlage einstecken müssen. Das Komitee entschied sich für einen Konkurrenten, weil dieser mehr „spekulativ und philosophisch" ausgerichtet war. Diese Attribute hatte Fermi wahrlich nicht vorzuweisen. Letztendlich geriet die Absage aber zu seinem Vorteil, denn schon zwei Jahre später berief man ihn auf den neu eingerichteten Lehrstuhl für theoretische Physik an der Universität Rom. „Das Komitee hat nach ausgiebiger Prüfung von Professor Fermis umfangreichem und komplexem Werk einmütig dessen außergewöhnliche Fähigkeiten festgestellt und ist zu dem Schluß gekommen, daß er trotz seines geringen Alters und bereits jetzt, nach wenigen Jahren wissenschaftlicher Aktivität, eine Ehre für die Physik Italiens ist".

Fermi war gerade 26 Jahre alt geworden und hatte kurz vor seiner Berufung mit einer Arbeit von sich Reden gemacht, die noch heute als fundamental gilt. Ludwig Boltzmann und James Clerk Maxwell hatten eine Theorie entwickelt, mit der man den Zustand eines Gases auf statistische Weise berechnen kann. Die beiden Physiker sahen die Gasteilchen noch klassisch als Kügelchen an. Mit dem Aufkommen der Quantenmechanik wurde klar, daß es so einfach nicht ist. Atome sind Teilchen und Welle zugleich. Damit mußte auch die Statistik geändert werden. Den ersten Schritt hatte 1924 der bis dahin völlig unbekannte indische Physiker Satiendranath Bose getan. Er hatte eine Quantenstatistik für Teilchen mit ganzzahligem Spin entwickelt (der Spin läßt sich stark vereinfacht als Drehung der Teilchen um eine Achse auffassen). Bose wandte seine Statistik auf Photonen, also Lichtteilchen, an und konnte so das Plancksche Strahlungsgesetz theoretisch herleiten. Einstein erkannte sofort den großen Wert dieser Arbeit, übersetzte sie ins Deutsche und sorgte für deren Veröffentlichung. Er erweiterte Boses Arbeit schließlich noch, indem er die Statistik auf ein einatomiges Gas anwandte.

Fermi erkannte, daß diese Bose-Einstein-Statistik nicht die einzig mögliche in der Natur ist, und entwickelte eine weitere für Teilchen mit halbzahligem Spin. Hierzu zählen beispielsweise die Kernbausteine, Protonen und Neutronen, sowie die Elektronen. Die Fermi-Statistik besitzt eine große Bedeutung für viele Bereiche der Physik, zum Beispiel beim Studium von Metallen oder anderen Festkörpern. Fermis Arbeit, die am 26. Februar in der *Zeitschrift für Physik* erschien, war sein erster großer, bleibender Beitrag zur Physik. Mit ihr hatte er sich über Nacht in die vorderste Front der damaligen theoretischen

Forschung katapultiert und seine Berufung auf den Lehrstuhl in Rom gesichert.

Als Fermi in seine Heimatstadt zurückkehrte, hatte er sich zum Ziel gesetzt, die neue Physik an einer Universität zu etablieren, in der man noch „die theoretische Physik von 1830" lehrte, wie Corbino einmal sarkastisch die Situation umschrieb. Wie aber sollte man die Studenten in den modernen Fächern unterrichten, wenn es nicht einmal ein Lehrbuch in italienischer Sprache gab. Also beschloß Fermi, selbst eines zu schreiben. In den Sommerferien zog er sich, wie er es schon früher häufig getan hatte, in eine Hütte in den Dolomiten zurück und schrieb. „Er lag auf dem Bauch inmitten einer Wiese, ausgestattet mit genügend vielen Bleistiften und einem Stapel leerer Notizbücher und schrieb Seite um Seite, ohne ein anderes Buch hinzuzuziehen, ohne Radiergummi und ohne ein Wort auszustreichen", berichtete Emilio Segrè später.

Doch Fermi wollte nicht nur die Theorie umgestalten, sondern auch die Experimentalphysik. Und so holte er 1927 Rasetti aus Florenz an sein Institut, wenig später stießen die beiden Studenten Emilio Segrè und Edoardo Amaldi zu dem Team dazu. Über den erst achtzehnjährigen Amaldi kam noch eine weitere Person hinzu, die Fermi sein Leben lang begleiten sollte: Laura Capon. Sie war mit Edoardo befreundet, und die Physikergruppe kam häufig im Haus von Lauras Eltern zusammen. Als Belustigung spielte man das Drehen eines Films, wobei sich Fermi schnell als Regisseur etablierte. Laura studierte allgemeine Naturwissenschaften und fand sich jeden Samstag abend bei Corbinos zum Abendessen ein. Während Laura die Abende sehr unterhaltsam fand, sah ihre künstlerisch begabte Schwester Anna dies völlig anders: „Ich kann nicht verstehen, was du an diesen Leuten findest, sie sind alle so unanregend. Alles Logarithmen!" So können die Ansichten auseinandergehen.

Jedenfalls lernten sich Laura Capon und Enrico Fermi auf diesen Treffen kennen. Zu beeindrucken vermochte Enrico die junge Frau mit seinem Auto, einem Peugeot „Bébé". „Ein Peugeot Bébé war das kleinste Auto, das ich je gesehen habe", beschrieb Laura das Gefährt später. „Es hatte kein Differential, weswegen alle Räder in den Kurven mit derselben Geschwindigkeit fahren mußten. Es bewegte sich wie ein kraftgetriebener Kinderwagen, der in jeder Biegung hüpfte und schlenkerte“. Dennoch machte sie mit Enrico und den anderen „Logarithmen“ sonntags herrliche Ausflüge in die Umgebung Roms. Fermis Traumfrau sollte folgende Eigenschaften besitzen: groß und kräftig, blond, nicht religiös und sportlich. Laura war eher klein und zierlich, dunkelhaarig, sie war Jüdin, und ihre einzige sportliche Betätigung bestand in gelegentlichem Skifahren. Die beiden heirateten im Sommer 1928. Sie bekamen zwei Kinder: eine Tochter, Nella, und einen Sohn, den sie nach Enricos verstorbenem Bruder Giulio nannten.

Der Tagesablauf im Institut war genau geregelt: Arbeitszeit war von 9.00 bis 12.30 Uhr, und nach einer ausgiebigen Mittagspause ging es von 16.00 bis 20.00 Uhr weiter. Um das Institut an den internationalen Standard heranzuführen, verfolgte Fermi zwei Strategien: Zum einen schickte er seine Leute ins Ausland. So ging Rasetti beispielsweise eine Zeitlang nach Pasadena in das Labor von Robert Millikan und später zu Lise Meitner nach Berlin. Zum anderen lud er ausländische Wissenschaftler zu sich ein. Zu seinen Gästen zählten Hans Bethe, Edward Teller und Sam Goudsmit. Alles Persönlichkeiten, mit denen zusammen er später in Los Alamos die Atombombe entwickeln sollte. Bethe beschrieb Fermis Denk- und Arbeitsweise einmal so: „Den größten Eindruck machte auf mich die Einfachheit von Fermis Methoden der theoretischen Physik. Er war in der Lage, jedes Problem und schien es auch noch so kompliziert zu sein, in seiner grundlegenden Struktur zu erfassen. Er legte den Kern frei, indem er alle mathematischen Komplikationen und unnötigen Formalismen abstreifte … Er war ein Meister darin, wichtige Ergebnisse mit minimalem Aufwand und ohne mathematischen Formelapparat zu erzielen … Der Aufsatz von Heisenberg und Pauli hatte mich sehr eingeschüchtert, und ich sah den Wald vor lauter Bäumen nicht mehr. Fermis Ausführung zeigte mir den Wald“.

Tatsächlich waren Fermis Fähigkeiten, schwierige mathematische Probleme zu lösen, indem er sie vereinfachte und dann quantitativ abschätzte, schon legendär. 1928 kam ein junger Sizilianer an sein Institut, um bei ihm zu promovieren. Ettore Majorana war wohl zur damaligen Zeit in Italien die größte Begabung. Gleichzeitig war er ein verschlossener Mensch und Eigenbrötler mit einem Hang zur Schwermut. Fermi und Majorana hatten es sich schon zum Sport gemacht, komplizierte Rechnungen um die Wette zu lösen. Während der Lehrer mit Papier und Rechenschieber arbeitete, wälzte der Schüler das Problem im Kopf. Nicht selten war Majorana als erster fertig. Dieser junge Mann hätte vielleicht der führende Theoretiker Italiens werden können. Er verschwand jedoch auf bis heute ungeklärte Weise 1938 im Alter von 30 Jahren. Wahrscheinlich nahm er sich das Leben.

Fermis Arbeitsgebiet blieb die Kernphysik. Schon 1929 hatte Corbino in einer Rede über die zukünftigen Aufgaben der Physik herausgestellt: „Die einzige Möglichkeit großer neuer Entdeckungen in der Physik ergibt sich aus der Hoffnung, daß es jemandem gelingt, den Atomkern zu verändern ... Es geht nicht nur darum, Elemente in merklichen Mengen umzuwandeln, sondern darum, die außergewöhnlich energiereichen Phänomene zu studieren, die in einigen Fällen der Spaltung oder Rekombination von Atomkernen auftreten sollten". Fermi befaßte sich theoretisch mit dem Problem des radioaktiven Zerfalls.

Ende der 20er Jahre sahen sich die Physiker mit einem ernsthaften Problem bei einer Art dieser Zerfälle, dem Beta-Zerfall, konfrontiert. Die beobachteten Ereignisse, bei denen ein Elektron aus dem Kern herausschoß, schienen dem Energiesatz zu widersprechen. Der österreichische Physiker Wolfgang Pauli hatte zur Rettung dieses Grundpfeilers in der Physik die Existenz eines neuen Teilchens vorgeschlagen. Auf einer Konferenz, die 1931 in Rom stattfand, nannte Fermi dieses hypothetische Teilchen Neutrino, was er aus dem Italienischen „kleines Neutrales" ableitete. Paulis Vorhersage bewahrheitete sich. Allerdings gelang es erst ein Vierteljahrhundert später,

Neutrinos nachzuweisen. Zunächst blieb dieses hypothetische unsichtbare Teilchen jedoch nur Theorie, und auf dem Solvay-Kongreß in Brüssel im Oktober 1933 wurde heftig über das Problem diskutiert. Fermi glaubte an Paulis Idee. Nun ging es darum, die noch qualitativen Vorstellungen in eine konsistente Theorie umzusetzen, die mit den Gesetzen der Quantenmechanik vereinbar war. Nur zwei Monate nach seiner Rückkehr aus Brüssel hatte er seine Veröffentlichung über die Theorie des Beta-Zerfalls fertig. Es ist wohl seine berühmteste Arbeit, die bis heute von fundamentaler Bedeutung für die Elementarteilchenphysik geblieben ist. Um alle Phänomene zu erklären, war eine wahrhaft revolutionäre Tat nötig: Er mußte eine neue Naturkraft einführen. Nun gab es nicht mehr nur die Gravitation und die elektromagnetische Kraft, sondern daneben auch die *schwache Kraft*, wie man sie heute nennt. War schon die Postulierung eines hypothetischen Teilchens für viele Physiker zu spekulativ gewesen, so war es eine neue Kraft erst recht. So zumindest sah es der Redakteur der Zeitschrift *Nature* und lehnte Fermis Manuskript ab. Es erschien dann in einer italienischen Zeitschrift sowie in der *Zeitschrift für Physik*. Betrachtet man die grundlegende Bedeutung dieses Werkes, so erscheint es um so erstaunlicher, daß Fermi nie wieder etwas zum Beta-Zerfall veröffentlichte.

Sicher trug hierzu die Nachricht bei, daß Irène Curie und Frédéric Joliot in Paris künstlich radioaktive Stoffe erzeugt hatten, indem sie sie mit Alpha-Teilchen bestrahlten. Sie erreichte Fermi im Februar 1934 und war für ihn der Auslöser, selbst dieses Phänomen zu studieren, allerdings nicht mit Alpha-Teilchen, sondern mit Neutronen, den neutralen Partikeln, die nach seiner Meinung wesentlich leichter in die Atomkerne eindringen sollten als die positiv geladenen Alpha-Teilchen.

Der Erfolg gab Fermi recht. Zufall und Intuition spielten eine große Rolle bei der Entdeckung, daß langsame Neutronen die Herstellung radioaktiver Isotope teilweise um mehr als das Hundertfache steigerte. Unklar blieb indes noch jahrelang die Frage, ob beim Beschuß von Uran auch schwerere Elemente, Transurane, entstehen würden. Einige Versuche deuteten darauf hin, aber Fermi hatte keine eindeutigen Beweise hierfür und blieb deshalb zurückhaltend. Dennoch wollten die italienischen Machthaber – seit Mitte der 20er Jahre herrschte Mussolini und seine faschistische Partei – in den neuen Elementen ihre Ideologie verewigen. Sie drängten darauf, den Substanzen Namen zu geben, wie Littorio. Dies in Anlehnung an die römischen Beamten, die das Symbol der Faschisten, die „fasces" (ein Rutenbündel mit Beil), trugen. Corbino war entsetzt und konnte den Politikern diese Idee ausreden, indem er darauf hinwies, daß die Elemente außerordentlich kurzlebig seien und rasch radioaktiv zerfielen. Somit konnten sie wohl kein angebrachtes Symbol für die faschistische Bewegung sein.

Bislang hatte die Machtübernahme Mussolinis auf Fermis Arbeit keine Auswirkungen gehabt, so daß er seine Neutronenversuche ungehindert fortsetzen konnte. Doch die Verhältnisse sollten sich parallel mit denjenigen in Deutschland verschlechtern. So kam es zu immer stärkeren Repressalien gegenüber Juden. Fermi selbst war hiervon nicht betroffen, wohl aber seine Frau. Einen letzten Eindruck von den Zuständen im ‚Reich' erhielt Fermi 1938 durch den österreichischen Physiker Erwin Schrödinger. Er war zu Fuß aus seinem Heimatland geflohen und suchte zunächst bei seinem italienischen Kollegen Unterschlupf. Für Fermi stand es nun fest, daß er nicht mehr länger in Italien würde bleiben können, und so fragte er an vier amerikanischen Universitäten nach einer Stelle an. Um mit den Briefen nicht das Mißtrauen offizieller Stellen zu erwecken, fuhren Laura und Enrico in die Umgebung Roms und brachten sie in vier verschiedenen Orten zur Post.

Fermi erhielt von allen Universitäten Zusagen, so daß der Emigration nichts weiter im Wege stand, sofern man Laura nicht die Ausreise verweigern würde. Da geschah etwas Ungewöhnliches. Im Frühjahr 1938 berichtete Niels Bohr, der „Gute Mann aus Dänemark", seinem Kollegen vertraulich, daß dieser sehr wahrscheinlich den Nobelpreis erhalten würde. Dies war eine beispiellose Indiskretion, aber Fermi nutzte sie so, wie sie gemeint war: Im Dezember fuhr er mit Frau und Kindern zur Preisverleihung, und nur wenige Tage später bestiegen sie das Schiff nach New York. Am 2. Januar 1939 fuhr die *Franconia* mit der Familie Fermi an Bord an der Freiheitsstatue vorbei. Wenige Tage später nahm er seine Arbeit in der Columbia University auf. Auch viele seiner ehemaligen Mitarbeiter verließen das Land: Segrè ging in die USA und Rasetti nach Kanada.

Doch eine ruhige Anlaufphase im neuen Land war ihm nicht vergönnt. Am 16. Januar kam Niels Bohr mit seinem ehemaligen Assistenten Rosenfeld in die USA. Rosenfeld verkündete, daß Otto Hahn und Fritz Straßmann in Berlin die Kernspaltung entdeckt hätten. Otto Hahn und Lise Meitner hatten, angeregt durch Fermis Versuche, 1934 ebenfalls damit begonnen, Elemente mit Neutronen zu bestrahlen. Beim Uran stellten sie sich dieselbe Frage wie Fermi: Entstanden bei dem Neutronenbeschuß Transurane? Nach zäher Laborarbeit hatten sie nur kurz nach Fermis Nobelpreisverleihung herausgefunden, daß dies nicht der Fall war. Es passierte dabei etwas, was man bis dahin für unmöglich gehalten hatte: Die Urankerne zerfielen in zwei etwa gleich große Teile. Lise Meitner fand zusammen mit ihrem Neffen Otto Robert Frisch im schwedischen Exil Mitte Januar die theoretische Erklärung für die Kernspaltung und schätzte die bei diesem Vorgang freiwerdende Energie ab.

Bohrs Kunde schlug ein wie der Blitz. Die Kernphysiker in aller Welt hasteten in ihre Labors, um das Ergebnis selbst zu überprüfen. Es stimmte. Damit war der Weg frei zur Kettenreaktion und damit zur Gewinnung von Kernenergie. Beschießt man beispielsweise Uran mit Neutronen, so zerbrechen Uran-235-Kerne in Barium- und Krypton-Kerne. Außerdem werden jeweils drei Neutronen frei. Sind diese nun wiederum in der Lage, weitere Urankerne zu spalten, setzt eine Kettenreaktion ein. Auch Fermi begann mit eigenen Versuchen und war bald davon überzeugt, daß der Bau eines Reaktors, in dem eine Kettenreaktion unter kontrollierten Bedingungen abläuft, möglich sein müßte.

Es war vor allem sein aus Ungarn stammender Kollege Leo Szilard, der die praktischen Anwendungsmöglichkeiten sofort erkannte und darauf drängte, die Politiker darüber zu informieren. Bereits am 16. März schrieb George Pegram, der Leiter des Physik-Departments an der Columbia-University, auf Drängen Szilards an den Admiral des Navy-Departments: „Dies bedeutet, daß es möglich sein könnte, Uran als Sprengstoff einzusetzen, der eine Million Mal mehr Energie freisetzt als jeder bekannte Sprengstoff." Gleichzeitig betont Pegram, daß Professor Fermi zweifelsohne der kompetenteste Mann wäre, um diese Idee umzusetzen. Im August versuchte Szilard es direkt beim Präsidenten. Um seinem Schreiben mehr Gewicht zu verleihen, gewann er Albert Einstein für die Unterschrift. Tatsächlich berief Präsident Roosevelt ein Komitee ein, das Fermi und Kollegen insgesamt 6000 Dollar für ihre Forschung zusätzlich zur Verfügung stellte – eine vernachlässigbare Menge im Vergleich zu dem, was erst noch kommen sollte.

Der Krieg in Europa brach im September 1939 aus. Die Angst vor einer drohenden Herrschaft der Nazis erfaßte bald auch die USA, und der Angriff der japanischen Luftwaffe auf den amerikanischen Kriegshafen Pearl Harbor am 7. Dezember 1941 sowie die deutsche Kriegserklärung vier Tage danach weiteten den europäischen Krieg zu einem Weltkrieg aus. Die Physiker in den Vereinigten Staaten waren unterdessen immer mehr zu der Überzeugung gelangt, daß der Bau eines Reaktors und einer Bombe möglich sein könnte, auch wenn dem noch zahlreiche Probleme entgegenstanden. Schließlich zeigten sich jedoch auch die Politiker überzeugt und beschlossen, das Problem auf breiter Front anzugehen. Im Herbst 1942 startete Präsident Roosevelt ein Programm, das zum Ziel hatte, noch vor Kriegsende eine Atombombe zu bauen. Das legendäre „Projekt Manhattan" entwickelte sich zum bis dahin größten Unternehmen der Geschichte. Rund drei Milliarden Dollar mußte der Staat aufwenden, um das gesteckte Ziel zu erreichen.

Fermi wurde zunächst mit seiner Gruppe nach Chicago beordert und leitete dort den Aufbau des ersten Kernreaktors. Am 2. Dezember 1942 war es soweit: Unter dem Universitätsstadion Stagg Field, im Zentrum von Chicago, legte Fermi selbst Hand an, als die erste kontrollierte Kettenreaktion in dem eiförmigen Reaktor mit einem Durchmesser von knapp vier Metern anlief. Rundherum standen Männer auf dem Reaktor und hielten Eimer mit einer Lösung von Cadmiumsalzen bereit. Sie mußte in den Reaktor geschüttet werden, falls dieser drohte außer Kontrolle zu geraten. Doch soweit kam es nicht: Um 14.20 Uhr wurden die sechs Tonnen Uran „kritisch". Zwanzig Minuten lang lief der Reaktor ohne Probleme. Dieses Experiment war ein Meilenstein in der Geschichte der Kernenergie. Heute erinnnert eine Bronzeskulptur von Henry Moore an dieser Stelle daran.

Um die bis dahin an zahlreichen Instituten durchgeführten Experimente im Zusammenhang mit der Kernenergie zu konzentrieren, beschloß die Regierung die Bildung einer zentralen Forschungseinrichtung in der Wüste von Los Alamos. Die militärische Leitung übernahm General Groves, der es nicht immer leicht hatte, mit der „teuersten Sammlung von Spinnern" zurechtzukommen. Das Durchschnittsalter der Wissenschaftler lag bei knapp über dreißig Jahren. Fermi zog mit seiner Familie erst im August 1944 in die dort eigens für dieses Projekt errichtete Stadt und übernahm den Aufbau eines Reaktors, der erstmals in größeren Mengen Plutonium produzieren sollte. Plutonium wurde neben Uran als zweiter Rohstoff für eine Atombombe angesehen und bei der ersten Testexplosion verwendet. Fermi beschäftigte sich mit sehr vielen Problemen, die zum Teil technischer Art waren. Und als am 15. Juli 1945 in der Nähe von Alamogordo in der Wüste von New Mexico die erste Atombombe gezündet wurde, war „Fermi eine der wenigen Personen (oder vielleicht die einzige), die alle technischen Schwierigkeiten der Aktivitäten in Alamogordo kannte", schrieb Emilio Segrè später und fuhr fort: „Der nachhaltigste Eindruck war der eines überwältigenden Lichtblitzes ... Einen Moment lang dachte ich, die Explosion würde die Atmosphäre in Brand setzen und das Schicksal der Erde besiegeln, obwohl ich wußte, daß dies unmöglich war".

Fermi gab nach diesem Ereignis ein weiteres Beispiel seiner Rechenkünste. Als die Druckwelle der gigantischen Explosion die fünfzehn Kilometer entfernt stehende Gruppe von Wissenschaftlern erreichte, ließ er einige Papierschnitzel fallen. Von der Welle erfaßt, flogen sie ein kleines Stück zur Seite, bevor sie den Boden erreichten. Aus der Weite dieser Ablenkung konnte Fermi die Energie der Detonation abschätzen. Der Wert stimmte sehr gut mit demjenigen überein, den man mit Hilfe von Meßgeräten ermittelte.

Fermi äußerte sich nie öffentlich dazu, ob er moralische Bedenken beim Bau der Atombombe und schließlich auch bei deren Einsatz gegen Japan, insbesondere gegen die japanische Zivilbevölkerung, gehabt habe. Mitte Juni 1945 diskutierte ein vom Präsidenten selbst einberufenes wissenschaftliches Komitee über eine Empfehlung für den militärischen Einsatz der Atombombe gegen Japan. Dieser Gruppe gehörten die Physiker Arthur H. Compton, Ernest O. Lawrence, Robert Oppenheimer und Fermi an. Hierin heißt es: „Wir erkennen unsere Verpflichtung gegenüber unserer Nation an, die Waffen im japanischen Krieg einzusetzen, um das Leben von Amerikanern zu retten ... Die Meinungen unserer Wissenschaftlerkollegen zum speziellen Einsatz dieser Waffen sind nicht ungeteilt; sie reichen von einer rein technischen Demonstration bis zu einer militärischen Anwendung, die am besten dazu geeignet wäre, den Gegner zur Kapitulation zu zwingen ... Wir können keine technische Demonstration vorschlagen, die dazu geeignet wäre, den Krieg zu beenden; wir sehen keine annehmbare Alternative für einen direkten militärischen Einsatz". Es ist unklar, ob dieses Memorandum irgendeinen Einfluß auf die schwere Entscheidung hatte, die letztendlich der Präsident gefällt hat.

Nach dem Krieg übernahm Fermi eine Professur an der Universität Chicago, die er voller Elan anging. Eine Reihe hervorragender Studenten lernten bei ihm, von denen einige später den Nobelpreis erhielten. Den Beginn von zwei neuen Ären in der Kernphysik erlebte er noch aktiv mit: die Forschung mit Teilchenbeschleunigern und den Einsatz von Computern. Als er im Sommer 1954 zu einer Vortragsreise nach Italien aufbrach, bekam er starke Magenschmerzen. Erst zwei Monate später stellte man in Chicago fest, daß er an Magenkrebs litt. Er starb am 29. November 1954 im Alter von nur 53 Jahren.

„Ich habe die Atombombe nicht entworfen."

Lise Meitner (1878–1968)

Alljährlich werden am 10. Dezember, dem Geburtstag Alfred Nobels, in Stockholm die Nobelpreise verliehen. Im Jahre 1938 erhält Enrico Fermi diese Auszeichnung für das Fach Physik, insbesondere „für die Entdeckung neuer radioaktiver Substanzen und ... der selektiven Wirkung langsamer Neutronen". Fermi hat wenige Jahre zuvor in Rom unterschiedliche Substanzen, darunter Uran, mit Neutronen beschossen. Hierbei entstanden neue, in der Natur nicht vorkommende Elemente, die, so vermutete er, noch schwerer als Uran waren. Tatsächlich hat Fermi damit die Tür zur modernen Kernenergie aufgestoßen. Die vermeintliche Erzeugung der Transurane sollte sich jedoch als Irrtum erweisen. Seine Versuche haben zwei Forschergruppen zu eigenen Studien angeregt: Irène Curie und ihren Mann Frédéric Joliot in Paris sowie Lise Meitner und Otto Hahn in Berlin. Und nur wenige Tage nach den Festivitäten in Stockholm gelingt Hahn und seinem Mitarbeiter Fritz Straßmann der entscheidende Versuch, der beweist, daß Uran im Neutronenhagel nicht zu Transuranen aufgebaut wird, sondern auseinanderbricht.

Fermi kehrt nach der Nobelpreis-Verleihung nicht mehr ins faschistische Italien zurück, sondern emigriert in die USA. Ebenfalls ins Exil flüchten mußte bereits einige Monate zuvor eine berühmte Kollegin: Lise Meitner. Gar nicht weit vom Ort der Ehrung entfernt hat sie Unterschlupf im Physikalischen Institut der Akademie der Wissenschaften gefunden. Einsam und wissenschaftlich isoliert, bleibt ihr nichts weiter übrig, als die Versuche ihres langjährigen Kollegen und Freundes in Berlin, Otto Hahn, brieflich zu verfolgen und zu kommentieren.

Es geht auf das letzte Wochenende vor Weihnachten im Jahre 1938 zu, aber für den Direktor des in Berlin-Dahlem, Thielallee 63–67, gelegenen Kaiser-Wilhelm-Instituts für Chemie, Otto Hahn, ist dies kein Grund, seine Arbeit ruhen zu lassen. Seit nunmehr vier Jahren bestrahlt er Uran und andere Materialien mit Neutronen, um neue Elemente, die Transurane, zu erzeugen. Die Arbeit ist sehr schwierig und erfordert großes Geschick. Sein junger Mitarbeiter, Fritz Straßmann, hat sich hierbei schon des öfteren als einfallsreicher und geschickter Experimentator erwiesen.

Drei Räume im Nordflügel des Erdgeschosses benötigen sie für ihre Versuche. Am Ende des Flures, in Zimmer 29, setzen sie um 12 Uhr 15 Gramm Uran dem Neutronenbombardement aus. Die Bestrahlungsquelle ist wenig beeindruckend: ein etwa sieben Zentimeter langes und knapp einen Zentimeter dickes Röhrchen, das mit einem Gramm Radium und Beryllium gefüllt ist. Die ausgestoßenen Neutronen müssen dabei zunächst einen kleinen Paraffinblock durchdringen, wo sie abgebremst werden. Erst so erreicht man es, daß sie im Atomkern steckenbleiben können. Das ist Fermis große Entdeckung gewesen. Nach einer halben Stunde nimmt Straßmann das bestrahlte Material aus der Neutronenquelle heraus und trägt es in das Zimmer 20 für chemische Analysen.

In der Uranprobe müssen sich jetzt auch einige neu entstandene Elemente befinden, die es gilt nachzuweisen. Zunächst werden sie chemisch herausgelöst, indem die Probe mit verschiedenen Säuren behandelt wird, wobei die verschiedenen Fraktionen als feste Stoffe ausfallen. Hierfür setzen die Chemiker Trägersubstanzen ein. Die radioaktiven Substanzen durchlaufen dann mit dem chemisch ähnlichen Träger die Fraktionierung und müssen anschließend mühsam von ihm getrennt werden. Straßmann hat bei der chemischen Fraktionierung mit dem Träger Barium wichtige Fortschritte gemacht. Auf seinen Vorschlag hin geschieht die Ausfällung anstatt mit Bariumsulfat nun in Form von Bariumchlorid, das in konzentrierter Salzsäure sehr schön auskristallisiert. Diese Ausfällun-

Lise Meitner, um 1937

gen enthalten die neu entstandenen Elemente, allerdings in so geringen Mengen, daß sie nur physikalisch nachweisbar sind. Dies geschieht mit einem Geiger-Zähler, denn die vermeintlichen Transurane sind radioaktiv, zerfallen also schnell wieder. Die Schnelligkeit des Zerfalls, ihre Halbwertszeit, ist ein Indiz für die Identität des Stoffes.

„Die bestrahlten Präparate wurden auf ihre Aktivität und ihre Zerfallskurve hin untersucht", erinnerte sich Straßmann fast vierzig Jahre später. „Damals wurden die Kurven Punkt für Punkt von uns aufgenommen, z. B. etwa alle fünf Minuten ein Meßpunkt, und das unter Umständen über viele Stunden. Das war unbedingt nötig, denn es konnten ja verschiedene strahlende Substanzen entstanden sein, die manchmal ihrerseits neue erzeugten ... Wir hatten also als Ergebnis häufig Meßkurven vor uns, die eine Überlagerung mehrerer Einzelzerfallskurven darstellten, die mit graphischen Mitteln geklärt werden mußten".

Die Zerfallsmessungen finden in Raum 23 statt, etwa fünfzehn Meter vom Bestrahlungszimmer entfernt. Diese räumliche Trennung ist unbedingt notwendig, damit die Neutronenpräparate die empfindlichen Geiger-Zähler nicht stören. Am Donnerstag, dem 15. Dezember, liest sich der Eintrag in das Laborbuch wie immer: „15 g U von 12–12.30 ... in alter Paraffinanordnung bestrahlt, 5 Min. stehen lassen und in 25 % HCl gelöst, mit 300 mg Ba[rium] versetzt u Ba als Chlorid gefällt, wieder gelöst u 60 Min stehen lassen. Mit 10 mg La" versetzt und La mit CO_2-freiem NH_3 gefällt, gelöst, gründl ausgewaschen, ~ 200 mg Ba" zugegeben und La mit CO_2-freiem NH_3 gefällt. Kurz ausgewaschen u gemessen".

Hahn und Straßmann vermuten in ihren Proben verschiedene Isotope der Elemente Radium, die mit dem Barium abgeschieden werden müßten, und Actinium, das mit Lanthan ausfällen sollte. Dies zumindest erwarten sie, wenn bestimmte Transurane entstanden sind. Aber irgend etwas stimmt nicht. Radium und Actinium lassen sich nicht nachweisen.

Am Freitag abend entscheiden sich die beiden Forscher für ein Kontrollexperiment. Uran wird die ganze Nacht über bestrahlt, damit sie am nächsten Morgen um acht Uhr mit einem Indikatorversuch beginnen können. Mit ihm wollen die beiden Forscher das vermeintliche Radium von Barium trennen. Hierfür beginnen sie mit ihrer Barium-Radium-Mischung und geben in vier Schritten Bromid hinzu. Bei jedem Schritt kristallisiert ein Teil des Bariums und Radiums als Bromid aus. Es ist bekannt, daß Radium schneller ausfällt als Barium, so daß die Forscher in ihrer ersten Fraktion mehr Radium erwarten als in den nachfolgenden. Doch genau das beobachten sie nicht. Ihre Radioaktivitätsmessungen zeigen in allen Fraktionen dieselbe Aktivität. Sie führen Kontrollexperimente durch, um ihre chemische Analyse zu testen, finden aber keinen Fehler. Am darauffolgenden Tag, dem Sonntag, kommt Hahn mittags noch einmal für eine Stunde ins Labor, um die Zähler abzulesen. Es bleibt bei dem überraschenden Ergebnis. Tatsächlich ist vor den Augen der beiden Wissenschaftler eine Reaktion abgelaufen, die nur wenige Jahre später in gigantischer Übersteigerung die Menschheit in ein neues Zeitalter katapultieren sollte. Doch noch ist die ganze Geschichte unerklärlich.

Am Montag abend beschließt er, seiner engsten Mitarbeiterin von der Sache zu berichten, denn sie ist die Physikerin im Team, und sie hat ihn vor vier Jahren dazu überredet, die Forschung an Transuranen aufzunehmen. Lise Meitner empfängt das aufregende Schreiben in einem schäbigen, kleinen Hotelzimmer in Stockholm, das seit einigen Monaten ihre Unterkunft ist. Hier liest sie bereits zwei Tage später folgende Zeilen:

„Es ist jetzt gleich 11 Uhr abends; um ½ 12 will Straßmann wiederkommen, so daß ich nach Hause kann allmählich. Es ist nämlich etwas bei den ‚Radium-Isotopen', was so merkwürdig ist, daß wir es vorerst nur Dir sagen. Es könnte noch ein höchst merkwürdiger Zufall vorliegen. Aber immer mehr kommen wir zu dem schrecklichen Schluß: Unsere Ra[dium]-Isotope verhalten sich nicht wie Ra[dium], sondern wie

Ba[rium] ... Ich habe mit Straßmann verabredet, daß wir vorerst nur *Dir* dies sagen wollen. Vielleicht kannst Du irgend eine phantastische Erklärung vorschlagen. Wir wissen dabei selbst, daß es eigentlich nicht in Ba[rium] zerplatzen *kann* ... Falls Du irgend etwas vorschlagen könntest, das Du publizieren könntest, dann wäre es doch noch eine Art Arbeit zu Dreien!"

Leider wartet Hahn nicht auf Meitners Antwort. Schon am Donnerstag geht bei der Zeitschrift *Die Naturwissenschaften* die Arbeit *Über den Nachweis und das Verhalten der bei der Bestrahlung des Urans mittels Neutronen entstehenden Erdalkalimetalle* ein. Vermutlich hätte Hahn schon aus rein politischen Gründen Meitners Namen nicht mit auf die Veröffentlichung setzen können. Hierin schreibt Hahn vorsichtig: „Als Chemiker müßten wir eigentlich sagen, bei den neuen Körpern handelt es sich nicht um Radium, sondern um Barium ... Als der Physik in gewisser Weise nahestehende ‚Kernchemiker' können wir uns zu diesem, allen bisherigen Erfahrungen der Kernphysik widersprechenden, Sprung noch nicht entschließen". Warum widerspricht diese Hypothese den damaligen Gesetzen der Physik?

Die Neutronen, mit denen man Uran beschossen hatte, waren vorher in Paraffin abgebremst worden. Trifft nun ein solches langsames Teilchen auf einen Atomkern, so sollte es von ihm geschluckt werden. Jedenfalls hielt man es für ausgeschlossen, daß es einen schweren Kern spalten könne. Genau dies aber hätte passiert sein müssen, wenn in der bestrahlten Probe Barium und nicht Radium vorhanden gewesen wäre. Uran hat die Kernladungszahl 92, besitzt also 92 Protonen im Kern. Der Bariumkern ist hingegen mit nur 56 Protonen sehr viel kleiner.

Der „schreckliche Schluß", daß tatsächlich Barium entsteht, hätte überdies bedeutet, daß Meitner und Hahn vier Jahre lang einer falschen Theorie nachgegangen wären: Bei dem Neutronenbeschuß wachsen Urankerne gar nicht zu Transuranen an, sondern „zerplatzen" in kleinere Bruchstücke. Aber: Hatte nicht Fermi gerade auch für die Bildung von Transuranen den Nobelpreis erhalten?

Lise Meitner antwortet noch am selben Tag: „Euere Radiumresultate sind sehr verblüffend. Ein Proceß, der mit langsamen Neutronen geht und zum Barium führen soll! ... Mir scheint vorläufig die Annahme eines so weitgehenden Zerplatzens sehr schwierig, aber wir haben in der Kernphysik so viele Überraschungen erlebt, daß man auf nichts ohne weiteres sagen kann: es ist unmöglich".

Gleichzeitig schreibt Otto Hahn einen weiteren Brief an seine Kollegin, in dem er noch einmal bekräftigt, daß tatsächlich Barium entstanden ist, und zieht den Schluß: „Wir können unsere Ergebnisse nicht totschweigen, auch wenn sie physikalisch vielleicht absurd sind. Du siehst, Du tust ein gutes Werk, wenn Du einen Ausweg findest". Hahn ist also von der Richtigkeit seiner Meßergebnisse überzeugt, weiß sie aber nicht endgültig zu deuten. Hierfür braucht er die Physikerin Lise Meitner.

Diese erhält Hahns Brief in Kungälv, einem kleinen Ort in der Nähe von Göteborg, wo sie Weihnachten mit einer Freundin verbringen will. Gleichzeitig mit dem Brief trifft auch ihr Neffe Otto Robert Frisch ein. Er, der Sohn ihrer Schwester Gusti, ist ein talentierter Physiker, der später in Los Alamos an der Atombombe mitarbeiten sollte. Frisch erinnerte sich später: „Als ich nach meiner ersten Übernachtung in Kungälv aus meinem Hotelzimmer kam, fand ich Lise Meitner mit einem Brief Hahns beschäftigt, der ihr offensichtlich Sorge machte ... Ich mußte den Brief lesen. Dessen Inhalt war so erstaunlich, daß ich zuerst zur Skepsis neigte". Meitner vertraut jedoch vollkommen auf die Experimentierkunst ihrer beiden Kollegen in Berlin und weiß, daß diese keinem Irrtum aufgesessen sind. Sie beschließt, das Problem mit ihrem Neffen bei einem Spaziergang zu diskutieren. Während der 34jährige Frisch auf Skiern fährt, hält die 60jährige Meitner zu Fuß mit.

Sie stellen sich nun den Atomkern wie einen Flüssigkeitstropfen vor, so wie es der amerikanische Physiker George Gamow vorgeschlagen hat. Will man einen solchen Tropfen in zwei Teile spalten, steht dem als starke Kraft die Oberflächenspannung entgegen. „Doch die Kerne unterscheiden sich von gewöhnlichen Tropfen in einer wichtigen Hinsicht: sie sind elektrisch geladen, und es war bekannt, daß dies der Oberflächenspannung entgegenwirkt“, erinnerte sich Frisch später. „Als wir an diesem Punkt angelangt waren, setzten wir uns auf einen Baumstamm ... Dann begannen wir auf kleinen Zettelchen zu rechnen und fanden, daß die Ladung des Urankerns tatsächlich genügte, um die Oberflächenspannung fast vollständig zu überwinden. Der Urankern glich also tatsächlich einem wackelnden, unstabilen Tropfen, der bei der geringsten Provokation, wie z.B. beim Aufprall eines einzigen Neutrons, in zwei Teile zerfallen konnte.

Doch es stellte sich ein weiteres Problem. Nach der Spaltung wurden die zwei Tröpfchen durch ihre Abstoßung voneinander getrennt und auf eine hohe Geschwindigkeit, das heißt auf ein hohes Energieniveau von rund 200 MeV, gebracht; woher konnte diese Energie kommen? Zum Glück erinnerte sich Lise Meitner an die empirische Formel zur Berechnung von Kernmassen. Wir fanden heraus, daß die zwei Kerne, die sich bei der Spaltung des Urankerns bildeten, [zusammen] insgesamt leichter als der ursprüngliche Urankern sein würden; der Unterschied betrug etwa 1/5 Protonenmasse. Wenn aber Masse verschwindet, entsteht Energie nach Einsteins Formel $E = mc^2$; nun entsprach 1/5 Protonenmasse gerade 200 MeV. Hier war also die Energiequelle; alles stimmte“.

Zurück in Stockholm erwartet sie schon der nächste Brief aus Berlin. Erneut spricht Hahn von der Möglichkeit, daß der Urankern „zerplatzt“ sei, schlägt aber auch eine Lösung vor, um die Hypothese der Transurane zu halten. Doch Meitner sieht diesen Weg als aussichtslos an. Am Neujahrstag schreibt sie ihrem Kollegen: „Wenn die ganze Arbeit der letzten 3 Jahre unrichtig war, so kann das nicht nur von einer Seite festgestellt werden. Ich bin ja mitverantwortlich dafür gewesen ... Eine gemeinsame Zurücknahme ist vermutlich undurchführbar, also müßte *gleichzeitig* eine von Euch und eine von mir (letzteres etwa in der *Nature*) geschriebene Darstellung – natürlich in gegenseitigem Einverständnis – erfolgen".

Otto Hahn bestärkt Lise Meitner in ihrer Absicht, eine eigene Arbeit zu veröffentlichen und beruhigt sie bezüglich der Transurane mit den Worten: „Muß sich Herr Fermi, müssen wir uns deshalb schämen und sagen, die ganze Arbeit der letzten drei Jahre war falsch?" In der Zwischenzeit hat Meitner auch einen Korrekturabzug des Hahn-Straßmann-Artikels erhalten und ist nun „ziemlich *sicher*, daß Ihr wirklich eine Zertrümmerung zum Ba habt, und finde das ein wirklich wunderschönes Ergebnis, wozu ich Dir und Straßmann sehr herzlich gratuliere". Ihre eigenen theoretischen Überlegungen reicht sie zusammen mit Otto Robert Frisch bei der britischen Zeitschrift *Nature* ein, wo sie am 11. Februar erscheinen.

Innerhalb von vier Wochen haben die vier Forscher eine Revolution eingeleitet, die in aller Welt wie eine Bombe einschlägt. Niels Bohr, der Vater der Atomphysik, ist wie elektrisiert und ruft aus: „Ach, was für Idioten wir doch alle waren. Ach, das ist ja wunderbar!" Er ahnt noch nicht, daß diese wunderbare Entdeckung zum Bau der zerstörerischsten Waffe in der Geschichte der Menschheit führen sollte.

Im Jahre 1878 durfte man noch Jude sein, in Wien, der Hauptstadt der österreichisch-ungarischen Monarchie. Elf Jahre zuvor wurde ihnen per Verfassung die rechtliche und zivile Gleichstellung garantiert. Was allerdings auf dem Papier verbürgt ist, muß deshalb im Leben durchaus nicht verwirklicht sein. Und so wurden auch hier beispielsweise jüdische Bewerber um Beamtenstellen häufig genug benachteiligt. Nicht hiervon betroffen war Phillip Meitner, ein Humanist und Freidenker, der als Rechtsanwalt dem gehobenen Bürgertum Wiens angehörte. Seine Frau, Hedwig, hielt viel auf Bildung und erzog ihre insgesamt acht Kinder in diesem Sinne.

Am 7. November kam Lise als drittes Kind in der Kaiser-Josef-Straße 27 zur Welt. Getauft wurde die Kleine in der evangelisch-lutherischen Kirche, was bei Juden höheren Standes damals nicht ungewöhnlich war. Lise war ein aufgewecktes, ein wenig schüchternes Mädchen. Sie spielte Klavier, wenngleich auch nie so gut wie ihre ältere Schwester Gusti, und konnte sich stundenlang in irgendwelche Bücher vertiefen, bis sie ihre Geschwister deswegen aufzogen. In der Zeit vor ihrer Reifeprüfung neckten sie sie manchmal mit der Bemerkung: „Lise, du bist gerade durch das Zimmer gegangen, ohne ein Buch gelesen zu haben".

Schon früh fühlte sie sich zur Mathematik und Physik hingezogen, an ein Studium war indes nicht zu denken. Dies widersprach dem damaligen Verständnis dessen, was eine Frau zu sein und zu tun hatte. In der k.u.k. Monarchie zementierte man diesen Zustand, indem man Frauen die Aufnahme eines Studiums nur mit besonderer staatlicher Genehmigung ermöglichte. Allerdings durften sie nicht die regulären Vorlesungen besuchen, sondern wurden privat unterrichtet. Ein Diplom oder gar eine akademische Laufbahn blieb ihnen verwehrt.

Lise kam in das Akademische Gymnasium am Beethovenplatz, wo sie mit 18 Jahren ihren Abschluß machte. Sie war gut in Mathematik und Physik und hatte den großen Wunsch, ein wissenschaftliches Studium aufzunehmen. Hierfür war jedoch die Matura nötig. Der Vater sah die Schwierigkeiten auf seine Tochter zukommen und legte ihr nahe, doch zunächst eine Ausbildung als Französischlehrerin zu absolvieren, da sie so gute Chancen auf eine Anstellung hätte. Lise stimmte zu, aber ihr Herz gehörte bereits der Wissenschaft. Mit Spannung verfolgte sie in den Zeitungen die aufregenden Berichte über Marie und Pierre Curie, die in Paris das jüngst entdeckte Phänomen der Radioaktivität erforschten.

Sie bestand das Staatsexamen in Französisch und erteilte zunächst ein Jahr lang Unterricht. Dann aber war es genug, und sie bat, sich auf die Matura vorbereiten zu dürfen. Ein Privatdozent der Universität unterrichtete sie in Physik, wobei sie sogar manchmal ins Labor des Physikalischen Instituts hineinschauen durfte und dort die Meßinstrumente bestaunte.

Schließlich war es soweit: Im Herbst 1901, sie war jetzt schon fast 23 Jahre alt, bestand sie die Matura am Jungengymnasium. Daraufhin wurde sie als eine der ersten Studentinnen der Naturwissenschaften an der Universität Wien eingeschrieben und hörte als erste Frau überhaupt Vorlesungen in Physik. Sie profitierte dabei von einem vier Jahre zuvor erlassenen Gesetz, das Frauen in Österreich den Zugang zur philosophischen Fakultät erlaubte.

Die Verhältnisse im Institut waren primitiv. Als Lise ein Experiment durchführen sollte, bei dem gekühlt werden mußte, fragte sie ihren Professor Lampa, wo sie denn das Eis herbekäme. „Er antwortete eher barsch, daß ich nur runter in den Hof zu gehen und einigen Schnee zu holen brauche", erinnerte Meitner sich später. Großen Eindruck hinterließ jedoch der Theoretiker Ludwig Boltzmann, ein genialer Physiker mit einer charismatischen Ausstrahlung. Er war bekannt für seine mitreißenden Vorträge und prägte in Wien eine ganze Generation von Physikern. Leider litt er zunehmend unter depressiven Anfällen, die ihn 1906 in den Selbstmord trieben.

Lise Meitner promovierte mit einem Thema aus der Theorie der Wärme. In welcher Richtung sie ihre Forschung anschließend fortsetzen wollte, war ihr jedoch nicht klar. Dies änderte sich, als Stefan Meyer Boltzmanns Amt als Institutsdirektor übernahm. Meyer hatte schon viel über Radioaktivität gearbeitet und animierte die junge Physikerin zu eigenen Versuchen. Wie unbedarft es damals noch zuging, schilderte sie später so: „Ich erinnere mich daran, als ich meinen Alpha-Strahl oder mein Elektroskop hatte, dann kamen sie immer und hielten ihre Hand in den Strahl, um nachzusehen, ob sie ‚radioaktiv' war". Das zweite entscheidende Ereignis, das Meitners zukünftige Entwicklung entschied, war ein Besuch Max Plancks in Wien.

Plancks Entdeckung des Wirkungsquantums im Jahre 1900 war erst in den folgenden Jahren zur vollen Blüte gereift. Nur langsam wurde den Physikern klar, daß diese physikalische Größe der Schlüssel zu einem grundlegend neuen Verständnis der Natur der atomaren Welt war. Sie ist der Grundpfeiler der Quantenmechanik. Meitner erkannte plötzlich, daß sie nur in Berlin ihre Erfüllung würde finden können. Im Herbst 1907 übersiedelte sie mit finanzieller Unterstützung ihres Vaters in die Reichshauptstadt. Aus dem einen Jahr, das sie ursprünglich dort bleiben wollte, wurden schließlich einunddreißig.

Planck war der alten preußischen Tradition verschrieben, und die sah für Frauen in der Forschung noch weniger Möglichkeiten vor als die österreichisch-ungarische. Erst 1901 gab der Reichsminister seine Erlaubnis, daß sich Frauen immatrikulieren durften, in Berlin war dies offiziell sogar erst ab 1909 möglich, also zwei Jahre nach Meitners Eintreffen in Berlin. Als sie bei Planck vorsprach, fragte er denn auch spontan: „Aber Sie sind doch schon Doktor. Was wollen Sie denn noch?“ Dennoch lehnte er Frauen in der Wissenschaft nicht grundsätzlich ab, sondern akzeptierte sie als Ausnahmefälle, so auch Lise Meitner.

Nun mußte sich die junge, ehrgeizige Lise einen Laborplatz suchen, wobei es zur zweiten Schlüsselbegegnung kam. Der gleichaltrige Otto Hahn war gerade aus Montreal zurückgekehrt. Dort hatte er bei Ernest Rutherford Erfahrung im Umgang mit radioaktiven Substanzen gesammelt und wollte nun in Berlin seine Forschungen fortsetzen. Als er mit Meitner zusammenkam, muß er schon bald von ihren Fähigkeiten überzeugt gewesen sein, denn er hatte mit Einsprüchen von offizieller Seite zu rechnen, wenn er sich für eine weibliche Mitarbeiterin entschied. Der Institutsdirektor, Emil Fischer, erlaubte Frauen weder den Zutritt zu den Vorlesungen noch zu den Laborräumen. Erst nach zähen Diskussionen kam man schließlich überein, daß Meitner in einem ursprünglich als Holzwerkstatt vorgesehenen Raum experimentieren dürfe.

Hahn und Meitner wuchsen schnell zu einem der produktivsten und erfolgreichsten Forscherpaare der Geschichte zusammen. Allein in den fast fünf Jahren, die sie in der Holzwerkstatt forschten, veröffentlichte Lise Meitner allein und mit

Hahn zusammen insgesamt über zwanzig Arbeiten. Dieser Produktivität verdankten sie es auch, daß sie später noch zwei weitere Experimentierräume zugesprochen bekamen.

Die beiden hatten große Achtung voreinander und ergänzten sich in ihren Eigenschaften auf ideale Weise: Hahn war der Radiochemiker und Meitner die Physikerin. Eine Jahrzehnte währende Freundschaft entspann sich zwischen ihnen, doch nur langsam kamen sie sich auch außerhalb des Instituts ein wenig näher: „Von Gemeinsamkeiten zwischen uns, außerhalb des Instituts, konnte keine Rede sein", erinnerte sich Hahn. „Während ich mit meinem Kollegen Franz Fischer täglich zu Mittag aß und wir an Samstagen und später auch mittwochs noch ins Kaffeehaus gingen, habe ich mit Lise Meitner viele Jahre lang außerberuflich nie zusammen gegessen. Wir sind auch nicht gemeinsam spazierengegangen. Abgesehen von physikalischen Kolloquien begegneten wir einander nur in der Holzwerkstatt. Dort haben wir meist bis kurz vor 8 Uhr gearbeitet, so daß mal der eine, mal der andere in die Nachbarschaft laufen mußte, um schnell noch Aufschnitt oder Käse zu kaufen, denn um 8 Uhr schlossen die Läden. Niemals wurde das Eingekaufte gemeinsam verzehrt. Lise Meitner ging nach Hause, und ich ging nach Hause. Dabei waren wir doch herzlich miteinander befreundet". Es dauerte denn auch fünfzehn Jahre, bis sie einander endlich duzten.

Trotz der beengten Verhältnisse stellten sich schon bald erste Erfolge ein, und nicht selten herrschte eine ausgelassene Stimmung in der Holzwerkstatt: „Wenn unsere eigene Arbeit gut voranging, sangen wir zweistimmig, meistens Brahmslieder, wobei ich nur summen konnte, während Hahn eine sehr gute Singstimme hatte". Hahn ging es bei seinen Forschungen vor allem darum, neue radioaktive Elemente aufzuspüren. Die Entdeckung der Radioaktivität durch Henri Becquerel im Jahre 1896 und die darauf folgenden Arbeiten von Marie und Pierre Curie hatten der Physik und Chemie einen ganz neuen Forschungszweig erschlossen. Zahlreiche radioaktive Substanzen mit unterschiedlichen Eigenschaften wurden entdeckt, was nicht unbedingt zum Verständnis dieses Phänomens beitrug.

Erst langsam hatte sich abgezeichnet, daß sehr viele Stoffe in langen Zerfallsreihen nacheinander entstanden. Beginn dieser Reihen waren vergleichsweise wenige Muttersubstanzen. Diese Ketten zu entschlüsseln war das große Problem. Hahn kam hierbei die Aufgabe zu, die chemischen Eigenschaften zu untersuchen, während Meitner sich für die von den Substanzen ausgesandte Strahlung interessierte. Rutherford hatte bemerkt, daß radioaktive Präparate zwei unterschiedliche Arten von Strahlung emittieren, die er mit *alpha* und *beta* bezeichnete. Bei der weiteren Untersuchung hatte er herausgefunden, daß man eine Substanz an der Reichweite der Alpha-Strahlen identifizieren konnte. Meitner versuchte nun, dasselbe Nachweisprinzip auf Beta-Strahlen zu übertragen. Hierbei stieß sie im Laufe der Jahre auf grundsätzliche Unterschiede der beiden Strahlungsarten. Eines dieser Probleme ließ sich später nur dadurch lösen, daß man ein neues hypothetisches Teilchen einführte: das Neutrino.

Schon ein Jahr nach dem Beginn der Kooperation konnten Meitner und Hahn einen ersten großen Erfolg vermelden. Sie hatten ein kurzlebiges Produkt des Elements Actinium identifiziert, das sie Actinium C nannten. Im Rahmen dieser Untersuchungen entwickelte Lise Meitner ein neues Verfahren, um die von den Substanzen ausgesandte, für jeden Stoff charakteristische Strahlung besser analysieren zu können. Mit Hilfe dieser Rückstoßmethode, die später immer mehr an Bedeutung gewann, ließen sich die Stoffe identifizieren.

Die Physiker in Berlin hatten, im Gegensatz zu ihren Kollegen aus der Chemie, die junge Frau aus Wien schnell akzeptiert. Sie durfte selbstverständlich an dem traditionellen Mittwochskolloquium teilnehmen, wo sie im Laufe der Jahre viele Berühmtheiten kennenlernte, darunter Einstein, Franck und Hertz. In dieser ‚Gemeinde' fand sie nicht nur intellektuellen Halt. Außerhalb des Instituts verband sie mit einer Reihe von Forschern auch eine persönliche Freundschaft. Die größte Freude für sie waren aber wohl die Stunden mit der Familie Planck, die sie entweder in deren Haus im Grunewald oder beim Picknick verbrachte. Insbesondere mit den Zwillingstöchtern Grete und Emma war sie eng befreundet.

Zwei Jahre nach ihrer Ankunft besserten sich die Verhältnisse, als schließlich auch in Preußen die Ausbildung von Frauen an der Universität offiziell zugelassen wurde. Nun durfte Lise Meitner endlich auch das chemische Institut betreten. Ihr Name war innerhalb weniger Jahre weit über die Grenzen Deutschlands hinaus bekannt geworden, so daß sie 1909 zu einem Kongreß nach Salzburg eingeladen wurde, um über ihre Forschungen zu berichten. In lebenslanger Erinnerung sollte ihr hierbei der Vortrag eines Mannes bleiben, der noch zwei Monate zuvor Beamter im Patentamt zu Bern gewesen war: Albert Einstein. „In seiner Vorlesung ging Einstein nun von seiner Theorie aus und leitete daraus die Gleichung ‚Energie gleich Masse mal Lichtgeschwindigkeit zum Quadrat' ab. Er zeigte, daß jede Strahlung mit einer trägen Masse verbunden sein muß. Diese beiden Tatsachen waren derart umwerfend neu und überraschend für mich, daß ich die Vorlesung bis auf den heutigen Tag in guter Erinnerung habe". In der Tat sollte diese ‚Schicksalsformel', die die Äquivalenz von Masse und Energie beschreibt, für Meitner selbst eine entscheidende Bedeutung bei der theoretischen Deutung der Kernspaltung bekommen.

Lise Meitner hatte in den wenigen Jahren, die sie in Berlin war, wissenschaftlich bereits viel erreicht, dennoch war sie gegenüber ihren männlichen Kollegen zurückgesetzt, schließlich hatte sie nicht einmal eine eigene Stelle. Dies änderte sich erst 1912, als Max Planck ihr eine Position als Assistentin anbot. Dies war endlich der „Ausweis für die wissenschaftliche Tätigkeit, und es war eine große Hilfe, die vielen gängigen Vorurteile zu überwinden, die gegen die akademischen Frauen bestanden", erklärte sie fünfzig Jahre später. Außerdem bewahrte sie diese erste *bezahlte* Arbeit vor einem Rückgang nach Wien, der ihr sonst nach dem Tode ihres Vaters und der damit eingeschränkteren finanziellen Unterstützung von zu Hause gedroht hätte.

Zur selben Zeit wurde das Kaiser-Wilhelm-Institut für Chemie in dem ländlichen Bezirk Dahlem eröffnet. Erst drei Jahre zuvor hatte der Theologe Adolf von Harnack eine ausführliche Denkschrift entworfen, in der er auf den Nutzen und die Notwendigkeit eines akademisch völlig unabhängigen Forschungszentrums außerhalb der Universität hingewiesen hatte. Solche Ideen fielen auf fruchtbaren Boden, und so entstanden in Rekordzeit die Institute für Chemie, Physikalische Chemie und Biochemie der neu gegründeten Kaiser-Wilhelm-Gesellschaft. Ihre Nachfolgeeinrichtung, die Max-Planck-Gesellschaft, ist heute die größte Forschungsgemeinschaft in Deutschland.

Hahn wurde die Leitung der Abteilung Radioaktivität übertragen – Meitner mußte sich mit einer Position als „Gast" dieser Abteilung mit einem kleinen Stipendium zufriedengeben. Erst zwei Jahre später erhielt sie den Status eines voll bezahlten wissenschaftlichen Mitgliedes. Die Universität Prag hatte ihr eine Dauerstelle angeboten, was Meitner geschickt als Druckmittel einsetzte. Ihre wissenschaftliche Leistung war mittlerweile allen bekannt, und mit diesem Angebot wollte man sie am Berliner Institut halten.

Das Jahr 1914 brachte dann mit dem Beginn des Krieges den großen Einschnitt. Hahn wurde an die Westfront beordert und diente ab 1915 der von Fritz Haber geleiteten deutschen Einheit, die für den Gaskrieg verantwortlich war. Hahn protestierte zunächst gegen den Einsatz von Chlorgas, da dieser nach der Haager Konvention verboten war. Haber antwortete ihm, daß die Franzosen bereits Gas eingesetzt hätten und diese chemische Waffe dazu beitrüge, den Krieg rascher zu beenden. Hahn ließ sich von diesen Worten beruhigen. In Habers Pionierregiment 36 war er anfänglich in Belgien und ab April 1915 in Galizien bei Gaseinsätzen dabei.

Lise Meitner verspürte das Bedürfnis zu helfen und bewarb sich als Röntgenschwester an der Ostfront. Unter größten Entbehrungen arbeitete sie dort zeitweise zwanzig Stunden am Tag, zutiefst erschüttert von den Leiden der verwundeten Soldaten. Dennoch hörte man nie ein bitteres Wort von ihr: „Man hat so immer die Möglichkeit, kleine Wünsche zu erfüllen, oder sich des einen oder anderen, der besonders schwer krank ist, auch besonders anzunehmen. Die Dankbarkeit, die die Leute dafür empfinden und zeigen, hat für mich immer etwas Beschämendes", schrieb sie Otto Hahn. Und weiter: „Mir geht's natürlich gesundheitlich immer sehr gut, ob ich gerade 50 kg wiege, weiss ich zwar nicht, aber schliesslich wollte ich ja hier nicht eine Mastkur machen".

Zwei Jahre blieb sie dort, bis sie darum bat, nach Berlin zurückkehren zu dürfen. Ihrem Institut drohte die Übernahme durch das Militär, und das wollte Meitner auf jeden Fall verhindern. Hier konnte sie zwar wieder unter menschlichen Bedingungen leben, aber ihr Arbeitseinsatz war kaum geringer als an der Ostfront. Sie leistete jetzt Hahns Arbeit mit und mußte sich ständig mit der militärischen Verwaltung herumschlagen. Für sie gab es nur die Forschung, über die sie sich mit Hahn brieflich austauschte. Gleichzeitig erhielt Hahn verhältnismäßig oft Fronturlaub, während dessen sie ihre gemeinsame Forschung weiterführen konnten. Und ausgerechnet in dieser schweren Zeit gelang ihnen ihre bis dahin größte Entdeckung.

In allen Uranmineralien hatte sich stets eine aktive Begleitsubstanz bemerkbar gemacht, die man Actinium getauft hatte. Die Forscher vermuteten, daß es aus einer Substanz hervorgeht, die selbst beim Zerfall von Uran entsteht. Tatsächlich gelang es ihnen, in Rückständen von Pechblende, einem Uranoxid, diese Muttersubstanz ausfindig zu machen. Sie nannten es Protactinium. In diesem Jahr, 1917, beschloß man, im Institut eine unabhängige Abteilung für radioaktive Physik einzurichten, und beauftragte Lise Meitner mit dieser Aufgabe.

Der Krieg hatte nicht nur zu einer tiefgreifenden Veränderung der politischen Situation geführt. Auch die Physik befand sich in einem Umbruch. Das 1913 von Bohr vorgeschlagene Atommodell hatte die Atomphysik revolutioniert. „Ich glaube nicht, daß es einen zweiten Physiker gibt, der auf wenigstens zwei Generationen von Physikern solchen Einfluß ausgeübt hat wie Niels Bohr", konstatierte Lise Meitner. 1920 kam der Däne zu einem Besuch nach Berlin und lernte dort unter anderem Meitner kennen, deren Fähigkeiten er offenbar schnell einzuschätzen wußte, denn ein Jahr darauf lud er sie in sein Institut ein – eine große Ehre, die nur den begabtesten Physikern zuteil wurde.

Zu Hause ging die Forschung unter den wirtschaftlichen Nöten schwer voran. Um so überraschender kam für Meitner die 1921 von Planck initiierte Beförderung zur Privatdozentin. Ein Jahr darauf habilitierte sie sich und war eine der ersten Dozentinnen in Preußen. Lise Meitner hatte bis dahin einen langen steinigen Weg durch die Instanzen hinter sich gebracht und dabei wohl nie den Glauben an ihre Aufgabe verloren. Wissenschaftlich war sie schon längst anerkannt, und es war sicher keine reine Schmeichelei, wenn Einstein sie „unsere Madame Curie" nannte. Die ersten Meriten erntete die mittlerweile 47jährige 1924, als sie die angesehene Leibniz-Medaille der Berliner Akademie der Wissenschaften sowie den Ignaz-L.-Lieben-Preis der Wiener Akademie der Wissenschaften erhielt. Vor allem mit ihren Forschungen zur Beta-Strahlung hatte sie wesentliche Beiträge zur Erforschung des Atomkerns geliefert. Noch im selben Jahr wurde das Team Hahn-Meitner erstmals von drei Chemikern für den Nobelpreis vorgeschlagen, in den Jahren 1929 bis 1934 setzte sich auch Planck hierfür ein.

Endlich waren die akademischen und politischen Hürden überwunden, da tat sich ein Abgrund ganz anderer Art auf: der Antisemitismus. Schon 1922 hatte es erste massive Angriffe gegen Einstein gegeben. Lise Meitner blieb länger als andere Juden von den Hetzkampagnen der Nationalsozialisten verschont: Zum einen war sie Österreicherin, und zum anderen trafen die Beamtengesetze vom April 1933, nach dem alle Nicht-Arier aus dem Beamtendienst zu entfernen waren, zunächst Forscher an der Universität, nicht jedoch diejenigen an den Kaiser-Wilhelm-Instituten. Aber die Übergriffe kamen schleichend.

1933 mußte sie einen Fragebogen ausfüllen, in dem sie auch nach der „Rassenzugehörigkeit der 4 Großeltern“ gefragt wurde. Von da an war den Behörden bekannt, daß am KWI eine Jüdin arbeitete. Otto Hahn gab aus Protest gegen die Behandlung seiner jüdischen Kollegen seine Dozentur an der Universität auf, und zwei Monate später entzog der Reichsminister für Wissenschaft, Erziehung und Volksbildung Lise Meitner die Lehrbefugnis. Hahn und Planck wandten sich mit Petitionen an das Wissenschaftsministerium, aber ihre Versuche, die Entscheidung rückgängig zu machen, blieben vergebens. Und dies war erst der Anfang.

Vor der endgültigen Katastrophe schlug jedoch noch eine wissenschaftliche Sensation Lise Meitner in ihren Bann. Aus Rom war die Nachricht gekommen, daß es Fermi und seinen Mitarbeitern gelungen war, Atome zu erzeugen, die schwerer als Uran sein sollten. Hierfür hatten die Physiker Uran mit Neutronen beschossen. Blieb ein solches Teilchen in einem Uran-Atomkern mit der Kernladungszahl 92 stecken, so konnte es sich in ein Proton und ein Elektron verwandeln. Das Elektron flog aus dem Kern heraus, und übrig blieb ein Element mit der Kernladungszahl 93, also ein Trans-Uran. So jedenfalls hatte Fermi seine Versuchsergebnisse gedeutet. Das emittierte Elektron war, wie man seit längerem wußte, die Beta-Strahlung, mit der Lise Meitner sehr viel Erfahrung hatte.

„Ich fand diese Versuche so faszinierend, daß ich sofort nach deren Erscheinen im *Nuovo Cimento* und in der *Nature* Otto Hahn überredete, unsere seit mehreren Jahren unterbrochene direkte Zusammenarbeit wieder aufzunehmen, um uns diesen Problemen zu widmen“, schrieb Meitner einige Jahrzehnte später. Zwölf Jahre lang hatte sie unabhängig von Hahn ihre eigene Forschung vorangetrieben, nun rief sie ihn zur Mitarbeit auf, denn es war klar, daß sie nur in Zusammenarbeit mit einem exzellenten Radiochemiker das Gebiet würde angehen können. Hahn sagte zu, und so begann eine neue, überaus produktive Schaffensphase. Innerhalb von vier Jahren veröffentlichten sie rund zwanzig Arbeiten.

Die Experimente, vor allem die Analyse der bestrahlten Substanzen, Uran und Thorium, waren sehr schwierig, die Ergebnisse widersprüchlich. Die Beta-Zerfallsreihen schienen darauf hinzudeuten, daß geringe Mengen der vermuteten Transurane in andere Produkte zerfielen. Vier Jahre lang verfolgten die Forscher auf der ganzen Welt die falsche Spur: Sie suchten die Transurane und hatten statt dessen schon längst die Kernspaltung in ihren Laboratorien unzählige Male unerkannt vollzogen.

Gleichzeitig zog sich das politische Netz um Lise Meitner immer enger zusammen. Doch sie wähnte sich sicher unter dem Schutz von Max Planck und wollte auf keinen Fall ihre Freunde und ihre Arbeit verlassen. Nun zogen einige Kollegen auch den Nobelpreis, für den sie und Hahn schon seit zehn Jahren immer wieder vorgeschlagen worden waren, als Schutzmaßnahme in Betracht. „Der Plan, Frl. Meitner für den Nobelpreis vorzuschlagen, ist mir sehr sympathisch", schrieb Planck im Dezember 1936 an Max von Laue. Aber das Nobelkomitee war anderer Meinung.

Die Versuche gingen weiter, wobei sie nun Fritz Straßmann, ein talentierter Chemiker, unterstützte. Währenddessen veröffentlichten Irène Joliot-Curie und ihre Mitarbeiter im Radium-Institut in Paris unablässig neue Ergebnisse, so daß sich schließlich ein Wettrennen um die Lösung des Rätsels um die Transurane zwischen Deutschland und Frankreich entspann. Immer wieder kritisierte eine Gruppe die Ergebnisse der anderen und lehnte die andere Gruppe die Interpretation der einen ab. Der Wettlauf strebte gerade seinem Höhepunkt entgegen, als die Politik Meitner aus dem Rennen warf. Am 12. März 1938 überschritten deutsche Truppen die Grenze nach Österreich, Hitler erklärte den Anschluß des Landes an das Deutsche Reich. Damit war Lise Meitner plötzlich Deutsche. Jeder fünfte Wissenschaftler war von den Behörden seit April 1933 entlassen oder eingesperrt worden oder hatte emigrieren müssen. Nun waren die Österreicher an der Reihe, und jetzt sah auch Meitner keine Möglichkeit mehr, in Deutschland bleiben zu können.

Die Bitte um Ausreise in ein neutrales Land wurde ihr jedoch vom Wissenschaftsminister verweigert. Insbesondere in der Physik müsse man den jüdischen Geist vernichten, tönten die Nazis, denn hier hatten sie als den gefährlichsten Geist schon längst Albert Einstein ausgemacht, der freilich das drohende Unwetter früh erkannt hatte und als einer der ersten ausgewandert war. Als klar war, in welcher Gefahr Meitner schwebte, beschlossen ihre Freunde, sie illegal über die Grenze zu bringen. Am 13. Juli war alles vorbereitet: Die Holländer hatten zugestimmt, Meitner ohne Visum in ihr Land zu lassen, und so fuhr sie am Morgen mit einem holländischen Kollegen, Dirk Coster, der vielen Juden in seinem Haus Unterschlupf gewährt hatte, unbemerkt über die Grenze. Sie hatte nicht mehr als ein paar Sachen, zehn Mark und einen Diamantring bei sich, den ihr Hahn zum Abschied geschenkt hatte.

Sie blieb den Juli über in den Niederlanden, folgte dann aber einer Einladung Niels Bohrs nach Kopenhagen. Während sie sich dort erholte, bot ihr Manne Siegbahn in Stockholm einen Arbeitsplatz mit festem Gehalt an seinem neuen Institut an. Sie zögerte lange, ob sie annehmen sollte, sagte aber schließlich zu. Diesen Schritt sollte sie später so manches Mal bereuen, wenngleich sie sich nie beklagte. Sie wohnte lange Zeit in einem kleinen Zimmer eines heruntergekommenen Hotels, und im Institut hatte sie keine Arbeitsmöglichkeiten. Siegbahn war intensiv mit dem Aufbau eines Teilchenbeschleunigers beschäftigt. Die wissenschaftliche und menschliche Isolation war für sie nur schwer zu ertragen: „Ich finde nur im Moment keinen rechten Sinn in meinem Leben, und ich bin sehr allein", schrieb sie Hahn kurz nach ihrer Ankunft in Stockholm.

In dieser Phase erreichten sie Hahns Briefe, in denen er über die merkwürdigen Radium-Resultate berichtete. Für sie war diese wissenschaftliche Korrespondenz die aufregendste Beschäftigung, und wie in einer Art Ferndiagnose nahm sie an den Versuchen teil. Fritz Straßmann beurteilte Meitners Beitrag zur Entdeckung der Kernspaltung ganz eindeutig: „Was bedeutet es, daß Lise Meitner nicht direkt teilhatte an der ‚Entdeckung'? Ihrem Impuls ist der Beginn des gemeinsamen Weges mit Hahn, ab 1934, zuzuschreiben – 4 Jahre danach gehörte sie zu unserem Team –, anschließend war sie von Schweden aus gedanklich mit uns verbunden ... Aber es ist meine Überzeugung: Lise Meitner war die geistig Führende in unserem Team gewesen, und darum gehörte sie zu uns – auch wenn sie bei der ‚Entdeckung der Kernspaltung' nicht gegenwärtig war".

Die Entdeckung Ende 1938 verbreitete sich wie ein Lauffeuer, was zunächst gar nicht beabsichtigt gewesen war. Bohr, der als einer der ersten von Otto Robert Frisch davon erfahren hatte, war mit seinem ehemaligen Assistenten Léon Rosenfeld zu einer Reise in die Vereinigten Staaten aufgebrochen. Bohr hatte Meitner und Frisch versprochen, die Neuigkeit so lange für sich zu behalten, bis die beiden ihre Arbeit in *Nature* veröffentlicht hatten. Rosenfeld wußte jedoch nichts von dieser Absprache und plauderte die aufregende Neuigkeit bedenkenlos aus. Kaum war die Nachricht raus, hasteten die Physiker in New York, Chicago und Washington in ihre Laboratorien, um das Unglaubliche zu überprüfen. Währenddessen tüftelten Lise Meitner und ihr Neffe immer noch an der entscheidenden Arbeit. Dann, am 28. Januar 1939, kam bereits die erste Bestätigung: aus Baltimore. Bohr sorgte sich bereits darum, daß die amerikanischen Physiker den beiden Forschern in Stockholm die Priorität ihrer Entdeckung streitig machen könnten. Doch endlich, am 11. Februar, erschien die Veröffentlichung von Meitner und Frisch. Damit hatten sie sich das Privileg der ersten richtigen Deutung der Versuche von Hahn und Straßmann gesichert.

Mit der Entdeckung der Kernspaltung hatte die Physik ihre Unschuld verloren. Einige Physiker, allen voran der aus Ungarn emigrierte Leo Szilard sowie Enrico Fermi, erkannten schnell, daß man bei geschickter Versuchsanordnung eine Kettenreaktion auslösen und hierbei eine enorme Energiemenge würde freisetzen können. Die Entwicklung ging von da an rasch voran: Am 2. Dezember 1942 brachte Fermi an der Universität von Chicago den ersten Kernreaktor zum Laufen, am 16. Juli 1945 detonierte die erste Atombombe, und drei Wochen später verbrannten Hiroshima und Nagasaki im atomaren Feuer.

Als Otto Hahn im englischen Internierungslager Farm Hall von den Atombombenabwürfen hörte, soll er so deprimiert gewesen sein, daß er sich das Leben nehmen wollte. Ein Jahr später verlieh ihm die Königliche Akademie in Stockholm, nachträglich für das Jahr 1944, den Nobelpreis für Chemie. Seine langjährige Weggefährtin wurde übergangen. Unzufrieden mit dieser Entscheidung war Niels Bohr. Von 1946 bis 1948 schlug er Meitner und Frisch immer wieder für diese höchste wissenschaftliche Würdigung vor, doch es war zu spät. Hahn gab einen Teil seines Preisgeldes an Frisch und Meitner weiter, sie wiederum spendete ihren Anteil dem Notkomitee für Atomphysiker, das Einstein in Princeton leitete. Sie gestand zu, daß Hahn den Nobelpreis voll und ganz verdient habe, war aber sicher im Innern enttäuscht.

Als deprimierend empfand sie es, wenn jemand sie als „Mitarbeiterin“ Hahns bezeichnete, wie beispielsweise Heisenberg es später in einem Aufsatz über die Beziehung zwischen Physik und Chemie getan hatte. 1953 schrieb sie an Otto Hahn: „Ich bin im Jahre 1917 vom Verwaltungsrat des K.W.I. für Chemie offiziell mit der Einrichtung der physikalischen Chemie betraut worden und habe sie 21 Jahre geleitet. Versuche Dich einmal in meine Lage hineinzudenken! Soll mir nach den letzten 15 Jahren, die ich keinem guten Freund durchlebt zu haben wünsche, auch noch meine wissenschaftliche Vergangenheit genommen werden? Ist das fair? Und warum geschieht es?“

Zu Schaffen machte es ihr auch, wenn man sie mit dem Bau der Atombombe in Verbindung brachte. „Ich habe die Atombombe nicht entworfen, ich weiß nicht einmal, wie eine aussieht oder wie sie technisch funktioniert ... Ich muß betonen, daß ich selbst nichts mit den Arbeiten zu tun habe, die todbringende Waffen in die Welt gesetzt haben. Sie dürfen nicht uns Wissenschaftler für das verantwortlich machen, was die

Kriegstechniker damit getan haben", erklärte sie in einem Interview.

Lise Meitner erfuhr im Alter zahlreiche hohe Ehrungen, darunter die höchste Auszeichnung der Deutschen Physikalischen Gesellschaft, die Max-Planck-Medaille, sowie den Otto-Hahn-Preis. Einige Jahre darauf wurde ihr zusammen mit Hahn der Orden Pour le mérite verliehen. Einen Lehrstuhl, den ihr Fritz Straßmann an der Universität Mainz anbot, schlug sie allerdings mit den Worten aus: „Ich habe alle die schrecklichen Ereignisse, die das Hitlersystem mit sich gebracht hatte, sehr genau verfolgt und in ihren Gründen und Auswirkungen zu verstehen versucht, und das bedeutet, daß ich auch heute vermutlich zu manchen Problemen eine andere Einstellung habe als die Mehrzahl der deutschen Freunde und Kollegen. Würden wir uns verstehen können? Und ein gegenseitiges menschliches Verstehen ist doch die unerläßliche Grundlage für ein wirkliches Zusammenarbeiten. Ich zweifle nicht an Ihnen, aber das genügt ja nicht". Sie hatte in diesem Punkt eine ähnliche Einstellung wie Einstein, der nach seiner Emigration nie wieder deutschen Boden betreten hat.

Sie ist wohl nie mehr darüber hinweggekommen, was ihr die Nazis angetan hatten. Und sie hat auch ihren Kollegen in Deutschland nicht alles nachsehen können. Im Juni 1945 schrieb sie einen Brief an Hahn, den dieser jedoch nicht erhielt: „Ihr habt auch alle für Nazi-Deutschland gearbeitet und habt auch nie nur einen passiven Widerstand zu machen versucht. Gewiß, um Euer Gewissen los zu kaufen, habt ihr hier und da einem bedrängten Menschen geholfen, aber Millionen unschuldiger Menschen hinmorden lassen, und keinerlei Protest wurde laut. Ich muß Dir das schreiben, denn es hängt so viel für Euch und Deutschland davon ab, daß Ihr einseht, was Ihr habt geschehen lassen ... Das klingt erbarmungslos, und doch glaube mir, es ist ehrliche Freundschaft, warum ich Dir das alles schreibe".

Wenige Tage vor ihrem neunzigsten Geburtstag, am 27. Oktober 1968, starb sie in Cambridge als schwedische Staatsbürgerin. Beerdigt wurde sie neben ihrem Bruder Walther auf dem kleinen Friedhof von Bramley in Hampshire, Südengland.

Literatur

Die folgende Literaturliste ist keineswegs vollständig. Sie beschränkt sich im wesentlichen auf jene Bücher und Zeitschriftenbeiträge, die im deutschen Sprachraum verhältnismäßig einfach zu bekommen sind oder auf die in diesem Buch besonders stark Bezug genommen worden ist.

Allgemeines zur Geschichte der Physik

Einstein, A., Infeld, L., *Die Evolution der Physik*, (Neuausgabe) Rowohlt-Verlag, Reinbek bei Hamburg 1995.

Fischer, E.P., *Aristoteles, Einstein & Co*, Piper-Verlag, München 1995.

Hermann, A., *Weltreich der Physik*, Bechtle-Verlag, Esslingen 1980.

Schwenk, E., *Mein Name ist Becquerel*, DTV, München 1993.

Segrè, E., *Die großen Physiker und ihre Entdeckungen*, Piper-Verlag, München 1990.

Sexl, R. U., *Was die Welt zusammenhält*, DVA, Stuttgart 1982.

Galileo Galilei

Drake, S., *Galileis Entdeckung des Fallgesetzes*, Spektrum der Wissenschaft, Verständliche Forschung: Newtons Universum, S. 74 und Scientific American, Mai 1973.

Drake, S., *The Role of Music in Galileo's Experiments*, Scientific American, Juni 1975, S. 98.

Fölsing, A., *Galileo Galilei, Prozeß ohne Ende*, Piper-Verlag, München 1983.

Galileo Galilei, *Schriften, Briefe, Dokumente*, hrsg. von A. Mudry, Verlag Rütten & Loenig, Berlin 1987.

Helmleben, J., *Galilei*, Rowohlt-Bildmonographien, Rowohlt-Verlag, Reinbek bei Hamburg 1969.

Isaac Newton

Cohen, I. B., *Newtons Gravitationsgesetz – aus Formeln wird eine Idee*. Spektrum der Wissenschaft, Verständliche Forschung: Newtons Universum, S. 124 und Spektrum der Wissenschaft, Mai 1981.

Drake, S., *Newtons Apfel und Galileis Dialog*, Spektrum der Wissenschaft, Verständliche Forschung: Newtons Universum, S. 116 und Spektrum der Wissenschaft, Oktober 1980.

Schneider, I., *Isaac Newton*, Verlag C. H. Beck, München 1988.

Wawilow, S. I., *Isaac Newton*, Akademie-Verlag, Berlin 1951.

Westfall, R., *Isaac Newton. Eine Biographie*, Spektrum Akademischer Verlag, Heidelberg 1996.

Wickert, J., *Isaac Newton*, Rowohlt-Bildmonographien, Rowohlt-Verlag, Reinbek bei Hamburg 1995.

Wußing, H., *Isaac Newton*, B. G. Teubner Verlagsgesellschaft, Stuttgart 1990.

Michael Faraday

James, F. A. J. L., *The Correspondence of Michael Faraday*, Vol. 1, 1811–December 1831, Institution of Electrical Engineers, London 1991.

Lemmerich, J., *Michael Faraday. Erforscher der Elektrizität*, Verlag C. H. Beck, München 1991.

Schütz, W., *Michael Faraday*, B.G. Teubner Verlagsgesellschaft, Leipzig 1982.

James Clerk Maxwell

Campbell, L., Garnett, W., *The Life of James Clerk Maxwell.* Macmillan and Co., London 1882, Nachdruck in: Johnson Reprint Corporation, New York 1969.

Hendry, J., *James Clerk Maxwell and the Theory of the Electromagnetic Field*, Adam Hilger Ltd., Bristol 1986.

Albert Einstein

Einstein, A., *Mein Weltbild*, Ullstein-Verlag, Frankfurt.

Einstein, A., Mariç, M., *Am Sonntag küss' ich Dich mündlich. Die Liebesbriefe*, hrsg. von J. Renn, R. Schulmann, R., Piper-Verlag, München 1994.

Fischer, E. P., *Einstein. Ein Genie und sein überfordertes Publikum*, Springer-Verlag, Berlin 1996.

Fölsing, A., *Albert Einstein. Eine Biographie*, Suhrkamp-Verlag, Frankfurt/M. 1993.

Hermann, A., *Einstein. Der Weltweise und sein Jahrhundert*, Piper-Verlag, München 1994.

Highfield, R., Carter, P., *Die geheimen Leben des Albert Einstein*, Byblos-Verlag, Berlin 1994.

Meyenn, K. v. (Hrsg.), *Albert Einsteins Relativitätstheorie. Die grundlegenden Arbeiten*, Vieweg-Verlag, Braunschweig 1990.

Pais, A., „*Raffiniert ist der Herrgott …*" *Eine wissenschaftliche Biographie*, Vieweg-Verlag, Braunschweig 1986.

Pais, A., *Ich vertraue auf Intuition. Der andere Albert Einstein*, Spektrum Akademischer Verlag, Heidelberg 1995.

Wickert, J., *Einstein*. Rowohlt-Bildmonographien, Rowohlt-Verlag, Reinbek bei Hamburg 1988.

Max Planck

Heilbron, J. L., *Max Planck. Ein Leben für die Wissenschaft.* S. Hirzel Verlag, Stuttgart 1988.

Hermann, A., *Max Planck*. Rowohlt-Bildmonographien, Rowohlt-Verlag, Reinbek bei Hamburg 1995.

Planck, Max, *Physikalische Abhandlungen und Vorträge*, 3 Bände, Vieweg-Verlag, Braunschweig 1958.

Henri Becquerel

Lodge, O., *Becquerel Memorial Lecture*, in: Journal of the Chemical Society, Vol. 101, Transactions 2, p. 2005, 1912.

Kant, H., *Betrachtungen zur Frühgeschichte der Kernphysik,* Physikalische Blätter, Bd. 52, S. 233, 1996.

Ernest Rutherford

Birks, J. B. (Hrsg.), *Rutherford at Manchester*, Heywood, London 1962.

Wilson, D., *Rutherford. Simple Genius*, Hodder and Stoughton, London 1983.

Niels Bohr

Fischer, E. P., *Niels Bohr*, Piper-Verlag, München 1987.

Meyenn, K. v., Stolzenburg, K., Sexl, R. U., *Niels Bohr. Der Kopenhagener Geist in der Physik*, Vieweg-Verlag, Braunschweig 1985.

Röseberg, U., *Niels Bohr. Leben und Werk eines Atomphysikers*, Spektrum Akademischer Verlag, Heidelberg 1993.

Rozental, S., *Niels Bohr. His life and works as seen by his friends and colleagues*, North-Holland Publ. Comp., Amsterdam, New York 1967.

Werner Heisenberg

Heisenberg, W., *Der Teil und das Ganze,* Piper-Verlag, München 1969.
Heisenberg, W., *Schritte über Grenzen,* Piper-Verlag, München 1971.
Cassidy, D., *Werner Heisenberg. Leben und Werk*, Spektrum Akademischer Verlag, Heidelberg 1995.
Hermann, A., *Die Jahrhundertwissenschaft*, Rowohlt-Verlag, Reinbek bei Hamburg 1993.

Enrico Fermi

Fermi, L., *Atoms in the Family. My Life with Enrico Fermi,* The University of Chicago Press, Chicago 1954.
Segrè, E., *Enrico Fermi. Physicist*, The University of Chicago Press, Chicago 1970.

Lise Meitner

Ernst, S., *Lise Meitner an Otto Hahn. Briefe aus den Jahren 1912 bis 1924*, Wissenschaftliche Verlagsgesellschaft, Stuttgart 1992.
Hahn, O., *Vom Radiothor zur Uranspaltung*, Vieweg-Verlag, Braunschweig 1989.
Krafft, F., *Im Schatten der Sensation. Leben und Wirken von Fritz Straßmann*, VCH Verlagsgesellschaft, Weinheim 1981.
Rife, P., *Lise Meitner. Ein Leben für die Wissenschaft*, Claassen-Verlag, Düsseldorf 1990.
Sime, R. L., *Lise Meitner. A Life in Physics*, University of California Press, Berkeley 1996.

Abbildungsverzeichnis

Seite 13: Galileo Galilei. Gemälde von J. Sustermans. Deutsches Museum München.

Seite 27: Isaac Newton. Stich von E. Conquy sc. Deutsches Museum München.

Seite 43: Michael Faraday. Deutsches Museum München.

Seite 61: James Clerk Maxwell in Peterhouse, 1852. University of Cambridge, Cavendish Laboratory.

Seite 85: Albert Einstein im Berner Patentamt, um 1905. Archiv zur Geschichte der Max-Planck-Gesellschaft, Berlin-Dahlem.

Seite 107: Max Planck in den 1890er Jahren. Archiv zur Geschichte der Max-Planck-Gesellschaft, Berlin-Dahlem.

Seite 129: Henri Becquerel. Archiv des Autors.

Seite 143: Ernest Rutherford mit J. Ratcliffe im Labor, 1935. University of Cambridge, Cavendish Laboratory.

Seite 163: Niels Bohr beim Unterricht in der Princeton University, 1956. Ullstein Bilderdienst.

Seite 185: Werner Heisenberg, 1927. Archiv zur Geschichte der Max-Planck-Gesellschaft, Berlin-Dahlem.

Seite 209: Enrico Fermi, um 1950. Archiv für Kunst und Geschichte.

Seite 233: Lise Meitner, um 1937. Deutsches Museum München.

Buchanzeigen